凤凰建筑数字设计师系列

3ds Max&VRay
住宅空间设计笔记

李　诚　主编

U0260015

江苏科学技术出版社

图书在版编目（CIP）数据

3ds Max &VRay住宅空间设计笔记 / 李诚主编. -- 南
京 ：江苏科学技术出版社，2014.1
（凤凰建筑数字设计师系列）
ISBN 978-7-5537-1900-9

Ⅰ．①3… Ⅱ．①李… Ⅲ．①住宅－室内装饰设计－
计算机辅助设计－三维动画软件 Ⅳ．①TU238-39

中国版本图书馆CIP数据核字(2013)第202020号

凤凰建筑数字设计师系列
3ds Max &VRay住宅空间设计笔记

主　　　编	李　诚	
责 任 编 辑	刘屹立	
特 约 编 辑	李小英	

出 版 发 行	凤凰出版传媒股份有限公司 江苏科学技术出版社
出版社地址	南京市湖南路1号A楼，邮编：210009
出版社网址	http://www.pspress.cn
总 经 销	天津凤凰空间文化传媒有限公司
总经销网址	http://www.ifengspace.cn
经　　销	全国新华书店
印　　刷	北京博海升彩色印刷有限公司

开　　本	787 mm×1 092 mm　1 / 16
印　　张	23.75
字　　数	520 000
版　　次	2014年1月第1版
印　　次	2014年1月第1次印刷

标 准 书 号	ISBN 978-7-5537-1900-9
定　　价	96.00元

图书如有印装质量问题，可随时向销售部调换（电话：022-87893668）。

内容提要

3ds Max&VRay 住宅空间设计笔记

本书共包含 11 章内容，均以各种重要技术为主线，对重点内容进行详细介绍，并安排实际工作中经常遇到的各种项目作为课堂案例，让学生可以快速上手，熟悉软件功能和制作思路。

本书的内容包括：第 1 章，你也能做好效果图；第 2 章，3ds Max 2014 和室内效果图有关的东西；第 3 章， VRay 2.0 神奇的渲染器；第 4 章，案例 1——客厅表现；第 5 章，案例 2——现代风格卧室表现；第 6 章，案例 3——古典风格卧室表现；第 7 章，案例 4——卫生间表现技法；第 8 章，案例 5——厨房表现技法；第 9 章，案例 6——茶室表现技法；第 10 章，案例 7——室内泳池效果表现；第 11 章，室内效果表现技巧总结。

本书可以作为 3ds Max 自学人员的参考用书。同时也非常适合大专院校和培训机构艺术专业课程作为教材使用，旨在帮助本专业学生通过软件提高绘图能力。

前言

在科技飞速发展的今天，计算机硬件和软件技术的发展带给人类生产力的提高是不言而喻的，而面对这些技术领域，我们高校在培养教育学生时是否能与时俱进，跟上科技的步伐，是现代高校教育非常重视的一个环节。在艺术设计专业教学中，设计软件的教学已经成为学生学习中很重要的一个组成部分。

然而今天我们看到的情况是满大街的软件培训班、计算机辅导班的广告和小传单。作为一个从事高校教学工作十余年的教师，我认为这种情况值得我们反思，如果高校教育中已经包含了软件教学，那么社会上就不会见到如此多的培训广告。据我了解到的情况，国内著名的多所艺术专业高等院校在课程的安排上都是没有软件专业教学的，学生大多数时候对作品或是作业的表达途径还都是用传统的手绘方式，其中不乏一些学习刻苦和具有一些灵性的学生创作出了一些好的手绘作品，然而大部分没有自学过设计类软件的学生在毕业后走上社会所面临的问题就是很多竞争对手并没有高学历，说得堂皇一些就是不具备艺术修养和底蕴的人，而只是具备一些计算机软件的操作能力的人，但用人单位和企业却往往选择这些人而放弃那些正规科班出身的人。

多么令人心痛的事实摆在面前，面对这样无奈的事实我们静下来分析一下缘由，这些科班出身的学生，受到了更好的、更系统的教育，但是为什么社会竞争力却不及那些"非正规军"呢？主要原因就是动手能力和效率的问题，学艺术设计的同学接受过系统正规的教育，但是绝对不可能一毕业就成名成家的，那些名家都是经过社会的洗礼和考验才能有所成就的，因此社会的考验就成了唯一途径，对于刚刚踏入社会的学生而言，如何快速立足，很大原因取决于他们的实际动手能力和工作效率，很多中小型的用人单位对招收的新人最看重的也是实际动手能力和工作效率，而这些"正规军"往往因为缺乏实际的动手能力而惨遭淘汰。

我并不奢望通过一两本软件教材可以改变目前高校的教学现状，编写此书的目的是为了给那些希望学习软件表现能力的高校学生一种学习途径。本书有别于传统的软件教材，书中所讲包含了本人十余年来的软件教学经验，以及汇总了曾在各大CG论坛上发表的室内设计表现教程综合。

本书并不只是简单地探讨某一个案例的做法，在案例教学中更多提及的是经验，而这些经验正是学生最需要掌握的内容。本书选用了住宅空间的常见案例，并对同类型场景进行了分析，从方案设计的角度探讨效果图的表现，以便对读者将来可能遇到的方案加以指导。

本书的编写方式及深度非常适合有一定3ds Max基础的读者自学，同时也是一本非常适合高校软件教学的教材。由于作者水平有限，书中难免会有不妥之处，恳请广大读者批评指正。

在此，我还要感谢我的工作室的同学们，在你们的大力支持下才有了此书！

艺坊数码创意工作室团队主要成员：李诚、刘敬宇、梁乐洪、黄文才、列妙华、尹灵、黄健。

优秀的设计师是经过千锤百炼的，而好的表现效果可以更加有效地向客户表达你的设计理念。具备了优秀的表现能力和良好的沟通能力才能让你获得更多的机遇，促使你更快地成长，早日实现心中的梦想！

李　诚

2014 年 1 月

目录

第 1 章　你也能做好效果图 ·· 1

1.1　概述 ··· 2

1.2　真实表现来源于生活 ··· 2

1.3　自然界光影关系解析 ··· 4

1.4　光与色彩 ··· 5

1.5　人造光与自然光的结合 ··· 6

1.6　构图——像机角度的选择 ··· 7

1.7　根据场景选择最佳表现时段 ·· 8

1.8　效果图与设计方案的关系 ··· 9

1.9　本章小结 ··· 10

第 2 章　3ds Max 2014 和室内效果图有关的东西 ··· 11

2.1　3ds Max 2014 的新功能 ··· 12

2.2　室内建模那些事 ·· 18

2.3　全新的 3ds Max 材质编辑器 ··· 74

2.4　让你的室内亮起来 ·· 81

2.5　渲染很难吗 ··· 82

2.6　本章小结 ··· 84

第 3 章　VRay 2.0 神奇的渲染器 ······························· 85

3.1　VRay 渲染器简介 ·· 86

3.2　VRay 2.0 渲染器面板详解 ······································ 90

3.3　VRay 2.0 的灯光系统详解 ······································ 103

3.4　VRay 2.0 的材质系统详解 ······································ 106

3.5　VRay 2.0 的毛发系统详解 ······································ 113

3.6　提高渲染效率的办法 ··· 115

3.7　本章小结 ··· 118

第 4 章　案例 1——客厅表现 ································· 119

4.1　客厅表现的风格分类 ··· 120

4.2　现代客厅效果表现案例 ··· 122

4.3　本章小结 ··· 205

4.4　课后巩固内容 ·· 206

第 5 章　案例 2——现代风格卧室表现 ······················· 207

5.1　卧室效果表现注意事项 ··· 208

5.2　现代风格卧室效果表现案例 ····································· 211

5.3　本章小结 ··· 239

5.4　课后巩固内容 ·· 240

第 6 章　案例 3——古典风格卧室表现 ···················· 241

6.1　古典风格卧室效果表现案例 ··················· 242

6.2　本章小结 ··················· 271

6.3　课后巩固内容 ··················· 272

第 7 章　案例 4——卫生间表现技法 ···················· 273

7.1　卫生间效果表现注意事项 ··················· 274

7.2　卫生间效果表现案例 ··················· 274

7.3　本章小结 ··················· 299

7.4　课后巩固内容 ··················· 300

第 8 章　案例 5——厨房表现技法 ···················· 301

8.1　厨房效果表现案例 ··················· 302

8.2　本章小结 ··················· 321

8.3　课后巩固内容 ··················· 322

第 9 章　案例 6——茶室表现技法 ···················· 323

9.1　茶室效果表现案例 ··················· 324

9.2　本章小结 ··················· 344

9.3　课后巩固内容 ··················· 344

第 10 章　案例 7——室内泳池效果表现 ···················· 345

10.1　室内泳池效果表现案例 ··················· 346

10.2　本章小结 ··················· 366

10.3 课后巩固内容 ………………………………………………………… 366

第 11 章　室内效果表现技巧总结 ………………………………… 367

11.1　场景视角的选择技巧 ……………………………………………… 368

11.2　真实材质表达与渲染效率取舍技巧 …………………………… 368

11.3　真实光感与渲染效率平衡技巧 ………………………………… 369

11.4　渲染测试效率提升技巧 ………………………………………… 369

11.5　最终渲染效率提升技巧 ………………………………………… 370

11.6　总结 ………………………………………………………………… 370

第1章

你也能做好效果图

本 章 重 点

● 初学者应学会欣赏和临摹。

● 日常生活中的观察和积累很重要。

● 优秀的效果图须要具备好的色彩构成、平面构成、立体构成要素。

● 美学基础知识是能否完成一幅好的效果图作品的关键。

1.1 概述

　　效果图的含义是通过图片等媒体来表达预期的效果，从现代的角度来说，就是运用计算机三维仿真软件技术来模仿真实的环境效果的虚拟图片，从工业和建筑等行业角度来看，可理解为将平面图纸转换成三维化、高仿真实化的图片。效果图是设计师表达设计的一个重要表现形式，即为设计师传递信息起桥梁作用，也可以表达为设计的前奏曲。

　　效果图可分为手绘效果图和电脑效果图，现在随着社会软件技术的发展革新，设计师们主要运用 3ds Max、Photoshop 和 AutoCAD 等软件结合制作来表达设计师设计的预期效果，正是由于这些软件使得设计师的设计理念得以发挥得淋漓尽致。效果图的精致能与真实的场景相媲美，效果图在现阶段发展到了具备与真实的场景难以分辨的仿真性。图 1-1-1 所示效果图以直观、明了和生动的形式传递给观者们信息，使得大众更加容易理解设计师的设计意图和设计理念。

图 1-1-1

1.2 真实表现来源于生活

　　效果图在我们周围的环境中随处可见，有的读者便会问效果图与我们的生活有什么关系呢？正是由于读者的好奇心，在此本书会给读者深入解析生活与效果图的关系。

效果图的真实表现来源于生活，通常我们评价一张效果图的优劣很多时候都是由它的仿真程度来决定。如何制作高仿真的效果图，就必须从日常现实中细心观察，材质的真实质感、光影关系的正确与否都是我们制作效果图的关键，然而这些因素如果不是在日常观察中逐渐积累，是很难在制图过程中把它通过软件表达出来的。让你的效果图变得"有法可依，有理可循"，这才是制作效果图的根本。

例如图 1-2-1 所示效果图的建筑材料的真实表现，在于仔细观察生活中建筑材料固有的质感和在一定环境下影响的质感。把在生活中仔细观察得到的建筑材料质感属性的经验运用到效果图制作中，效果图建筑材料便更具有真实感。效果图灯光的真实表现，在于仔细观察生活中人造光和自然光的属性和约束条件。把仔细观察到的人造光和自然光属性经验运用到效果图制作中，效果图的光线效果才更具真实感。效果图应遵循自然法则规律，并且我们要善于运用自然法则规律，使效果图真实感倍增。

图 1-2-1

效果图的真实感源于生活，从生活中提炼相关知识。例如图 1-2-2 所示墙面的变化，如果对图中的白色乳胶漆墙面观察深入的话，会发现墙面有轻微的反射光泽，而且墙面并不是完全一致的色调，它会根据距离的远近有轻微的明暗衰减。并且白色墙面的反射和高光会比其他颜色的墙面略强。因此，若是对真实生活缺乏观察和了解的人，软件中模拟墙面材质的时候通常会简简单单给墙面一个颜色，而不是把墙面做成上面阐述的那样细腻与真实，虽然在最终效果图的表现上，这些细节可能很难发现明显差别，但是往往细节决定了成败。

图 1-2-2

1.3 自然界光影关系解析

在自然界中，光可分为两种，一种为自然光，另一种则为人造光。人造光或自然光源都会对所有映射对象产生投射阴影，图 1-3-1 所示为自然光光影关系，光对映射对象产生投射阴影时，映射对象会出现如图所示的明暗交界区域，即为明暗交界线；映射对象被光线投射便会产生如图中的阴影，越靠近光源，映射对象的阴影效果越强烈，反之，则阴影效果越淡析。光对映射对象产生投射阴影的整个过程中，在映射对象的另一侧便会产生下图所示的反射光，在图中可看出地面所产生的反射光会对映射对象的阴影面进行照明，而且阴影面所产生的反射光又会对地面进行照明，这些都是真实存在的物理现象。如果不能准确把握这些自然界中真实的光学原理，那么就很难制作出逼真的效果图。

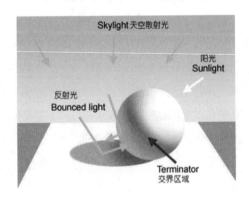

图 1-3-1

有关自然界的光影关系在生活中随处可见，但在效果图里该如何运用自然界的光影关系呢？光影关系是评判效果图仿真度的重要元素之一，效果图的仿真度高低很大程度上取决于光影效果模拟的真实程度。如图 1-3-2 所示，床头柜的柜门并没有受到阳光的直接照射，但是大家可以明显感觉到床头柜门的明暗变化是由下到上、由右到

左变暗的，原因就是地面以及床单受到了阳光的直射，产生出的反射光对柜门进行了二次照明，也就是我们专业术语中的"间接照明"，而这个间接照明对柜门的影响就造成了现在的明暗关系变化。

图 1-3-2

1.4　光与色彩

　　光与色的结合，组成了我们熟悉的光源色、固有色和环境色。光与色彩关系密切相关，不同的时间段，自然光源色不同，而光的色变化会影响到固有色的变化。如图 1-4-1 所示的休闲区，在图中可看出靠近窗口的米黄色地板会偏蓝紫色，偏蓝紫色是受到自然光对物体的固有色产生影响所致，图中的窗边受周围环境光色影响，窗边稍偏绿色。要做一张好的效果图，必须理解光与色彩的关系，并将光与色彩的知识运用到设计中去，便会使得色彩更加平衡，使效果图更加逼真。

图 1-4-1

1.5 人造光与自然光的结合

　　自然光主要是指除了人造光以外发出来的光源，自然光是客观存在的一种光源。人造光主要是指各种灯具发出的光，是可以根据自己的需要进行调节的。人造光和自然光的结合，何者为主都会对效果图产生巨大影响。表现人造光为主的效果图，通常表现夜景中的效果图为较多；表现自然光为主的效果图，通常表现日景效果图较多。

　　在室内设计领域里，人造光和自然光的结合是一项重要的内容，如何将两种光源融合并恰到好处地使其各自发挥最大的功效，这是室内设计中的一个难点，对于大多数初学设计的人来说，这部分内容需要学习的相关理论知识还是很多的，例如色彩构成、明暗关系等。

　　通常我们看到许多真实感很强的效果图，并不是运用单一的人造光或者自然光去表现，诸多设计师为了效果图更具真实感，经常运用自然光源和人造光源相结合的形式来表现空间。如图 1-5-1 所示大厅的表现，在效果图中可以看到自然光源是主光源，但是内部的筒灯、吊顶灯等人造光源的模拟也起着非常重要的细节刻画作用，因此我们在表达一个场景的时候，对于光源存在的形式以及其发挥的作用，都要有很明确的认识，这样才能把握住每一个细节，让你的效果图更加真实。

图 1-5-1

　　有读者便会问，人造光与自然光的结合如何才能合理运用呢？一般来讲，我们在光影关系的塑造上要明确什么是主光源，什么是辅助光源，在此基础上还可以根据需要制作一些局部细节光源。这些理论的知识和摄影中的灯光理论很相似，因为我们在制作一张效果图的时候非常像是在拍摄照片，而拍摄的主题就是我们在软件中模拟出来的场景。主光是所有光线中占主导地位的光线，是塑造拍摄主体的主要光线。而辅助光一般是配合主光解决一些阴影以及明暗的不合理关系，需要注意和主光之间的光比不能太强，以免影响主光。局部细节光是根据画面需要针对一些希望特殊表达的地方进行补充，这部分灯光可能不是必须的，但往往是刻画细节的关键。如图 1-5-2 所示，图中以室外自然光源为主，但是室内用了大量的人造光来塑造局部的细节表现，让我们能很清楚地看到格局、陈列以及材质的效果，做到了很好的光源互补效果。

图 1-5-2

1.6 构图——像机角度的选择

构图一词对于绘画者和设计者并不陌生。一幅成功的作品必定也是一个构图表现优秀的作品。一个空间的表现也需要考虑构图因素，并且构图的优劣是判定一个空间表现成功与失败的关键。像机的位置和角度的选择，要根据场景的大小和综合因素考虑来决定，像机位置和角度能决定效果图表现的内容和主题。像机的选择需根据透视学原理来表现，通常室内住宅空间表现中，像机高度选择 0.8~1.2 m 之间表现图看起来比较舒服，像机高度的选择并不是一成不变的，而是根据设计者要表现的主题而定。

如图 1-6-1 所示的连续性空间表现，图中由多个空间组成，设计者将摄像机选择在客厅的角落，使得空间给予人们在视觉上更加宽敞。设计者为了表现更多的地面效果和更多的室内家具，把摄像机布置得稍微朝下，这就更能够突出设计师的设计意图。

图 1-6-1

如图 1-6-2 所示，对于这种类似大厅的设计方案进行表现，我们则会选择另一种表现方法，稍微带有一点仰视的角度会让这类空间看起来显得更加高耸，更加有气势。由此可见，对于不同类型的空间，在表现手法上是有一定区别的，需要大家多加练习。这里我建议读者可以选择从摄影中练习构图，这是一种既简单又有效率的构图练习方法。

图 1-6-2

1.7 根据场景选择最佳表现时段

有许多设计者会因如何选择空间的表现时段而不知所措，也有的设计者因选择欠佳表现时段，而做出来的效果不够理想。场景的表现时段与场景的灯光具有密切的联系，场景要表现的时段不同，灯光的强度也有所不同。在日景效果图表现时段中，选择最佳表现时段与场景的类型有着密切关系。如图 1-7-1 所示的日景效果图表现，这也是本书中的一个教学案例，这个场景是一个海边的度假屋厨房，场景中采用了大面积的木质材质以及浅色的漆面材质，图中的日景感觉阳光充分，整个画面让人觉得很悠闲轻松，如果使用正午的日景，阳光的投影不够长，则这种悠闲的感觉就会明显差很远。所以即使是日景效果表达，也会因阳光所处的角度，即时间段的因素使得场景具有不同的感觉。

图 1-7-1

在夜景效果图表现时段中，最佳表现在于室内人造光的表现。如图 1-7-2 所示酒店夜景效果图表现，设计者选择了夜景表现，运用夜晚和浅色灯光元素搭配更能体现出酒店豪华舒适的感觉。

图 1-7-2

1.8　效果图与设计方案的关系

设计方案的过程是把一种计划、规划和设想通过视觉传达方式传达出来的活动过程。设计方案包含效果图，效果图都是设计方案的组成部分。效果图是一个设计方案的呈现方式，也是设计方案的说明。现在许多设计公司在谈业务时，客户通常要看你的设计方案,也就暗示着要看你的效果图,一般客户会通过效果图来决定业务是否合作。其实通过几张效果图来评价设计方案的好与差是不理智的,评价一个设计方案的好与差是要根据整套设计想法和理念,并不是靠几张效果图断章取义,效果图只是设计方案中的一部分。设计方案决定效果图的表现内容和方式,效果图可以反映设计方案的设计理念和设计想法。

大家要明白效果图是服务于设计的,有好的设计方案才能制作出好的效果图,如果方案本身并不优秀,那么效果图也很难有好的效果。效果图的制作只是一个技术活,只要熟练掌握软件工具的运用,并没有什么太深奥的地方,相反设计能力是很难培养出来的,需要靠大量的方案制作经验的积累,以及深入不断地提升设计者的自我艺术修养,这些才是能否做出好的效果图的根本。

1.9　本章小结

本章从多个角度讲解了效果图制作的成败因素,希望读者在阅读完此章内容后能明白,一张好的效果图并不是依靠会几个软件的运用就可以做出来,本人从事效果表现教学工作十余年,有太多的学生都是只重视技术层面上的运用而忽略了基本功的培养。这些基本功所涵盖的最原始的内容就是三大构成:平面构成、色彩构成、立体构成。而这些理论的东西在学校的教育方式下又让绝大多数的学生觉得乏味,本书的写作目的就是希望读者能够纠正这些错误的观念,重视基础能力的培养。好的设计师是经过千锤百炼的,万丈高楼平地起,基础的东西无论何时何地都是有用的。希望同学们能够从本书中学到的不只是效果图制作的技术,更多的是培养大家对美的感受和体验。

第 2 章

3ds Max 2014
和室内效果图有关的东西

本 章 重 点

● 建模基础是完成效果图制作的根本，必须熟练掌握各种建模技巧。

● Slate 材质编辑器的基本操作。

● 掌握标准灯光的基本概念。

● 渲染的基本概念。

2.1 3ds Max 2014 的新功能

3ds Max 这个软件大家并不陌生，这款软件的更新速度越来越快，不过软件是否要追求新的版本，就个人的体会而言，最好的版本永远是用得最顺手的版本，目前很多效果图制作人员甚至还在用 3ds Max 9 这个 7 年前的版本。不过既然开始学习这个软件，那我们就用比较新的版本来学习，毕竟新的版本自然有它的独特性，自然是更方便从业人员提升他们的工作效率或是能做出更优异的作品。

本书所有案例演示的软件环境是 3ds Max Design 2014+VRay 2.0 sp1。3ds Max 从 2009 开始分为 3ds Max 和 3ds Max Design 两个版本。3ds Max 和 3ds Max Design 分别是动画版和建筑工业版，Design 是建筑工业版，以前的版本是不分动画版或建筑工业版的，这是从 3ds Max 2009 才有区分的。

3ds Max 主要应用于影视、游戏、动画方面，拥有软件开发工具包（SDK），SDK 是一套用在娱乐市场上的开发工具，用于将软件整合到现有制作的流水线以及开发与之相合作的工具，在 biped 方面做出的新改进让我们能轻松构建四足动物。Reveal 渲染功能可让我们更快地重复，重新设计的 OBJ 输入也会让 3ds Max 和 Mudbox 之间的转换变得更加容易。

3ds Max Design 主要应用在建筑、工业、制图方面，主要在灯光方面有改进，有用于模拟和分析阳光、天空以及人工照明来辅助 LEED 8.1 照明的 Exposure 技术，这个功能在 viewport 中可以分析太阳、天空等。您可以直接在视口以颜色来调整光线的强度表现。

简单地来，Design 版本更适合做建筑及室内效果表现，因此本书选择了 Design 版本的 3ds Max 2014 作为教学演示软件。如图 2-1-1 所示，这是 3ds Max Design 2014 版软件启动界面。

图 2-1-1

对于有一定使用 3ds Max 软件基础的人而言，如果以前没有使用过 2010 和 2011 的版本，2014 版的 3ds Max 界面可能就有一些茫然了。因为最近的两个版本比 2009 版在界面上发生了巨大的变化，尤其是 2011 以及 2014 版本的新功能可能让一些老用户很头疼。如图 2-1-2 是新版 3ds Max Design 2014 中文版的工作界面。

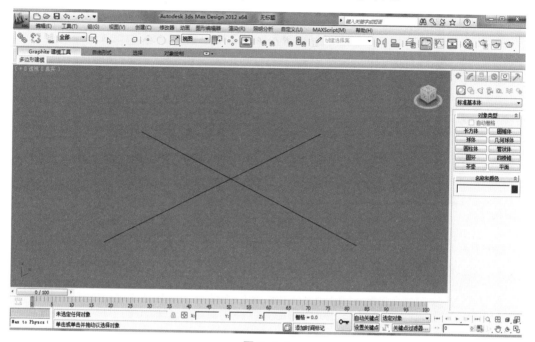

图 2-1-2

更酷的工作界面下新版的 3ds Max Design 2014 给我们带来了什么新的功能呢？我们一一揭晓，不过在揭晓之前，我要给读者一点建议，这也是我这么多年来学习软件的一个心得体会。对于 3ds Max 这样一个庞大的软件，它的功能是非常丰富的，其中包含的所有功能想要都能掌握是有相当难度的，我学习这个软件大概是从 1999 年开始，那时候的版本还是 2.5，到现在软件版本更新不下几十个了。软件功能的增加我是一路伴随它看着它增长起来的，基本上软件所包含的功能我都了解，但是在平时的工作中发现有大部分的功能基本上用不着，真正常用的功能可能还不到软件所有功能的25%。但是这并不妨碍我们做出自己想要的好作品。所以我给大家的建议是，学习那些你用得着的，精通地掌握这些内容，这才是关键，软件只是一个我们想要表达作品的工具，把工具用好才是最重要的。下面我们来看看 3ds Max Design 2014 到底有哪些新的功能？

第一点新功能：Slate Material Editor（板岩材质编辑器），虽然板岩材质编辑器在 3ds Max 2011 版本中就出现了，但对于习惯 2010 版本以前的 3ds Max 软件中的材质编辑器用户而言，这个新的材质编辑器在刚开始用的时候简直就是抓瞎，与传统的 3ds Max 材质编辑器大相径庭。新版的板岩材质编辑器的工作界面，如图 2-1-3 所示。

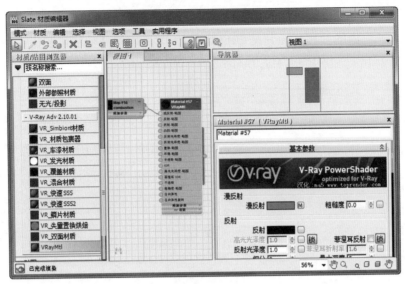

图 2-1-3

　　基于节点式编辑方式的新 Slate Material Editor（板岩材质编辑器），是一套可视化的开发工具组，通过节点的方式让使用者能以图形接口产生材质原型，并更容易地编辑复杂材质，进而提升生产力，而这样的材质是可以跨平台的。因此 Autodesk 3ds Max 的材质编辑方式可以说是有了飞跃性的提升，迎头赶上了其他市面上流行的节点式三维软件。

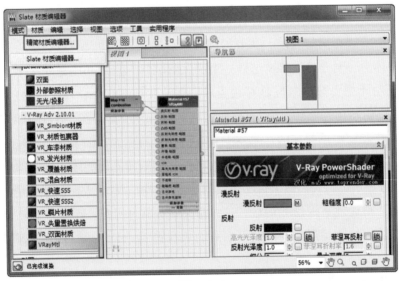

图 2-1-4

　　此次节点式材质编辑器 Slate Material Editor（板岩材质编辑器）的加入也代表了 3ds Max 节点化的一个初步尝试。同时之前版本的材质编辑器模式也被保留，以便于老用户的使用。怎样才能切换回原来模式的材质编辑器呢？在当前编辑器的左上角"模式"菜单中选择"精简材质编辑器"选项，图 2-1-4 切换后的界面如图 2-1-5 所示。

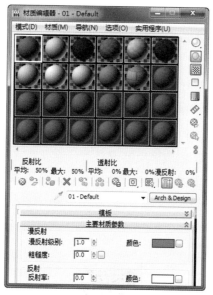

图 2-1-5

　　如图 2-1-5 所示，如果你还是习惯传统的材质编辑器模式，可以切换回传统的编辑器模式来方便你的工作。另外要说明的是 3ds Max Design 2014 的材质球默认都是建筑材质，不过这并不妨碍我们使用 VRay 来制作效果图，材质的类型切换完全没有问题。

15

图 2-1-6

　　第二点新功能：CAT Character。CAT 是一个角色动画的插件，内建了二足、四足与多足骨架，可以轻松地创建与管理角色，以往就以简单容易操作的制作流程而著称，在之前版本中一直以插件的形式存在，现在完全整合至 Autodesk 3ds Max 2012 中，其操作的稳定性和兼容性得到了很大的提高，可谓 CG 用户的一大福音。此项新功能在我们的建筑或是室内效果表现上用途不大，主要是用于动画开发领域，如图 2-1-6 所示。

第三点新功能：Quicksilver Hardware Renderer（迅银硬件渲染）。Quicksilver 这套创新的硬件算图器会同时利用 CPU 与 GPU，使用者可以在极短的时间内得到很高质量并接近于结果的渲染影像，这样在测试渲染时可以节省下大量时间，进而提升整体效率，并同时支持 alpha、z-buffer、景深、动态模糊、动态反射、灯光、Ambient Occlusion、阴影等，对于可视化、动态脚本、游戏相关的材质有很大的帮助。此项功能对于打算使用 Mental Ray 这个 3ds Max 集成渲染器或是默认渲染器渲染的场景才有用，目前还不支持 Ray 材质和灯光，因此这个功能对于本书的读者意义不大，如图 2-1-7 所示。

图 2-1-7

第四点新功能：Local Edits to Containers。Container 的本地编辑可以让工作流程更有效率地被执行，当一个使用者编辑一个未锁定的 Container，另一个使用者可以同时继续编辑其他的元素，但同时编辑同一个部分是被禁止的。这个功能对于一些大型的团队项目非常有用，它可以让项目流水线作业，非常方便项目管理，如图 2-1-8 所示。

图 2-1-8

第五点新功能：Modeling & Texturing Enhancements（建模与贴图的改进）。在
Autodesk 3ds Max 2011 和 3ds Max Design 2011 以及后续的 2014 版本中增强了 Graphite
modeling 与 Viewport Canvas 工具，让使用者可以加速 3D 建模与绘制贴图的工作，而这
些工作是直接在视埠视口中执行，不需要像以往一样在多软件间进行切换，大大减轻
了制作上的困难点，增加了作品产生的效率，这些功能包含：①．增加了视埠视口 3D
绘图与编辑贴图的工具，并且提供了绘制笔刷编辑功能以及贴图的图层创建功能，贴
图可以保留图层信息并直接输出到 PS 中。②．添加了 Object Paint 功能，可以在场景中
使用对象笔刷直接创建绘制分布几何体，使得大量创建重复模型变得简单有效。③．一
个编辑 UVW coordinates 的笔刷界面。这部分的功能对于室内效果表现用途不算太大，
主要用于游戏场景开发、建筑环境表现等。

图 2-1-9

第六点新功能：Autodesk 3ds Max Composite 工具基于 Autodesk Toxik compositing 软
件技术，包含输入、颜色校正、追踪、摄影机贴图、向量绘图、运动模糊、景深与支
持立体产品，很多校正颜色的部分都不须要重新渲染，只要渲染出各种不同的元素，
在 3ds Max Composite 中进行合成与调整，包含特效部分也是一样，对于动画而言可谓
一个不可或缺的工具，如图 2-1-9 所示。此部分功能对于静帧场景表现用途不大。

以上部分是至 Autodesk 3ds Max 2011 和 3ds Max Design 2011 以来相比以前版本中
有比较大的变化部分，在 Autodesk 3ds Max 2014 和 3ds Max Design 2014 与上一个版本
中最大的变化则增加了 Nitrous 视口驱动程序。Autodesk 3ds Max 2014 和 3ds Max Design
2014 引进了一个全新的视口显示驱动 Nitrous，并将其用作默认的显示程序，如图 2-1-
10 所示。Nitrous 可以充分地利用 GPU 和多核工作站的优势，能够重复处理大量数据，
以便于修改大型而复杂的场景。

图 2-1-10

除此之外，Nitrous 还提供了各种样式化视口显示功能，可以在视口中直接浏览非照片级的艺术化效果，如彩色铅笔、压克力、墨水、彩色墨水、Graphite、彩色蜡笔和工艺图等风格，如图 2-1-11 所示。

图 2-1-11

如果要渲染出这些艺术化效果，可以使用 Quicksilver 硬件渲染器进行各种风格的渲染。

这部分我们主要针对 Autodesk 3ds Max 2014 和 3ds Max Design 2014 的一些新增功能进行了一些大概的介绍，在新版的软件中还有不少新的功能，在此就不一一列举了。大家可以通过网络或者其他途径自行了解，这部分的新内容对于我们的室内效果表现技法而言并无太大影响，我们主要的学习重点还是放在 VR 渲染插件的技巧上。

2.2 室内建模那些事

2.2.1 室内场景建模概述

建模是整个效果图表现的基础，掌握熟练的建模技巧是高效率制作效果图的关键，对于室内住宅方案的效果图制作而言，我们通常只需要建出必要的墙面结构模型，大多数的情况下，室内的家具及饰品模型我们会选择从模型库中选择调用。

由于大多数的模型并不需要我们手动建模，因此很多初学者都忽略建模技巧的学习，这是非常不可取的。如果需要设计一种比较特殊风格的场景，这时模型库的模型就未必适合我们使用了，就必须要手动创建一些家具模型。如图 2-2-1-1 这个厨房场景，也是本书中的一个案例场景，整个场景基本上都是自己手动建模完成的。这个场景中的橱柜模型就比较特别，它的规格是按照实际环境大小来设计的，因此很难找到合适的已有模型，这时候就必须自己手动创建一个橱柜模型。虽然这个模型并不是太复杂，但是建模工序还是比较繁琐的，如果没有熟练掌握建模的基本技法，这个场景完成起来就有一定的困难。

图 2-2-1-1

虽然 3ds Max 软件自身具有非常强大的建模功能，但是相比而言，有很多其他软件具有更快捷方便的建模能力，例如 Google SketchUp（草图大师）这款软件，它在建筑模型的建模运用上非常快捷方便，作者本人在进行设计创作过程中，经常使用这个软件进行初期的场景模型创建，利用 3ds Max 2014 中新加入的功能直接调用 SketchUp 软件制作的 .skp 场景文件，然后完成后期的材质灯光进行效果图的制作。如图 2-2-1-2 所示，这是 Google SketchUp 7 的工作界面。

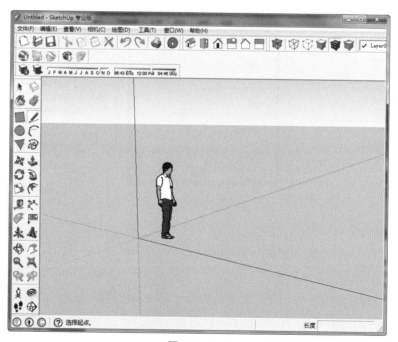

图 2-2-1-2

无论采用何种软件相互配合制作场景，我们的宗旨是尽可能地加快制作效率，在整个效果图制作过程中，场景模型的制作基本上占用整个工作的40%以上工作量，它对效果图的效果品质虽然不及材质灯光的影响那么大，但是作为效果图的基础部分，我们也要特别重视建模环节。本书案例的重点部分放在场景的材质、灯光以及渲染技巧的讲解上，对于建模部分没有过多的讲解，希望读者们能够自己锻炼建模能力，在锻炼建模能力的同时，你也会更加熟悉软件的各项功能。

2.2.2 良好的工作习惯——软件环境设定

在开始进入软件工作之前，我们应该有个良好的工作习惯，即针对软件系统的环境进行设置。这些工作将会极大地减少出错的概率，下面我们针对一些常见的3ds Max软件系统设置做出详细讲解。

系统单位设置：我们在开始创建场景之前要对系统的单位进行设置，3ds Max软件的默认系统单位是英制单位，这非常不符合我国设计师的工作习惯，并且国际上大部分的设计机构在单位的选择上也是用国际公制单位，因此我们需要做的一个设定就是系统单位的设定。

如图2-2-2-1所示，在菜单中找到"自定义"菜单，选择"单位设置"选项打开"单位设置"对话框，单击"系统单位设置"按钮，在"系统单位设置"对话框中选择我们日常习惯用的公制单位，可以选择厘米或是毫米为单位。

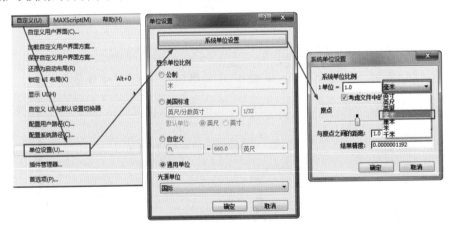

图 2-2-2-1

在选择系统单位的时候，通常我们是本着根据CAD图纸建模的规范，选择毫米为3ds Max系统单位，因为CAD软件的绘图单位就是毫米，这样在图纸导入的时候不需要做任何的单位转换。但是对于有些场景的制作会因为毫米单位的计量数值太大，过于繁琐，所以选择用厘米为单位，如果选择3ds Max系统单位为厘米的话，那么就要注意CAD图纸导入后需要进行比例缩放。

捕捉设定：在我们开始创建场景的时候，有大量的操作需要捕捉的操作方式，因此对于捕捉设置的设定环节也是必不可少的。如图 2-2-2-2 所示，在工具栏中的"捕捉开关"按钮上单击鼠标右键，在弹出的"栅格和捕捉设置"对话框中进行设置。对于捕捉对象通常会选择栅格点、顶点、端点以及中点等，这里的选择通常是根据操作需要随时更换的，并且建议大家在选择捕捉对象的时候不要同时选择过多，一般是用到什么选什么，如果捕捉对象过多会导致操作过程中的混乱。在选项中我们需要勾选"捕捉到冻结对象"，大多数的时候我们进行建模时会捕捉图纸中的某些对象，而图纸一般在导入后为了防止错误的操作会将其冻结，因此这里我们选择勾选此项。除此以外，"使用轴约束"选项也是经常需要开启的，这样可以方便我们单轴对齐操作。

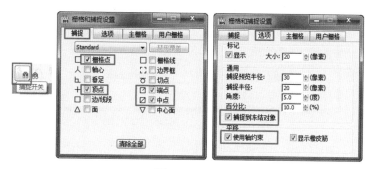

图 2-2-2-2

系统环境设定：软件系统环境的设定虽然不是必须的，但是有些设置内容对我们工作的辅助作用却不能忽视，这里我们针对 3ds Max 的"首选项"内容进行一些常规设置。如图 2-2-2-3 所示，在菜单栏中点击"自定义"菜单，选择"首选项"选项。

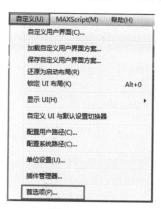

图 2-2-2-3

如图 2-2-2-4 所示，在弹出的"首选项设置"对话框中选择"常规"选项卡，这里面我们通常会将"使用真实世界纹理坐标"选项勾除，这个选项在标准版的 3ds Max 中默认是不勾选的，但是对于 Design 版本的 3ds Max 而言这个选项默认是选中的，这样会导致我们在设置纹理贴图的时候每次都需要修改，因此为了以后工作的方便，我们在这里统一设置。

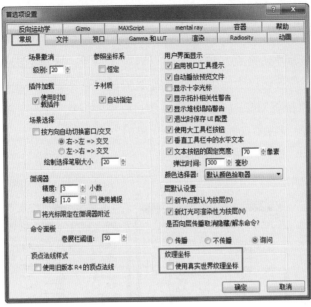

图 2-2-2-4

　　如图 2-2-2-5 所示，在"文件"选项卡中，"自动备份"的功能往往被初学者忽略，其实自觉备份文件应该是所有设计从业者应该养成的一个非常重要的习惯，3ds Max 软件在使用过程中，经常会由于某些错误的操作而导致软件报错退出，如果没有及时地备份文件，经常会让人欲哭无泪。这里的自动备份功能会在如图 2-2-2-6 所示的"我的文档"中相应的位置进行文件备份，如果因为没有手动备份而导致的意外丢失文件，那么你还有机会找到软件自动备份的文件。

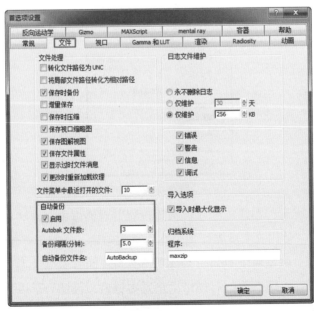

图 2-2-2-5

图 2-2-2-6

　　这里的自动备份功能建议大家不要关闭，并且根据自己的需要进行设定文件备份的数量以及间隔时间，根据笔者的个人习惯，我会设置自动备份间隔时间为15分钟左右。如果每次备份时间间隔太短，遇到大型场景的时候，每次备份时间少则几十秒，多则几分钟都有可能，自动备份间隔时间过短会太浪费时间且降低工作效率。

　　如图 2-2-2-7 所示，对"Gamma 和 LUT"选项卡的设定主要是将"启用 Gamma/LUT 校正"选项勾除，默认这个选项是勾选，在以前版本的软件中，这个选项默认是没有选择的，如果选中该选项，就会导致我们看到工作视图以及材质效果等各个环节的亮度值偏亮，虽然在渲染结果中不会发生问题，但是和我们以前的工作习惯不符，即便是初次学习 3ds Max 软件的同学也会发现我们看到的材质球中的效果和实际渲染出来的效果有很大偏差，因此这个选项最好不要勾选。

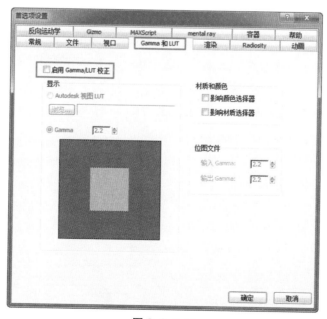

图 2-2-2-7

　　以上内容是我们针对软件环境的一个初步设定，这些设定往往会根据工作的进程有所调整，至于该如何调整，这完全取决于个人的工作习惯和经验，在以后的实际案例中我们会有这方面的内容讲解。

2.2.3 墙体建模技巧解析

　　本节讲述室内基本空间模型的创建方法。通过讲述导入 CAD 图纸，室内墙和地面、天花板、门窗等物体的创建过程，初学者可以轻松、快速地创建出一些简单的室内空间。同时，通过本节的学习，希望读者能够掌握一些简单的建模方法。

　　如图 2-2-3-1 所示，这是创建了一些简单的墙体、地面、门窗等模型的客厅空间。

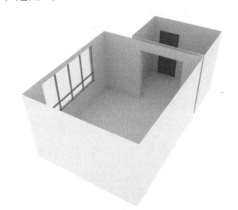

图 2-2-3-1

　　接下来，我们要讲述创建室内基本空间的建模过程。在动手建模之前，我们有必要先熟悉一下 CAD 图纸，看懂图纸之后再进行下一步的操作。在 3ds Max 中创建墙体模型时，导入 CAD 图纸作为建模过程的参照是很有必要的。导入的图纸线条在建模过程中可以起到辅助建模的作用。图 2-2-3-2 所示的是本节案例中客厅的 CAD 文件。

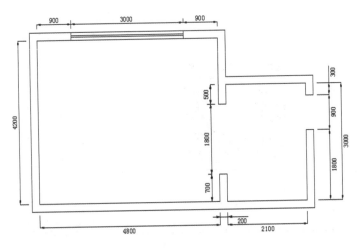

图 2-2-3-2

下面，我们要讲述在 3ds Max 中导入 CAD 图纸的方法。首先，将 3ds Max 软件系统单位设置为毫米，设置方法参考上一小节。

如图 2-2-3-3 所示，单击 3ds Max 的开始按钮，选择导入菜单中的导入选项，打开"选择要导入的文件"对话框，如图 2-2-3-4 所示，在对话框中选择随书光盘中提供的本小节案例 CAD 图纸文件，点击"打开"按钮，在弹出的"AutoCAD DWG/DXF 导入选项"对话框中勾选"焊接附近顶点"选项，点击确定按钮，如图 2-2-3-5 所示。

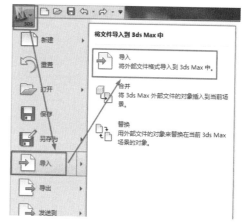

图 2-2-3-3

小贴士

勾选"焊接附近顶点"选项之后，可在激活的"焊接阈值"中设定焊接的范围。使用"焊接附近顶点"选项可以消除重复的节点。这个操作并不是必要的，但是它可以简化我们的图纸，更有利于后面的捕捉操作，有时也有可能使图纸发生变化而导致图纸精度降低了，所以这个"焊接附近顶点"选项应该根据情况而定是否勾选。

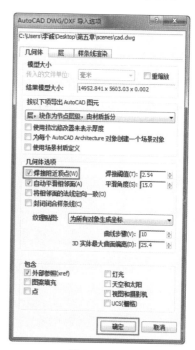

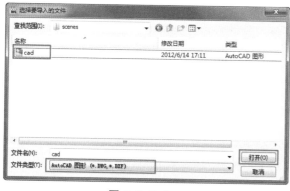

图 2-2-3-4   图 2-2-3-5

如图 2-2-3-6 所示，在工作视图中导入 CAD 图纸，这个图纸是经过简化的，将图纸之前的尺寸标注已经全部删除了。

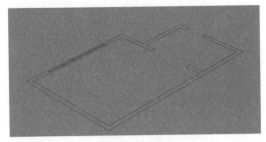

图 2-2-3-6

小贴士

　　在大多数时候，我们在选择使用 CAD 图纸进行参考建模之前，会先将 CAD 图纸中的一些不必要的内容进行删减，例如：尺寸标注、文本标注、家具图案等一些在建模中用不到的参考对象，这样简化图之后，可以方便建模阶段精确的捕捉，同时也会降低场景的复杂程度，节省计算机硬件资源。

　　使用快捷键 Ctrl+A 将所有图纸内容选中。如图 2-2-3-7 所示，在菜单中选择成组选项，并在弹出的"组"对话框中给组命名为"CAD 图纸"，单击确定按钮完成组合操作。完成组合操作后使用移动工具将图纸组合的坐标归零，如图 2-2-3-8 所示。

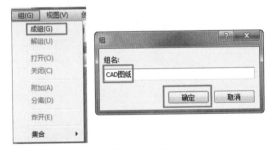

图 2-2-3-7

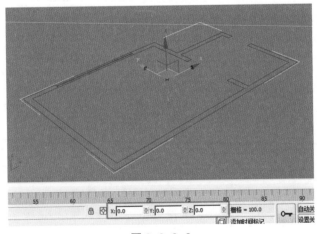

图 2-2-3-8

到此，CAD 图纸的导入工作就完成了。墙体模型是室内空间存在的基础，所以创建的墙体必须是正确无误的，这也是最终能否得到满意的室内表现效果的基础。

■ 小贴士

墙体建模的方法有很多种，早期多数是使用二维图形挤出、布尔等工具进行墙体模型的创建，现在流行的做法是创建单面模型，这也是本小节案例的建模方法，这种方法的优势是尽可能地简化模型，减少多边形数量，这样在渲染时可以减少计算机硬件资源的消耗，并且方便单面模型的修改，因此逐渐成为主流的建模方式。

下面我们开始讲解墙体模型的建模方法。如图 2-2-3-9 所示，首先选择图纸组合，单击鼠标右键打开快捷菜单，在菜单中选择"冻结当前选择"选项，将我们的 CAD 图纸冻结起来，由于 CAD 图纸是不需要再进行修改的对象，这样可以避免在建模过程中不小心对图纸进行错误的操作。

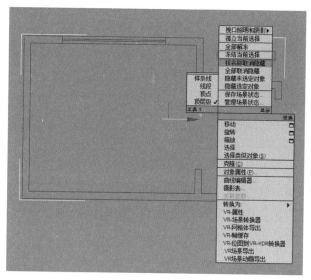

图 2-2-3-9

在工具栏中将捕捉设置切换成 2.5D 捕捉方式，并设置捕捉对象为"顶点"，如图 2-2-3-10 所示。

图 2-2-3-10

使用创建线条工具参考 CAD 图纸绘制如图 2-2-3-11 所示的墙体内部轮廓线。在线条的创建过程中注意预留窗口和门口位置的节点。

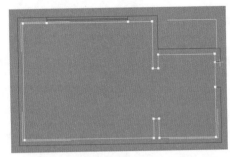

图 2-2-3-11

如图 2-2-3-12 所示，选择创建的线条在修改面板中增加一个"挤出"命令，设置挤出数量为 3000，并将"封口末端"选项勾除，这里我们先不急于做成天花板，将内部完成后再做天花板结构。

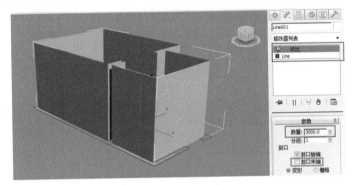

图 2-2-3-12

如图 2-2-3-13 所示，选中挤出的物体单击鼠标右键，在弹出的快捷菜单中选择将当前物体转换为可编辑的多边形物体。

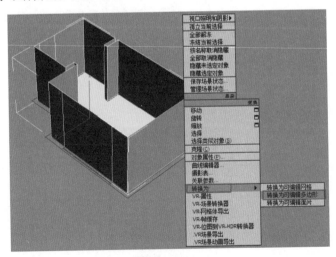

图 2-2-3-13

如图 2-2-3-14 所示，进入可编辑多边形物体的"边"级别，选择窗口处两条竖起的边，单击"连接"工具后面的设置按钮，在弹出的设置框中设置连接边的数量为 2，点击确定按钮，这样我们就在竖起的边上新增了两条连线，这两条连线将来会成为窗的上下窗台。

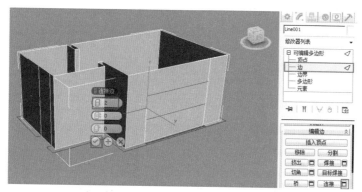

图 2-2-3-14

如图 2-2-3-15 所示，选择移动工具将下面的那条边 Z 轴坐标设置为 600，用同样的方法设置上面的边为 2500。

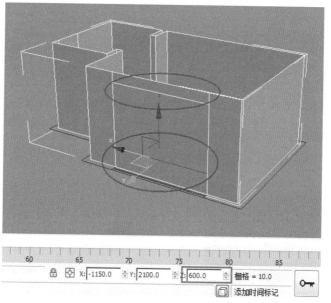

图 2-2-3-15

如图 2-2-3-16 所示，进入可编辑多边形物体的"多边形"级别，选择连线中间的面，点击挤出按钮后面的设置按钮，设置挤出的值为 200，点击确定，这样我们挤出窗台的厚度，挤出完成后按下 Delete 键删除当前选择的面，留出窗口的位置，结果如图 2-2-3-17 所示。

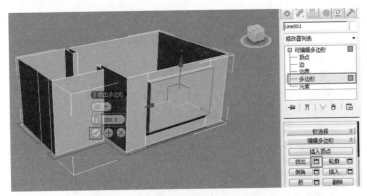

图 2-2-3-16

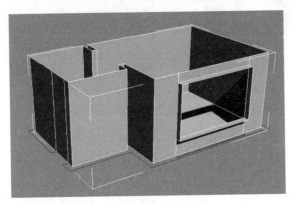

图 2-2-3-17

如图 2-2-3-18 所示，用同样的方法在门口处的两条边中连接一条边，并将这条边的高度设置为 2200，参考上面窗口的制作方法，完成门口的制作，结果如图 2-2-3-19所示。

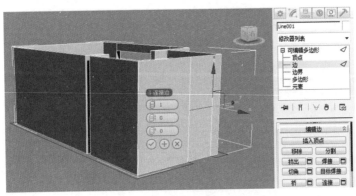

图 2-2-3-18

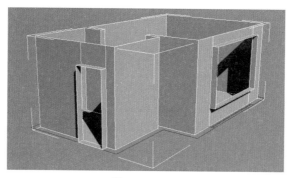

图 2-2-3-19

接下来我们制作屋内横梁部分，如图 2-2-3-20 所示，首先我们选择在图中所选两条边中新增一条连线，并将连线的 Z 轴高度设为 2200，另一侧对应的两条边做同样的操作。

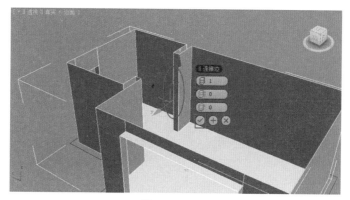

图 2-2-3-20

如图 2-2-3-21 所示，进入"多边形"级别，将所选的多边形删除。

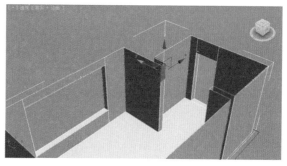

图 2-2-3-21

如图 2-2-3-22 所示，选择另一侧对应的多边形面挤出 1800。

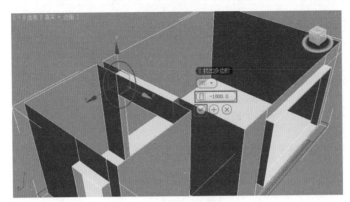

图 2-2-3-22

点击确定按钮完成挤出操作后，将当前所选的面删除，并选择横梁上方的多边形面一同删除，结果如图 2-2-3-23 所示。

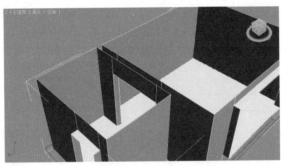

图 2-2-3-23

如图 2-2-3-24 所示，进入可编辑多边形物体的"点"级别，选择图中的顶点，点击焊接工具后面的设置按钮，我们可以看到焊接之前一共是 54 个顶点，焊接后变成 50 个顶点，点击确定，横梁部分的多边形就焊接到一起了。

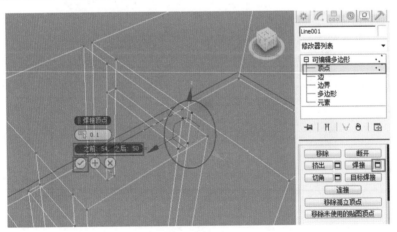

图 2-2-3-24

如图 2-2-3-25 所示，进入可编辑多边形物体的"边界"级别，选择如图所示的边

界线，单击鼠标右键选择"封口"选项，将天花板部分的墙壁封闭。用同样的方法将
另一侧小空间的天花板也闭合，结果如图 2-2-3-26 所示。

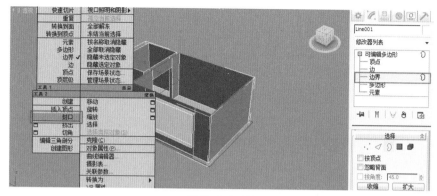

图 2-2-3-25

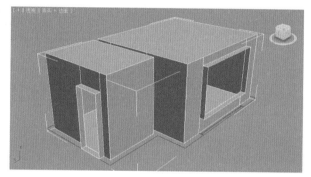

图 2-2-3-26

到此，墙面、地板及天花板的模型就制作完成了，效果如图 2-2-3-27 所示。

图 2-2-3-27

接下来我们讲解一下门窗的简易建模过程，很多情况下对于门窗的模型我们会从
模型库中导入模型，但是对于一些比较特别的建筑结构而言，我们掌握手动建模的技

33

术也是非常必要的。这里我们场景中的门窗模型相对比较简单,我们一起看看如何制作这部分的模型。

首先我们创建窗的模型,如图 2-2-3-28 所示,使用捕捉工具在窗口位置创建一个 BOX 物体,参数如图所示,这里我们注意要对 BOX 物体进行段数的划分,以便于以后的模型创建。

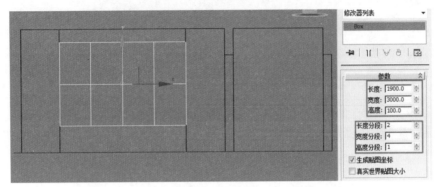

图 2-2-3-28

如图 2-2-3-29 所示,将创建的 BOX 物体移至窗口位置,并转换成可编辑多边形物体。

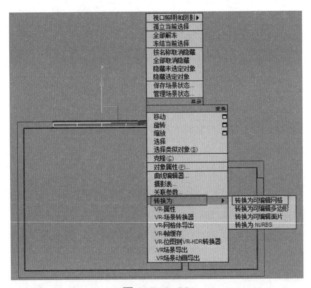

图 2-2-3-29

如图 2-2-3-30 所示,选择图中多边形面(注:背面对应面一同选中),点击命令面板中插入按钮后面的设置选项按钮,使用"按多边形方式",输入插入值为25。进入"点"的物体级别,调整中间窗格的位置,最终结果如图 2-2-3-31 所示。

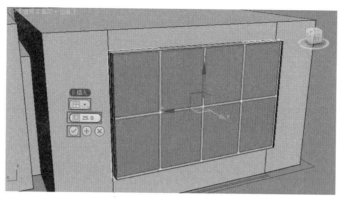

图 2-2-3-30

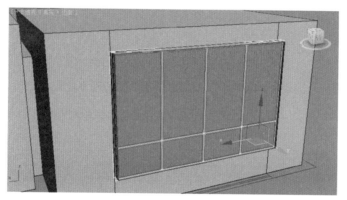

图 2-2-3-31

保持之前选择的多边形面，如图 2-2-3-32 所示，选择挤出工具，设置挤出数值为 -40。这样窗框以及窗玻璃就创建好了。

图 2-2-3-32

考虑到将来窗口和窗玻璃是两种不同的材质，所以可以事先将模型进行分离或者材质 ID 的分配。这里采取模型分离的方式处理，如图 2-2-3-33 所示。选择窗玻璃部分的模型，在命令面板中点击"分离"工具按钮，在弹出的"分离"对话框中设置分离出来的物体名称，点击确定按钮。

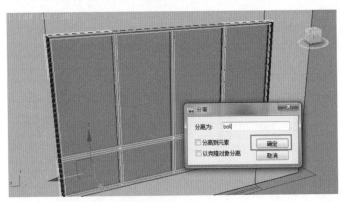

图 2-2-3-33

下面我们来讲解门的制作方法。如图 2-2-3-34 所示，在"左视图"中利用捕捉绘制如图所示的线条。

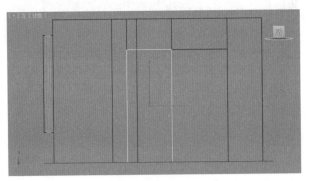

图 2-2-3-34

进入线条的"样条线"级别，如图 2-2-3-35 所示，在轮廓选项中勾选"中心"，并设置轮廓值为 50，将线条修改成如图所示的形态。

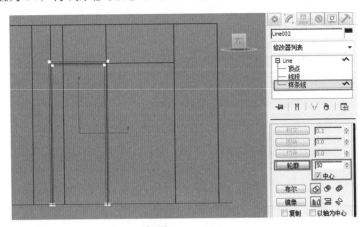

如图 2-2-3-35

如图 2-2-3-36 所示，给线条物体添加"挤出"命令，设置挤出数量为 240，即得到门框的模型。

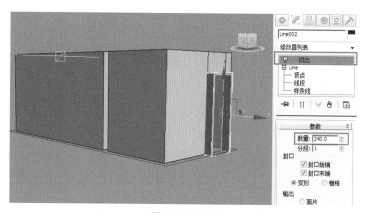

图 2-2-3-36

如图 2-2-3-37 所示，在"左视图"中门框位置创建 BOX 物体，并设置 BOX 物体的分段数，如图所示。

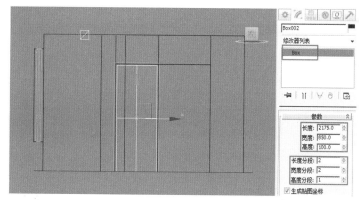

图 2-2-3-37

如图 2-2-3-38 所示，用同样的方法将新建的 BOX 物体转换成可编辑的多边形物体。

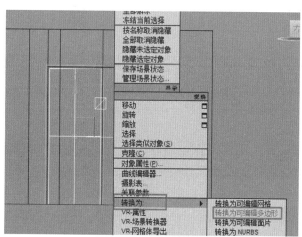

图 2-2-3-38

使用类似窗玻璃制作的方式，选择如图 2-2-3-39 所示的多边形，使用插入的方式对面进行修改，插入值为 50。

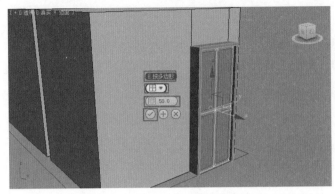

图 2-2-3-39

如图 2-2-3-40、图 2-2-3-41 所示，利用两次倒角操作将门板的花样制作出来，使门板的表面出现一些起伏效果，丰富细节。

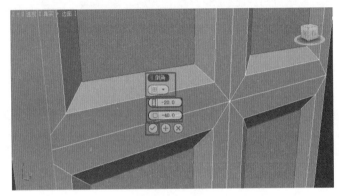

图 2-2-3-40

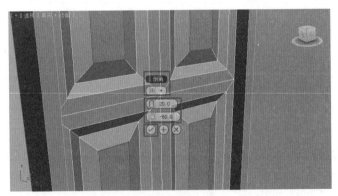

图 2-2-3-41

到此，门的模型也就创建完成了，细节上我们还应该创建门锁以及门把手的模型，由于模型细节较为复杂，这里就不深入讲解了，大家可通过模型库合并的方式来寻找合适的门锁模型。最终的效果如图 2-2-3-42 所示。

图 2-2-3-42

2.2.4 常见家具建模技巧解析

■ 单体椅子建模

在动手建模之前要养成良好的工作习惯，做好软件的环境设定。这里我们先打开 3ds Max 的"自定义"菜单中的"单位设置"选项（如图 2-2-4-1 所示），进入"单位设置"对话框（如图 2-2-4-2 所示），点击"系统单位设置"按钮，在弹出的"系统单位设置"对话框中将系统单位设置为毫米（如图 2-2-4-3 所示）。

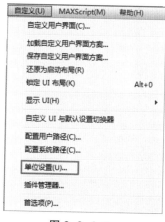

图 2-2-4-1

图 2-2-4-2

图 2-2-4-3

● 创建椅子坐垫

进入创建几何体面板，单击 **长方体** 按钮，在顶视图创建一个长为 350 mm、宽为 330 mm、高为 30 mm、长度分段为 4、宽度分段为 4、高度分段为 1 的 BOX 物体，如图 2-2-4-4 所示。

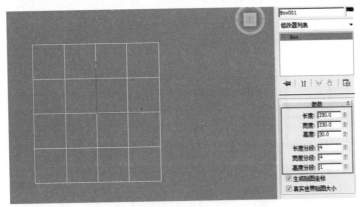

图 2-2-4-4

选中 BOX 物体后，单击鼠标右键，将物体转化为"可编辑多边形"，如图 2-2-4-5 所示。

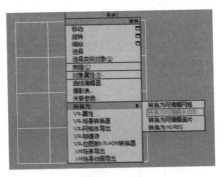

图 2-2-4-5

如图 2-2-4-6 所示，进入"边"级别，选中图中所示的边（物体的外边框），选择修改命令面板中"切角"工具后面的设置选项按钮，设置参数如图 2-2-4-7 所示。

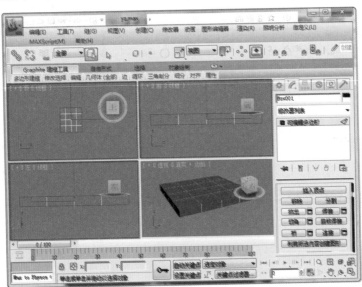

图 2-2-4-6

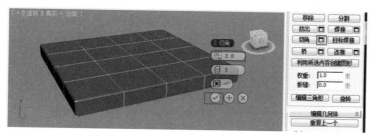

图 2-2-4-7

选中切角后的物体，在修改列表中为物体添加"FFD 4×4×4"命令，进入"控制点"级别，在前视图选中中间两组控制点右击 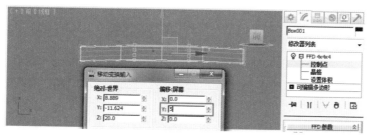 工具，并在 Y 轴输入 5 mm，效果如图 2-2-4-8 所示。

图 2-2-4-8

选中调整后的物体，将其转化为"可编辑多边形"，在修改器堆栈下的"细分曲面"面板中勾选"使用 NURMS 细分"选项，参数设置如图 2-2-4-9 所示。

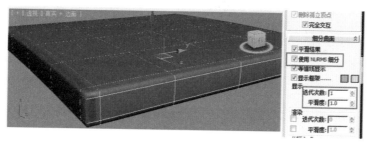

图 2-2-4-9

● 创建椅子靠背

如图 2-2-4-10 所示，选择"扩展基本体"，在顶视图创建一个"切角长方体"，参数设置及其位置调整如图 2-2-4-11 所示。

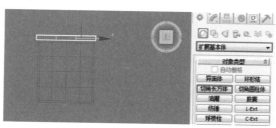

图 2-2-4-10

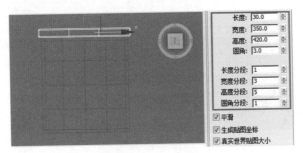

图 2-2-4-11

选中刚创建的切角长方体物体，在修改列表中为其添加一个"FFD 3×3×3"命令，进入"控制点"级别，用"移动工具"和"缩放工具"调整"控制点"，效果如图 2-2-4-12 所示。

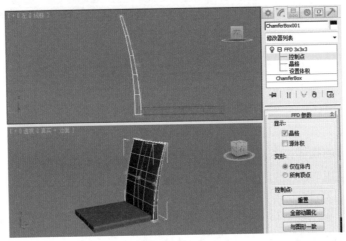

图 2-2-4-12

● 创建椅子金属腿

如图 2-2-4-13 所示，选择创建面板，单击"圆柱体"按钮，在顶视图创建一个圆柱体，参数如图所示。在"左视图"用"旋转工具"在 X 轴方向上转 -5 度，如图 2-2-4-14 所示。

图 2-2-4-13

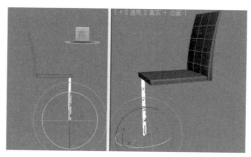

图 2-2-4-14

选中金属腿，按住键盘上的 Shift 键，在顶视图移动复制前腿的另一边，如图 2-2-4-15 所示。

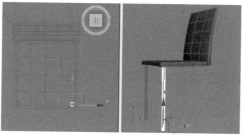

图 2-2-4-15

选中已创建好的两条金属腿，在左视图用同样的方法移动复制到靠背处，用"旋转工具"沿 Z 轴转–5 度，并在顶视图用"移动工具"分别调整两条金属腿的位置，效果如图 2-2-4-16 所示。

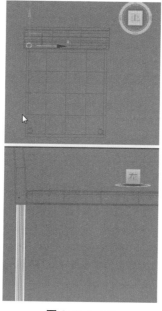

图 2-2-4-16

● 创建金属腿橡胶垫

　　选择创建几何体面板，单击"圆柱体"按钮，在顶视图创建一个圆柱体，参数如图 2-2-4-17 所示。

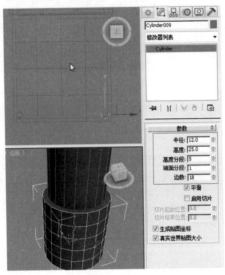

图 2-2-4-17

　　选中刚创建的"圆柱体"，在修改下拉列表中为其添加"FFD（圆柱体）"命令，进入"控制点"级别，在"左视图"用"缩放工具"调整"控制点"，效果如图 2-2-4-18 所示。

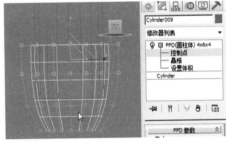

图 2-2-4-18

　　选中调整后的圆柱体，单击鼠标右键，将其转化为"可编辑多边形"，进入"面"级别，并选中顶面，如图 2-2-4-19 所示。将选中的顶面删掉，进入"边界"级别，选中如图 2-2-4-20 所示的边界。

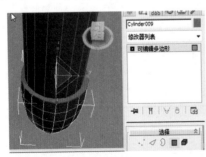

图 2-2-4-19

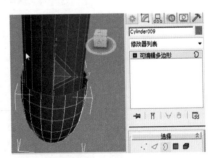

图 2-2-4-20

　　在"左视图"上，按住键盘上的 Shift 键，用"移动工具"将选中的"边界"沿 Y

轴向上移动复制 2 mm，如图 2-2-4-21 所示。选中复制出来的"边界"用"缩放工具"对其进行调整，如图 2-2-4-22 所示。

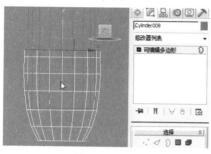
图 2-2-4-21

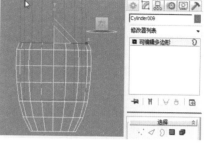
图 2-2-4-22

同理，保持选择之前的"边界"，按住键盘上的 Shift 键，用"移动工具"沿 Y 轴向下移动 - 1 mm，并用"缩放工具"进行调整，如图 2-2-4-23 所示。

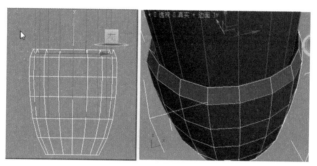
图 2-2-4-23

最后，返回"可编辑多边形"命令级别，在修改卷展栏下的"细分曲面"卷展栏中勾选"使用 NURMS 细分"，参数如图 2-2-4-24 所示。

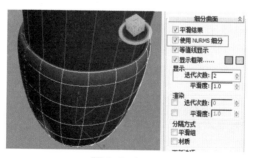
图 2-2-4-24

返回到顶视图，选中已创建好的橡胶垫模型，按住键盘上的 Shift 键，用"移动工具"将橡胶垫分别移动复制到各金属腿上，如图 2-2-4-25 所示。

这样，整个椅子建模就完成了，最终模型效果图如图 2-2-4-26 所示。

图 2-2-4-25   图 2-2-4-26

■ 茶几建模

图 2-2-4-27

    如图 2-2-4-27 所示，创建一个茶几的模型，首先将 3ds Max 系统单位设定为毫米，选择创建命令面板中的几何体，在下拉菜单中选择扩展基本体，利用捕捉工具捕捉原点在顶视图创建"切角圆柱体"，如图 2-2-4-28 所示。选择修改面板，修改圆柱体的参数，如图 2-2-4-29 所示。

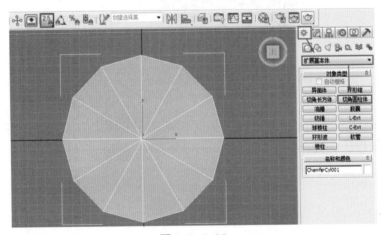

图 2-2-4-28

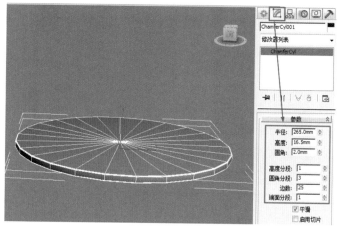

图 2-2-4-29

　　将物体转换为可编辑的多边形物体，并按住 Shift 键往 Z 轴方向复制一个圆柱体，
效果如图 2-2-4-30 所示。

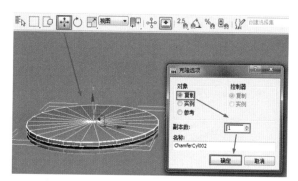

图 2-2-4-30

　　选择如图 2-2-4-31 所示的圆柱体，右键单击"均匀缩放"工具，弹出"缩放变换
输入"对话框，输入如图所示的参数。

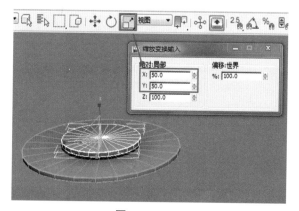

图 2-2-4-31

　　选中小圆柱体，点击对齐工具，与图 2-2-4-32 中的大圆柱体对齐，在弹出的"对
齐当前选择"对话框中设置参数。

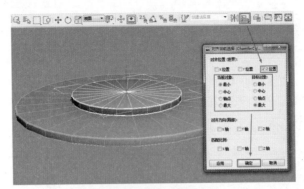

图 2-2-4-32

重复上面的方法，建成茶几的底座，两次缩放的参数如图 2-2-4-33、图 2-2-4-34
所示。

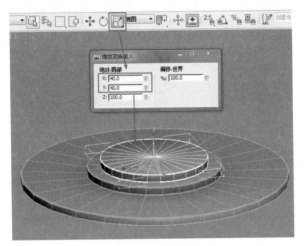

图 2-2-4-33

图 2-2-4-34

选择创建命令面板中的几何体，在下拉菜单中选择扩建几何体，利用捕捉工具捕
捉原点在顶视图创建"切角圆柱体"，并选择修改面板，修改圆柱体的参数，如图
2-2-4-35 所示。

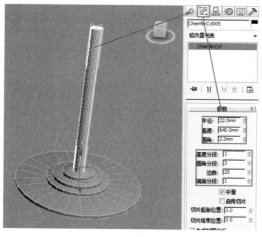

图 2-2-4-35

运用对齐工具对齐如图 2-2-4-36 所示的圆柱体。

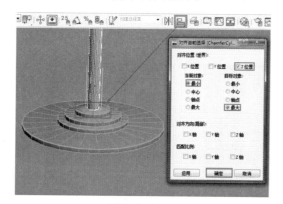

图 2-2-4-36

选择创建命令面板中的几何体，在下拉菜单中选择标准基本体，利用捕捉工具捕捉原点在顶视图创建"管状体"，如图 2-2-4-37 所示。选择修改面板，修改管状体的参数，如图 2-2-4-38 所示。

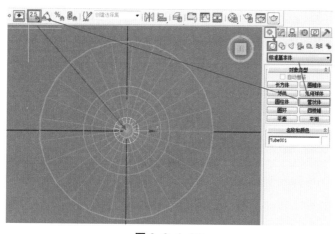

图 2-2-4-37

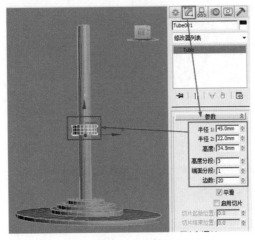

图 2-2-4-38

将物体转换为可编辑的多边形物体，选择可编辑多边形物体进入"边"的层级，选择物体外围棱角的边，如图 2-2-4-39 所示，用"切角"按钮后面的设置选项按钮，切角设置为 1 mm，进行切角 2 次，效果如图 2-2-4-40 所示。

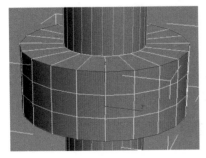

图 2-2-4-39

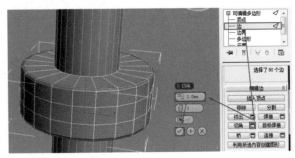

图 2-2-4-40

选择创建命令面板中的基本体，在下拉菜单中选择扩展基本体，在前视图创建"切角圆柱体"，效果如图 2-2-4-41 所示。选择修改面板，修改参数，如图 2-2-4-42 所示。

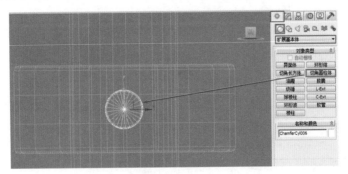

图 2-2-4-41

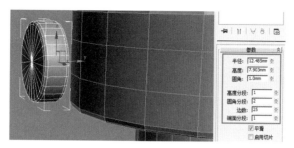

图 2-2-4-42

　　将物体转换为可编辑的多边形物体，选择可编辑多边形物体进入"多边形"的层级，选择如图 2-2-4-43 所示的面，修改命令面板中选择"插入"按钮后面的设置选项按钮，设置参数如图所示。

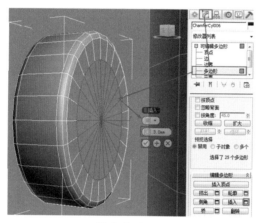

图 2-2-4-43

　　选择插入生成的多边形面，单击"挤出"按钮后面的设置选项，挤出高度为 10.5 mm，如图 2-2-4-44 所示。

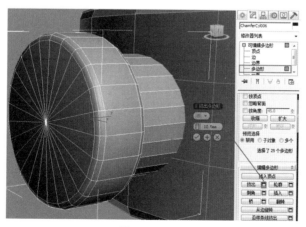

图 2-2-4-44

　　选择创建命令面板中的几何体，在下拉菜单中选择标准基本体，在顶视图创建"圆柱体"，如图 2-2-4-45 所示。选择移动工具，在坐标栏中将圆柱 X 坐标值改为 0。圆柱体的参数如图 2-2-4-46 所示。

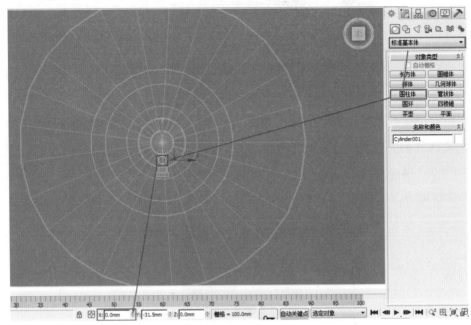

图 2-2-4-45

图 2-2-4-46

点击对齐工具对齐如图 2-2-4-47 所示的"管状体"。

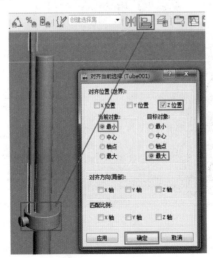

图 2-2-4-47

　　选择层次命令面板，单击轴面板，选择"仅影响轴"选项，利用移动工具把 X、Y、Z 轴的值改为 0，如图 2-2-4-48 所示。

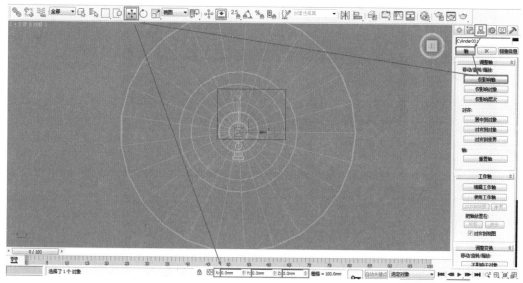

图 2-2-4-48

　　在修改命令面板中，利用旋转工具和角度捕捉工具，在顶视图中选择圆柱体旋转 120 度并复制 2 个圆柱体，如图 2-2-4-49 所示。

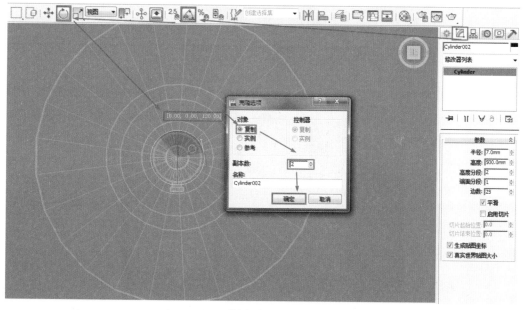

图 2-2-4-49

　　选择如图 2-2-4-50 所示的"管状体"沿 Z 轴向上复制，参数如图所示，并用对齐工具如步骤 1 的方法一样，和 3 根圆柱体对齐。

　　选择创建命令面板中的几何体，在下拉菜单中选择扩展基本体，利用捕捉工具捕捉原点在顶视图创建"切角圆柱体",并选择修改面板,修改圆柱体的参数,如图 2-2-4-51 所示。

图 2-2-4-50

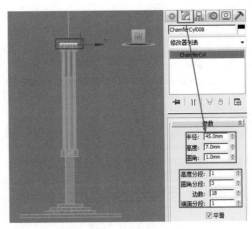

图 2-2-4-51

模型中的桌面建模方法也是一样,参数如图 2-2-4-52 所示。

图 2-2-4-52

■ 单人床建模

● 创建床头

选择创建图形面板,单击"矩形"按钮,在前视图创建一个长为 900 mm、宽为 1100 mm 的矩形,如图 2-2-4-53 所示。

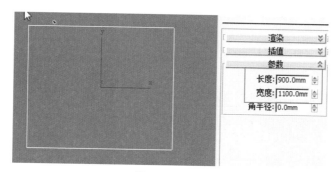

图 2-2-4-53

选中矩形，单击鼠标右键，将其转化为"可编辑样条线"，如图 2-2-4-54 所示。

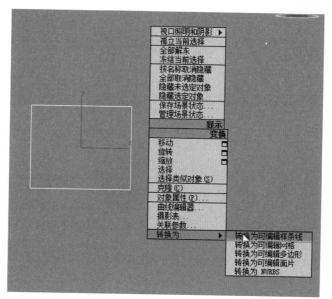

图 2-2-4-54

在"可编辑样条线"下进入"线段"级别，选中如图 2-2-4-55 所示的线段，并在下拉修改面板中的"拆分"按钮后的设置框中输入 5，并单击"拆分"按钮，拆分后如图 2-2-4-56 所示。

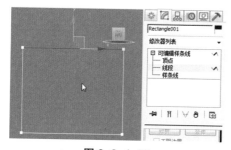

图 2-2-4-55

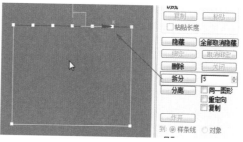

图 2-2-4-56

然后进入"顶点"级别，选中如图 2-2-4-57 所示的"顶点"，接着右击工具栏中的"移动工具"，在弹出的对话框中的 Y 轴输入 − 100 mm，调整后如图 2-2-4-58 所示。

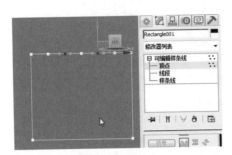

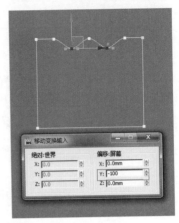

图 2-2-4-57   图 2-2-4-58

同样，在"顶点"级别选中如图 2-2-4-59 所示的顶点，并在 Y 轴向上移动 150 mm。

图 2-2-4-59

接着继续调整其他"顶点"，最终调整后的图形如图 2-2-4-60 所示。

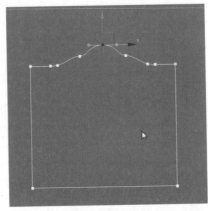

图 2-2-4-60

返回到"可编辑样条线"的最高级别，选中调整后的图形，在下拉修改器列表中为其添加"挤出"命令，参数如图2-2-4-61所示。

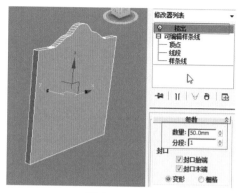

图 2-2-4-61

选中挤出后的物体，单击鼠标右键，将其转化为"可编辑多边形"并进入"面"的级别，选中如图2-2-4-62所示的面。

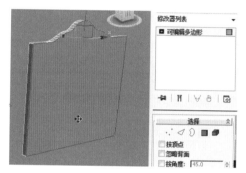

图 2-2-4-62

单击下拉修改面板中"倒角"命令后面的设置按钮，在弹出对话框中输入参数，如图2-2-4-63所示，并确定。

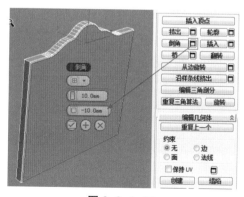

图 2-2-4-63

同理，再次单击"倒角"命令后面的设置按钮，在弹出对话框中输入参数，如图2-2-4-64所示，并确定。

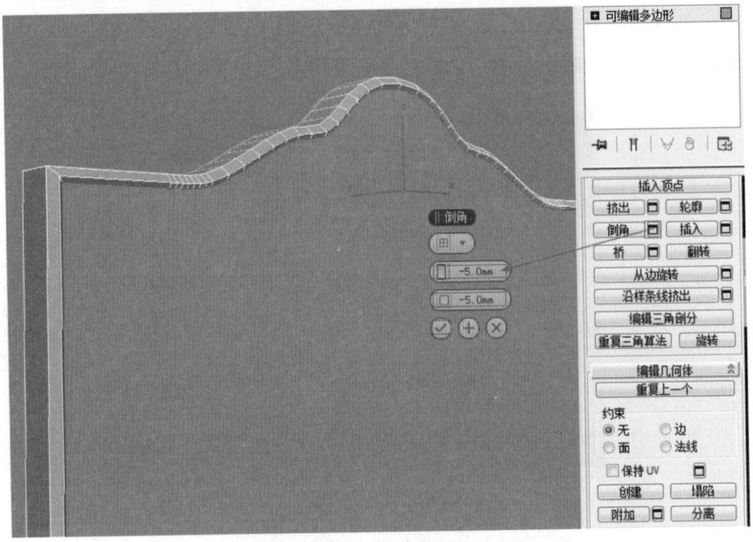

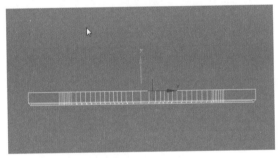

图 2-2-4-64

返回到"可编辑多边形"最高级别，去到"顶视图"选中物体，按住键盘上的Shift键，用"移动工具"，沿Y轴向下移动复制选中的物体，如图 2-2-4-65 所示。

图 2-2-4-65

选中复制出来的物体，进入到"面"的级别，在顶视图选中如图 2-2-4-66 所示的"面"，按键盘上的 Delete 键，将选中的面删除，如图 2-2-4-67 所示。

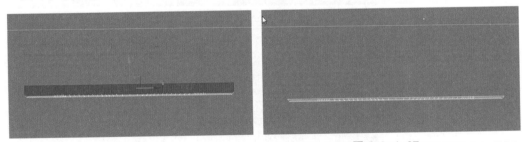

图 2-2-4-66   图 2-2-4-67

同理，选中如图 2-2-4-68 所示的"面"并删除，效果如图 2-2-4-69 所示。

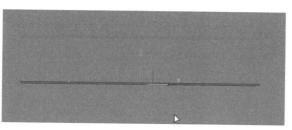

图 2-2-4-68

图 2-2-4-69

去到"透视图"选中如图 2-2-4-70 所示的"面"，在下拉修改面板中单击"挤出"命令后面的设置按钮，在弹出对话框中输入参数如下图，并确定。

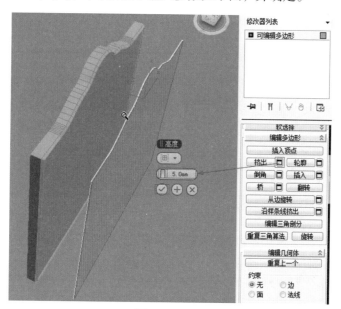

图 2-2-4-70

返回到"可编辑多边形"最高级别,在前视图选中挤出后的物体,右击工具栏中的"缩放工具"，在弹出对话框中输入 80%，如图 2-2-4-71 所示。

去到顶视图，用"移动工具"调整其位置，如图 2-2-4-72 所示。

重复上述步骤，再移动复制一次，并缩放和调整其位置，如图 2-2-4-73 所示。

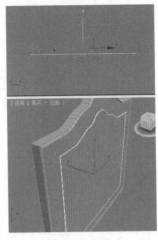

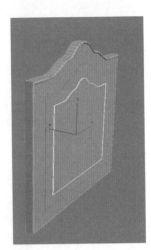

图 2-2-4-71   图 2-2-4-72   图 2-2-4-73

选择创建基本几何体面板，单击"长方体"按钮，在顶视图创建一个长为 60 mm、宽为 50 mm、高为 950 mm 的长方体，并在各视图调整其位置，如图 2-2-4-74 所示。

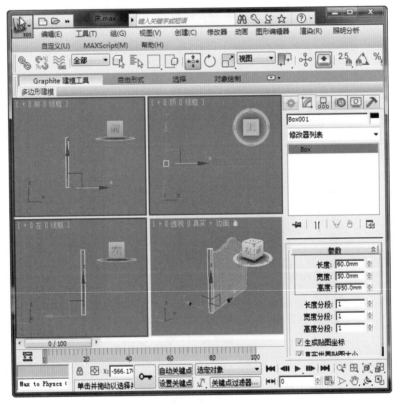

图 2-2-4-74

选择创建图形面板，单击"矩形"按钮，在前视图创建一个矩形，参数如图 2-2-4-75 所示。

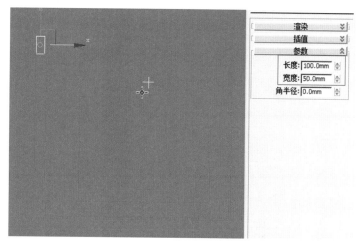

图 2-2-4-75

选择创建图形面板，单击"线"按钮，在刚创建好的矩形内创建如图 2-2-4-76 所示的剖面。

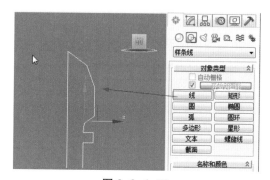

图 2-2-4-76

选中剖面，在修改器中进入到"顶点"级别，调整图形如图 2-2-4-77 所示。

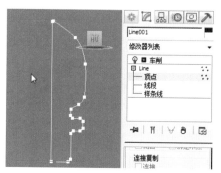

图 2-2-4-77

在修改器下拉列表中，为调整后的剖面添加"车削"命令，并在"参数"修改面板下选择"最小"对齐方式，然后删掉之前用于做辅助的矩形，如图 2-2-4-78 所示。如果发现车削生产模型面是反转状态，可以勾选"翻转法线"选项将其矫正。

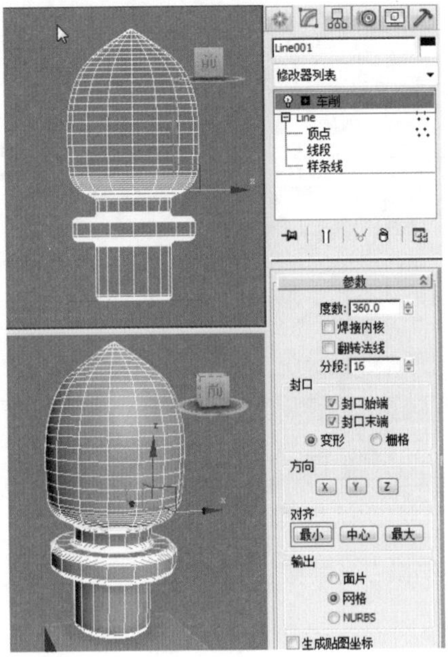

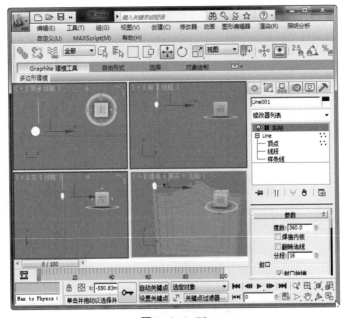

图 2-2-4-78

选中车削后的物体，并在各视图调整其位置，如图 2-2-4-79 所示。

图 2-2-4-79

在顶视图选中如图 2-2-4-80 所示的物体，按住键盘上的 Shift 键，用"移动工具"移动复制到床头的另一边。到此，床头部分的模型就完成了，床头效果如图 2-2-4-81 所示。

图 2-2-4-80

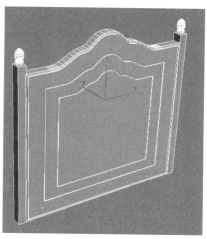

图 2-2-4-81

● 创建床尾

全部选中床头，并将其隐藏，选择创建图形面板，单击"矩形"按钮，在前视图创建一个矩形，参数如图 2-2-4-82 所示。

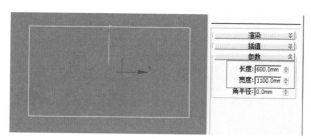

图 2-2-4-82

选中矩形，单击鼠标右键，将其转化为"可编辑样条线"，进入"线段"级别，选中如图 2-2-4-83 所示的线段，在下拉修改面板中的"拆分"按钮后输入 9，并单击"拆分"按钮。

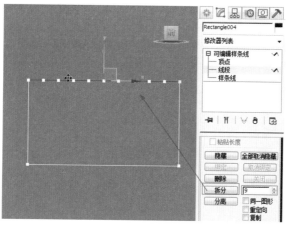

图 2-2-4-83

如图 2-2-4-84 所示，进入"顶点"级别，选中图中所示的顶点，在工具栏中右击"移动工具"，在 Y 轴输入框中输入 – 50 mm。继续调整其他"顶点"，调整后的最终图形如图 2-2-4-85 所示。

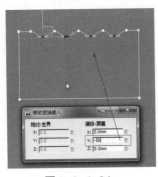

图 2-2-4-84

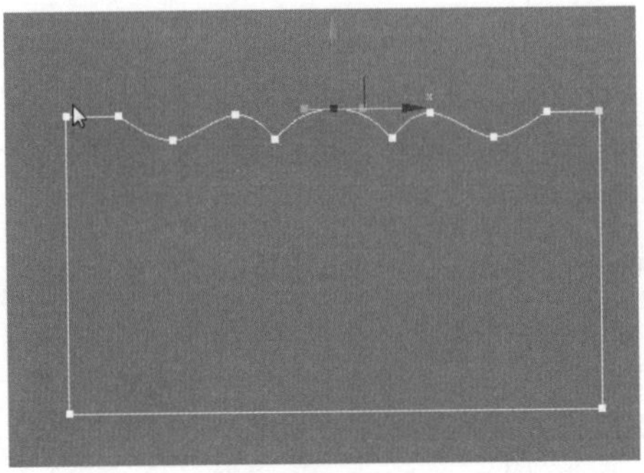

图 2-2-4-85

返回到"可编辑样条线"的最高级别，选中图形，在修改命令列表中选择添加"挤出"命令，参数如图 2-2-4-86 所示。

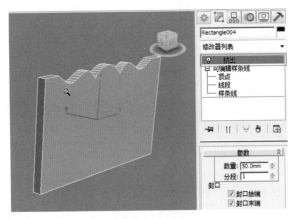

图 2-2-4-86

选中挤出后的物体，单击鼠标右键，将其转化为"可编辑多边形"，进入"面"的级别，选中如图 2-2-4-87 所示的面。

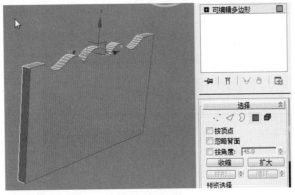

图 2-2-4-87

同理，与做床头一样，在下拉修改面板下为所选的面执行两次"倒角"命令，两次倒角参数如图 2-2-4-88 所示，倒角后的效果如图 2-2-4-89 所示。

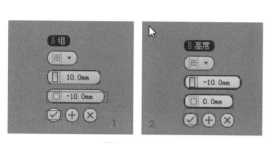 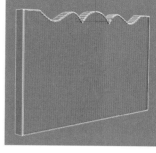

图 2-2-4-88　　　　　　　　　　　图 2-2-4-89

进入"边"的级别，选中如图 2-2-4-90 所示的两条"边"。

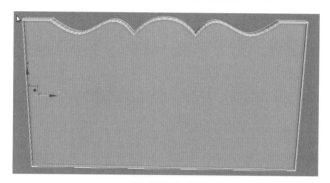

图 2-2-4-90

在修改面板下单击"连接"按钮后面的设置按钮，在弹出对话框中输入参数如图 2-2-4-91 所示，在前视图调整两条边的位置，如图 2-2-4-92 所示。

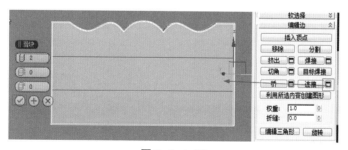

图 2-2-4-91

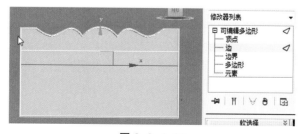

图 2-2-4-92

65

进入"面"级别，选中如图 2-2-4-93 所示的面，在下拉修改面板下单击"倒角"后面的设置按钮，在弹出对话框中输入参数，效果如图 2-2-4-93 所示。

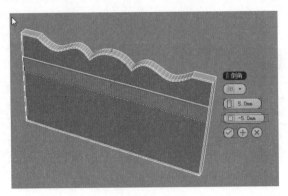

图 2-2-4-93

去到顶视图，单击鼠标右键，选择"全部取消隐藏"，如图 2-2-4-94 所示。选中如图 2-2-4-95 所示的物体，按住键盘上的 Shift 键，移动复制到床尾，如下图所示。

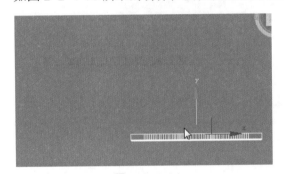

图 2-2-4-94

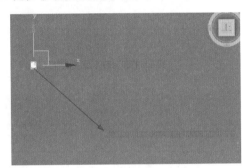

图 2-2-4-95

如图 2-2-4-96 所示，选中图中的物体，更改其参数，并调整其位置。

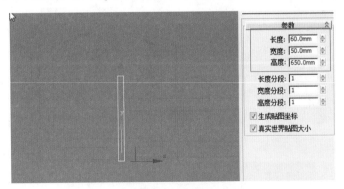

图 2-2-4-96

移动复制如图 2-2-4-97 所示的两个物体到床尾的另一边，并调整其位置。

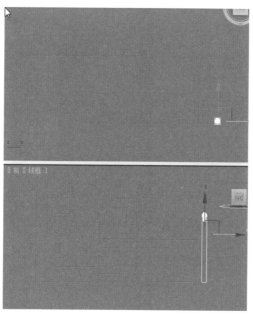

图 2-2-4-97

● 创建床身

选择创建基本几何体，单击"长方体"按钮，在顶视图创建一个长为 2000 mm、宽为 1150 mm、高为 300 mm 的长方体，并调整其位置，如图 2-2-4-98 所示。

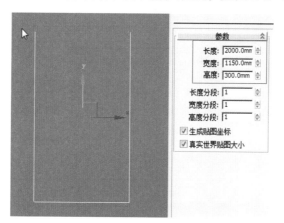

图 2-2-4-98

选中刚创建的 BOX 物体，使用快捷键 Alt + Q 键，将其孤立出来，单击鼠标右键，将其转化为"可编辑多边形"，进入到"线"的级别，选中如图 2-2-4-99 所示的"边"。

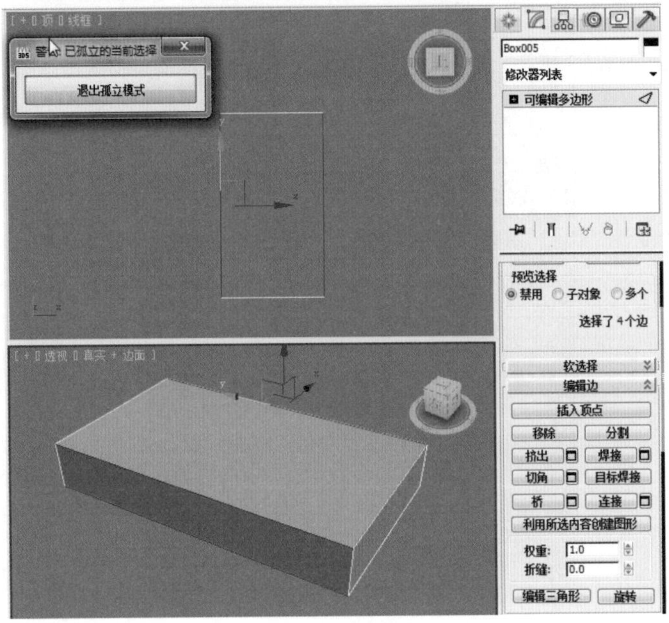

图 2-2-4-99

在修改面板中单击"连接"后面的设置按钮，在弹出对话框中输入参数，如图 2-2-4-100 所示，并分别调整两条边的位置，如图 2-2-4-101 所示。

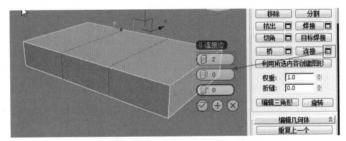

图 2-2-4-100

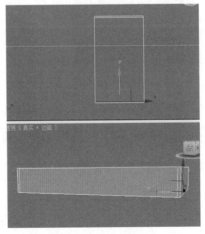

图 2-2-4-101

选中如图 2-2-4-102 所示的"边"，在修改面板中单击"连接"后面的设置按钮，在弹出对话框中输入参数，如图 2-2-4-103 所示。

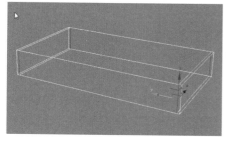
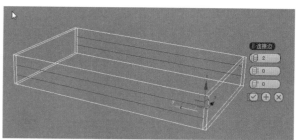

图 2-2-4-102　　　　　　　　图 2-2-4-103

分别调整刚连接出来的边，效果如图 2-2-4-104 所示。

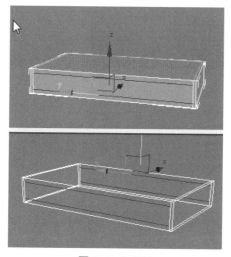

图 2-2-4-104

进入"面"的级别，选中如图 2-2-4-105 所示的面，在下拉修改面板下单击"挤出"后面的设置按钮，在弹出对话框中输入– 10 mm，如图 2-2-4-106 所示。

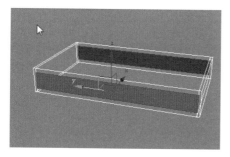
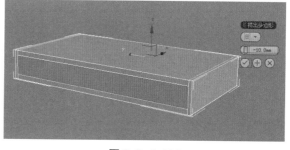

图 2-2-4-105　　　　　　　　图 2-2-4-106

退出孤立模式，返回到"可编辑多边形"最高级别，选中床身，在前视图调整其位置，如图 2-2-4-107 所示。

69

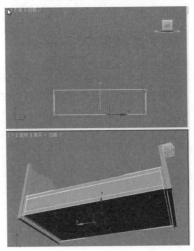

图 2-2-4-107

到此，整个单人床的模型就建完了，最终模型如图 2-2-4-108 所示。

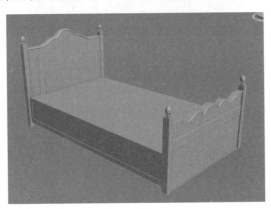

图 2-2-4-108

本小节中列举了住宅空间中三件常见的家具模型建模方法，当然家具模型的种类相当繁多，这里我们不可能一一列举，只是希望大家能够掌握一些家具建模的基本技法。对于以后的场景制作而言，更多的时候我们选择直接从模型库中调用模型，在下一个小节中我们将讲解如何使用模型库文件。

2.2.5 模型库运用技法解析

模型库的使用是提升场景制作效率的一个重要手段，对于初学者而言，往往很容易忽略掉一些很重要的细节。不少初学者都会遇到这样的一个问题，在墙体模型制作阶段场景文件一切正常，一旦合并家具模型文件后，场景文件就变得非常不稳定，经常出现一些莫名的问题导致 3ds Max 软件报错，退出程序，这些问题的出现很大因素就是由于模型库文件在使用的时候不规范而导致的。

本小节重点针对模型库文件使用的规范进行讲解，在使用模型库模型文件时，这些模型主要的来源是网络资源共享或者是一些购买的模型库光盘，如果是购买的模型库光盘，则这些模型库文件通常是一些已经归类好的文件，它们的文件制作比较规范，在使用的时候一般也不容易出现问题。但是对于大多数人从网络资源中获取模型文件的情况更为常见，而这些网络资源良莠不齐，有些模型文件很规范，有些则不然。

我们谈到的规范主要是针对两点：一是模型文件的单位，二是模型的材质。单位的问题一般我们可以根据自己所建立的场景进行缩放解决，而材质问题则复杂多了。例如有些模型使用的是 3ds Max 系统自带标准材质，有些使用的是 3ds Max 建筑材质，有些使用的是 VR 插件材质，甚至有些模型使用的是一些其他插件的专有材质，这些材质种类繁多，而且并不是所有的材质都能兼容我们所用的 VR 渲染器。如果碰到可以兼容的材质，则在合并模型库模型后不会出现问题，如果是一些不兼容的材质，则极易导致软件出错。

综上所述，当大家无法确认所得到的模型库模型文件是否真的没有问题的时候，建议大家在合并模型之前先打开这些模型文件，检查一下，以确保我们将要合并的模型文件是没有问题的。下面我们来看看两个例子。

如图 2-2-5-1 所示，这是一个壁灯的模型，从各视图中观察模型没有什么问题，但是我们查看系统单位却发现，这个场景使用的是英寸的单位，如图 2-2-5-2 所示。

71

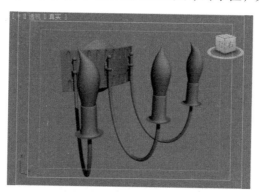

图 2-2-5-1

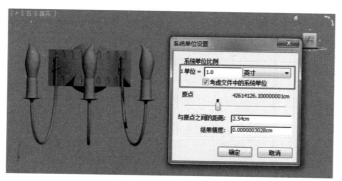

图 2-2-5-2

这里我们先不要将系统单位设置成毫米或是厘米的公制单位，如图 2-2-5-3 所示，我们将显示单位比例设置为公制单位的"厘米"。

　　回到左视图或者右视图中，使用矩形工具参考壁灯的大小绘制一个矩形，观察矩形大小，如图 2-2-5-4 所示，从结果中我们看出，这个壁灯的模型尺寸长宽大约是 50 cm×39 cm，这个大小是符合实际壁灯尺寸的，因此我们不需要对其大小进行修改。

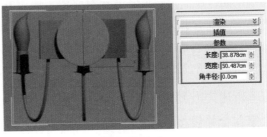

图 2-2-5-3　　　　　　　　　　　　图 2-2-5-4

　　接下来我们打开材质编辑器，使用吸管工具将壁灯的材质吸取出来，如图 2-2-5-5 所示。这个场景中壁灯模型的材质是 3ds Max 系统自带的标准材质，并且没有做任何参数调整，因此这个模型是没有材质信息的。这就需要在合并模型后对该模型进行材质的制作。

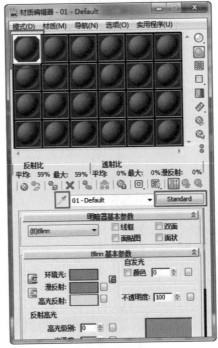

图 2-2-5-5

接下来我们再看第二个模型案例，如图 2-2-5-6 所示，这是一个装饰物的盘子模型，打开材质编辑器查看，这个模型使用了两种不同材质，一种是盘子模型的材质，一种是底座模型的材质，如图 2-2-5-7 所示。

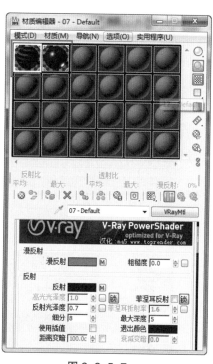

图 2-2-5-6　　　　　　　　　　　图 2-2-5-7

观察模型的材质设定，我们发现这两种材质都是使用的 VR 插件专有材质，如果我们将来的场景选择使用 VR 渲染器来渲染，那么这些材质将是符合我们要求的，不需要修改。值得注意的是，盘子的材质制作中使用了两张位图的贴图，这两张位图需要大家做好资源的管理工作，将其放置到合适的文件目录中。

有些时候，我们通过网络资源获得模型文件，通常只有模型而没有贴图文件，如果这些模型使用了位图贴图，而大家在获取模型文件的时候却没有得到这些位图贴图，这样的情况是非常常见的。怎么处理这种情况呢，这就需要大家重新制定贴图，根据自己的需要选择合适的贴图文件去替换。即使有些模型的贴图是提供的，但根据场景风格的需要，我们仍有可能对模型材质进行重新设定。因此，对于模型库文件中的材质部分需要大家慎重对待，笔者的工作习惯是会提前将所需要合并的模型库文件全部查看一次，根据场景的需要对这些模型的尺寸、材质等设定做一次详细核查，确保模型库文件没有问题之后再合并到场景中，这样可以极大地降低场景出错的可能。

如何合并模型库文件，这里我们就不详细讲解了，本书第 4 章实际案例中将有详细的合并模型库文件的解析，请大家前往第 4 章案例中学习。

2.3　全新的 3ds Max 材质编辑器

2.3.1 材质贴图概述

　　3ds Max 中的材质是一个比较独立的概念，它可以为模型表面加入色彩、光泽和纹理。所有的材质都是在材质编辑器中编辑和指定的。在 3ds Max 2014 中包含两种材质编辑器，一种是传统的【精简材质编辑器】，一种是至 3ds Max 2011 版以来新加入的【Slate 材质编辑器】。

　　首先，我们来了解一下【Slate 材质编辑器】。按下快捷键 M 我们可以打开默认的【Slate 材质编辑器】窗口，如图 2-3-1-1 所示。

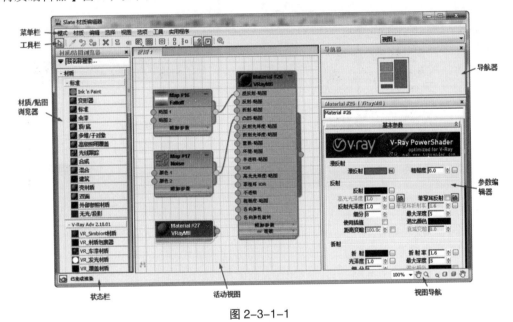

图 2-3-1-1

　　【Slate 材质编辑器】又称为平板材质编辑器或板岩材质编辑器，它是在 3ds Max 2011 版本时增加的一种节点式材质编辑模式。比起先前版本的编辑器（现被称为精简材质编辑器），【Slate 材质编辑器】更加优秀直观，在设计和编辑材质时，它使用节点、连线、列表等方式来显示材质的结构，完全颠覆了原有的材质编辑功能和模式，使创建复杂的材质结构变得更加简单易行。

　　在【Slate 材质编辑器】的模式菜单中，我们可以将当前编辑器模式切换为【精简材质编辑器】，如图 2-3-1-2 所示，这是传统的精简材质编辑模式。本书为了照顾有一定 3ds Max 学习经验的读者，还是沿用了传统的【精简材质编辑器】编辑模式对书中所有案例材质进行讲解。

　　需要注意的是，笔者通过对【Slate 材质编辑器】材质编辑模式的使用体验后，觉得新的节点材质编辑模式确实更加直观优秀，而且会成为以后材质编辑的主流趋势。

74

在此，建议大家如果可以的话尽量使用节点材质编辑方式，在熟悉了这种材质编辑模式后效率会有比较大的提高。

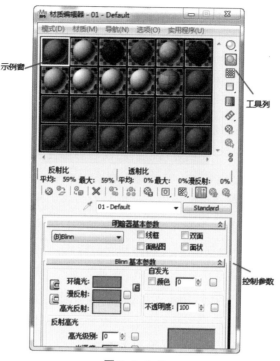

图 2-3-1-2

一般三维软件中的材质都是虚拟的，和真实世界中的物理材质的概念不同。最终渲染的材质效果与模型表面的材质特性、模型周围的光照、模型周边的环境都有关系。在熟练掌握渲染技术之后，应当在三者之间进行反复调节，而不是只调节其中的一种或是两种。例如，一个材质的基本色是黄色，在红光的照射下会变为橙色，光越弱其反光效果也就越弱；一个带有反射效果的透明玻璃杯，周围的环境会影响其反射和折射效果。所以即便有现成的材质库，也要根据所处的场景环境再次调节。

材质除了和灯光、环境有紧密的关系外，还和渲染器（渲染引擎）有密切关系。3ds Max 自身的渲染器随着版本的更新在不断完善，在 3ds Max 5.0 版本中加入了【光能传递】和【光线跟踪】技术，使得它的渲染功能有了很大改善。在 3ds Max 6.0 版本时将 Mental Ray 完全整合进了 3ds Max 内部，进一步加强了 3ds Max 自身的渲染能力。在 3ds Max 2011 和 3ds Max 2012 两个版本中又加入了 Quicksilver 硬件渲染器和 iray 渲染器，使 3ds Max 的渲染功能更具特色。

除了上述这些渲染引擎外，还有大量的非官方渲染器插件，例如本书中重点讲解的 V-Ray 渲染器，这些插件形式的渲染器让 3ds Max 的渲染能力如虎添翼。这么多的渲染器对材质的偏好都不同，有的甚至对材质还有些挑剔，例如 V-Ray 渲染器就不能支持 3ds Max 自身的【光线跟踪】材质或是贴图，如果遇到不能支持的材质或是贴图，渲染就会出现错误。因此，材质的制作还要考虑渲染器的因素。

在三维世界中，建模是基础，而材质及环境的烘托是表现作品思想的重要手段。材质与环境的表现完全靠色彩及光影的交叉作用，那什么是材质呢？

材质主要用于描述物体如何反射和传播光线，它包含基本材质属性和贴图，在显示中表现为对象自己独特的外观特色。它们可以是平滑的、粗糙的、有光泽的、暗淡的、发光的、反射的、折射的、透明的、半透明的等。这些丰富的表面实际上取决于对象自身的物理属性。

在三维软件中，将表现对象的外观属性称之为材质，这些对象属性往往是使用一些特定的算法来实现的。用户在创建材质的时候，可以完全不必理会这些算法，只通过修改一些参数，即可创造出各种丰富的材质效果。

材质实际上包含两个最基本的内容，即质感与纹理。质感泛指对象的基本属性，也就是常说的金属质感、玻璃质感和皮肤质感等属性，通常是由【明暗器类型】来决定的。纹理是指对象的表面颜色、图案、凹凸和反射特征，在三维软件中指的是【贴图】。

在三维软件里可以简单地理解材质是由【明暗器类型】和【贴图】来组成的。这样，材质的创作就可以简化为一个【明暗器类型】，如设置【金属】类型，然后再使用一张金属照片作为表面纹理，金属材质就制作完成了。事实上，材质的编辑基本如此，只不过还需要一些辅助的编辑来使效果更加丰富。

2.3.2 标准材质详解

打开【精简材质编辑器】，选择一个示例窗，默认情况下，材质球的类型为【标准】材质。（注：本书中使用的软件为 Design 版的 3ds Max 软件，默认材质为【建筑】材质，如图 2-3-2-1 所示，可以

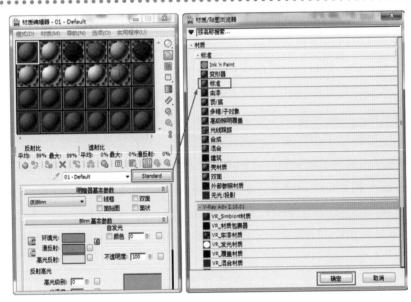

图 2-3-2-1

点击材质类型按钮选择切换为【标准】材质。）一个标准材质包括多种属性，这些属性在同类软件中都是通用的，如图 2-3-2-2 所示。

在"明暗器基本参数"卷展栏中，可以在下拉列表中选择一种明暗器。3ds Max 包括 8 种明暗器，分别是 Blinn、各向异性、金属、Strauss、多层、Oren-Nayar-Blinn、Phong、半透明明暗器，如图 2-3-2-3 所示。

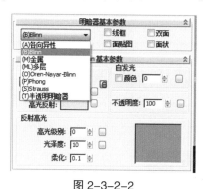

图 2-3-2-2

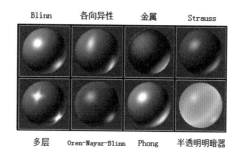

图 2-3-2-3

（1）Blinn 的反光较 Phong 柔和，用途比较广泛，适用于大多数常见材质。

（2）Phong 常用于玻璃、油漆等高反光材质。

（3）【金属】常用于金属材质。

（4）【各向异性】可以产生长条形的反光区，适合模拟流线体的表面高光，如汽车、工业造型等，弥补了圆形反光点的不足。

（5）Strauss 适用于金属材质的模拟，参数比【金属】少。

（6）Oren-Nayar-Blinn 材质适合布料、陶土、墙壁等无反光或者反光很弱的材质。

（7）【半透明明暗器】主要用来做不透明度透光的对象，这种材质可以很好地表现出光线透射的感觉，适合于模拟玉石、蜡烛灯对象的材质。

（8）【多层】材质原理类似【各向异性】材质，它提供了多重高光的效果，并且可以使高光的方向参数角度有差异，一般用于一些特殊的工业产品材质，例如多层烤漆等材质。

根据明暗器类型的不同，上述材质的控制参数也不同。本书重点讲解的是 VR 渲染器的案例制作，对于 VR 渲染器而言，它有自己专用的材质类型，而且根据笔者多年的制图经验，用到什么渲染器就最好使用这个渲染插件所包含的专用材质，这样不仅可以减少出错的概率，也对渲染效率有一定的提升。因此这里就不对标准材质做深入的探讨，大家可以把学习的重点放到第 3 章中 VR 专用材质的学习上。

2.3.3 Slate 材质编辑器的基本操作

【Slate 材质编辑器】作为 3ds Max 在近期版本中加入的材质编辑器，它采用的是一种节点式材质编辑模式，可以清晰地显示出材质的结构和效果。本小节将详细介绍【Slate 材质编辑器】的基本操作方法。

■ 创建材质

在【Slate 材质编辑器】中创建材质的方法与以往有所不同，例如，创建一个【标准】材质，在【材质 / 贴图浏览器】面板中将 ■ 标准 材质拖入活动视图，【标准】材质的节点构成如图 2-3-3-1 所示。双击材质球可以放大其预览窗口，再次双击可以还原显示效果。

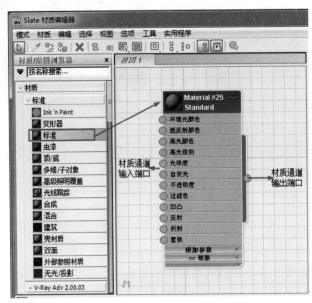

图 2-3-3-1

■ 材质重命名

在材质球名称处单击鼠标右键，从弹出的菜单中选择"重命名"选项，并在弹出的对话框中输入指定材质名称，即可完成材质重命名的操作，如图 2-3-3-2 所示。

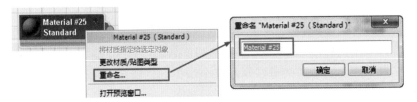

图 2-3-3-2

■ 设置材质参数

在材质球的名称处双击鼠标，界面右侧的参数编辑窗口中会显示出此材质的相关参数，这里的显示内容与传统材质编辑器中的参数设置完全相同，如图 2-3-3-3 所示。

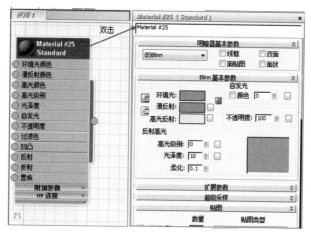

图 2-3-3-3

将材质赋予场景中的对象

选择场景中的对象，然后在【Slate 材质编辑器】的工具栏中单击 按钮，将当前材质指定给场景中的对象。此时材质球的轮廓四周出现了白色小三角形，代表该材质已赋予场景中的对象，并且该对象为选中状态。如果场景中的被赋予此种材质的对象未被选中，则小三角为灰色状态，如图 2-3-3-4 所示。

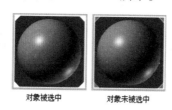

对象被选中　　　对象未被选中

图 2-3-3-4

小贴士

另一种为对象赋予材质的方法是直接拖动材质实例球输出端口的圆圈，将其拖拽至场景中的对象上，然后释放鼠标。这一点和以前的精简材质编辑器有所区别。

添加贴图节点

如果要为当前材质赋予一个【木材】贴图，有以下两种操作方法。

方法 1：在界面左侧【材质 / 贴图浏览器】面板上的【贴图】项目中展开【标准】卷展栏，选择 WOOD【木材】选项，将其拖入活动视图中，然后拖拽 WOOD【木材】的输出端，将其与【漫反射颜色】的输入端相连接，如图 2-3-3-5 所示。

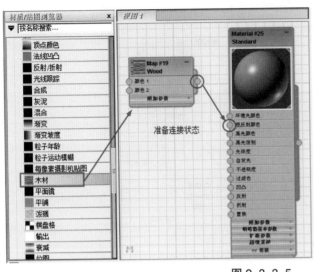
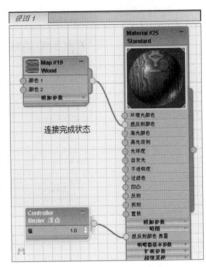

图 2-3-3-5

方法 2：将光标放置在【漫反射颜色】输入端的小圆圈处进行拖拽并释放鼠标，此时会弹出一个贴图快捷列表，在该列表中选择【木材】贴图即可，如图 2-3-3-6 所示。

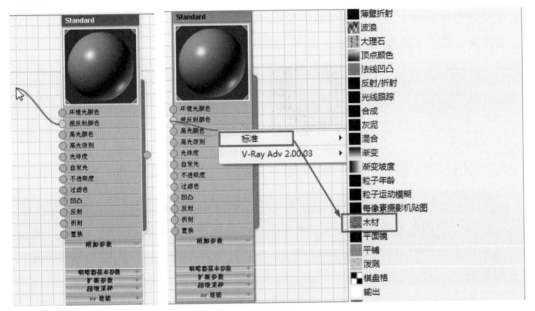

图 2-3-3-6

本小节主要讲解了【Slate 材质编辑器】的使用方法，由于这种新类型的材质编辑方式对于大多数有一定 3ds Max 学习基础的人而言，有些不习惯和陌生，所以在本书后面的案例教学中还是使用传统的【精简材质编辑器】模式来讲解。不过本人还是建议大家尝试使用【Slate 材质编辑器】，这种节点材质编辑更加直观，观察时不容易遗漏材质信息。

2.4　让你的室内亮起来

　　灯光制作是三维制作中的重要组成部分，在表现场景气氛等方面都发挥着至关重要的作用。灯光是 3ds Max 中的一种特殊对象，它本身不能被渲染显示，只能在视图操作时被看到，但它却可以影响周围物体表面的光泽、色彩和亮度。通常灯光是与材质、环境共同起作用的，它们的结合可以产生出丰富的色彩和明暗对比效果，从而使我们的三维作品更具有真实感。

2.4.1　灯光简介

　　本书重点讲解的是 V-Ray 渲染插件，更多使用的是 V-Ray 插件灯光，这样就会有更好的灯光效果以及更快的渲染速度，因此对于 3ds Max 系统自带的"标准"灯光和"光度学"灯光我们就不做过多的讨论了，下面我们主要讨论一下灯光的使用原则：

　　（1）提高场景的照明程度。默认状态下，视图中的照明程度往往不够，很多复杂物体的表面都不能很好地被表现出来，这时就需要为场景增加灯光来改善照明程度。

　　（2）通过逼真的照明效果提高场景的真实性。

　　（3）为场景提供阴影效果，提高真实程度。

　　（4）模拟场景中的光源。灯光本身是不能被渲染的，所以还需要创建符合光源的几何体模型与之相配合，自发光类型的材质也能起到很好的辅助作用。

　　（5）制作光域网照明效果的场景。通过为光度学灯光赋予各种光域网文件，可以很容易地制作出各种不同的照明分布效果，这些光域网文件可以直接从制造厂商获得。

2.4.2　灯光的种类

　　如图 2-4-2-1 所示，3ds Max 软件自身包含两种灯光，一种是"光度学"灯光，一种是"标准"灯光，如果安装其他的渲染插件有可能包含其他类型的灯光，例如这里我们安装了 V-Ray 插件，因此可以看到包含了 V-Ray 的灯光。

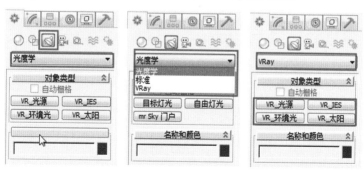

图 2-4-2-1

　　灯光的运用需要靠大量的实际练习来掌握其运用的方式，本书中所有的案例都是

81

使用 V-Ray 渲染器来进行渲染的，场景中几乎全部是使用 V-Ray 插件灯光，在案例中我们都会分析场景中灯光的制作，大家可以在本书后面章节中结合实例学习灯光的运用。

2.5 渲染很难吗

2.5.1 渲染的概念

渲染是三维制作中的一个重要环节，但不一定是在最后即将完成时才进行的。渲染就是依据所指定的材质、所使用的灯光，以及背景与大气等环境的设置，将在场景中创建的几何实体显示出来，也就是将三维的场景转化为二维的图像，更形象地说，就是为创建的三维场景拍摄照片或者录制动画。创作从建模开始，就会不断地使用它，一直到材质、环境、动作的调节，只是使用的方式不一定相同。渲染器的好坏直接决定最后渲染图像的品质的好坏。

3ds Max 早期版本中的【扫描线渲染器】经常是用户抱怨的对象，抱怨的理由是，它在每个版本升级时没有什么太大的改进。不过从 5.0 的版本开始，这一情况便发生了变化，3ds Max 开始引入了【光跟踪器】的光能传递渲染引擎和十分好用的【光跟踪器】天光渲染。

除此以外，各种高级渲染器插件层出不穷，例如本书重点讲解的 V-Ray 渲染器，这类渲染器有着更为出色的间接光照渲染引擎，可以更加真实地模拟出真实世界中光能传递的效果，因此这类渲染器更加受到三维工作者的追捧。

我们在三维软件中精心创作的场景最终要通过渲染引擎渲染出来，在渲染的过程中，我们只需要设定好渲染参数，所有的过程都是由计算机后台计算完成，不需要人为的干预。对于初学者而言，往往会有一些问题，为什么我的场景渲染出来的效果不好？为什么我的场景渲染时间这么久？为什么我跟着教程的设置做的场景渲染效果却不如教程的好？等等这一系列的问题都是渲染过程中的常见问题。

对于渲染效果而言，一张好的效果图需要材质、灯光、环境和渲染参数共同决定，除此以外，一张好的效果图还包括美学方面的因素等，所以单独谈论渲染环节不能解决一张效果图的好坏。

渲染时间的问题也是困扰很多初学者的一个环节，对于渲染时间应这样理解，希望得到高品质的效果图就必须付出更多的渲染时间。例如本书中的案例，大部分都是使用两台高配置的电脑联网渲染的，当渲染 3000 左右像素的大尺寸图像时，经常需要四五个小时以上，有的甚至需要十多个小时，这些案例如果只用一台电脑，渲染时间还得加倍。有些人看到这些数据可能已经对渲染有些望而生畏了，其实当你在等待了这么久之后能够得到一张满意的效果图时，那种成就感会让你觉得所有的等待都是值得的。

很多初学者一直是跟着教程的设置来学习的，但最终却得不到教程中的效果，其实这种现象非常常见。笔者想对大家说的是，参数是死的，人是活的，不要一味地跟着别人的参数来做自己的案例，要理解参数的意义，总结出一套适合自己的工作习惯，这样才能真正学到知识的精髓。

2.5.2 测试渲染的技巧

渲染测试会贯穿在我们整个场景的制作过程中，我们经常会对场景中新建的模型、新调试的材质、新增的灯光以及像机角度的调整等进行渲染测试。一个场景从创作开始到最终完成，测试渲染少则十多次，多则上百次都有可能，面对这么多次的测试渲染，如果不能把握好渲染测试的时间，将会极大地降低我们的工作效率。

对于渲染测试的技巧，本书第 4 章中有详细的讲解，大家可以前从第 4 章的案例中学习到，也可以从随书光盘的教学视频中学习。最后，对于测试渲染的技巧，我们总结出一句话："在能够看清需要的图像信息的基础之上，尽可能地压缩渲染时间。"

2.5.3 最终渲染输出的技巧

上面我们讲解了测试渲染的技巧，这里我们再来说说最终渲染输出应该注意的地方，当我们完成了所有准备工作的时候，最终渲染就是我们获得所有工作成果的最后一个步骤，它的重要性就不言而喻了。对于最终渲染所应注意的事项笔者归纳为以下几点：

（1）选择合理的时间渲染。有的场景需要较长的渲染时间，这就要选择一个合理的渲染时间，例如休息时间、就餐时间以及其他不需要使用计算机的工作时间等。

（2）在开始渲染最终场景前，请先将计算机的环境设定好，例如：将文件保存后重启计算机，将后台开启的不必要软件关闭（杀毒软件、屏幕保护软件等），将计算机的休眠和待机设定进行调整等。将一切有可能影响渲染的因素排除掉。

（3）选择合适的渲染输出文件格式。根据渲染的需求决定保存什么格式的文件，记得要设定自动保存，以避免渲染完成后由于没有保存文件而造成意外损失。

（4）选择合理的渲染方式以节省渲染时间。例如本书中在后面案例中介绍的方法：调用光子图渲染，利用多台计算机进行分布式（联网）渲染，等等。

（5）最后一点，要有耐心。

2.6 本章小结

　　本章介绍了一些 3ds Max 2014 版中的新功能，从建模、材质、灯光和渲染几个方面简单地介绍 3ds Max 软件。由于本书的侧重点在 V-Ray 插件的运用上，对于 3ds Max 软件自身的材质、灯光和渲染系统的使用并不是太多，所以在本章节只是简单地介绍了这些功能，在后面的章节我们将重点通过实际案例来学习 V-Ray 渲染插件中的材质、灯光和渲染技法。

第 3 章

VRay 2.0 神奇的渲染器

本 章 重 点

● VRay2.0 的渲染器面板参数详解。

● VRay2.0 的灯光系统详解。

● VRay2.0 的材质系统详解。

● VRay2.0 提高渲染效率的技巧。

3.1 VRay 渲染器简介

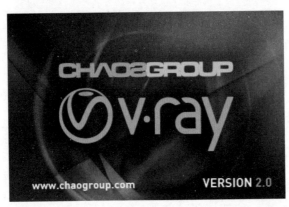

图 3-1-1

　　V-Ray 这款渲染器插件相信熟悉 CG 行业的人都不会陌生，它是当前主流的几大渲染插件之一，在建筑装饰 CG 表现中，V-Ray 更是一款被大家广泛应用的渲染器插件。它的交互式渲染必须依赖于其他软件平台，例如 3ds Max 或者 SketchUp 等设计类软件。本书中主要讲解的是针对 V-Ray 2.0 for 3ds Max 2012 这个版本的插件运用。

　　V-Ray 的全局光照系统来自于真实世界中光的原理，所以比 3ds Max 自带的模拟灯光和默认扫描线渲染器优秀很多。V-Ray 渲染器无论是在室内或是室外，在光的表达上更能够得到精美的效果。V-Ray 渲染器的优点来源于以下几点：

　　（1）专用的插件材质，可以很方便和精确地模拟出大理石、磨砂玻璃、磨砂金属、石蜡等材质的质感。

　　（2）很好地表现真实的、平滑的光影跟踪反射和折射效果。

　　（3）V-Ray 的阴影类型设置，可以很容易制作出柔和的面阴影效果。

　　（4）V-Ray 的全局照明系统，可以制作出很真实的间接光照明效果。

　　（5）在 V-Ray 的强大功能下，我们可以方便地做出焦散特效、运动模糊特效、景深特效等效果。

　　首先，我们来了解一下在正确安装 V-Ray 2.0 渲染器插件之后 3ds Max 2012 中哪些地方发生了变化。

　　第一：渲染器指定栏中会多出 V-Ray Adv 2.0 和 V-Ray RT 2.0 两种渲染器，如图 3-1-2所示。点击工具按钮中"渲染设置"按钮，在弹出的"渲染设置"面板中选择"公用"选项卡，进入"指定渲染器"选项组中单击"产品级"选项后的按钮，弹出"选择渲染器"对话框。在"选择渲染器"对话框中我们可以看到两种 V-Ray 2.0 的渲染器，而本书中主要讲解的是 V-Ray Adv 2.0 这款传统的渲染器插件，另一种 V-Ray RT 2.0 渲染器是新开发的快速渲染器，还处于研发阶段，因此我们暂不涉及。

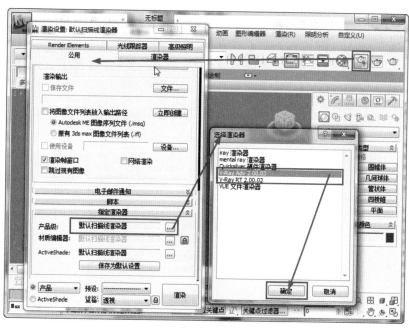

图 3-1-2

第二：在指定的渲染器中选择 V-Ray Adv 2.0 为当前渲染器时，渲染设置面板会发生变化，如图 3-1-3 所示。在原有的"公用"和"Render Elements"选项卡的基础上新增了"VR_ 基项"、"VR_ 间接照明"以及"VR_ 设置"三个选项卡。

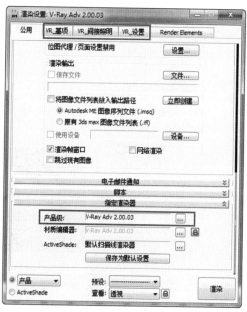

图 3-1-3

我们可以看到在新增的"VR_ 基项"、"VR_ 间接照明"以及"VR_ 设置"三个选项卡中分别包含了总共 16 个卷展栏，而 V-Ray 渲染器的主要渲染参数都是在这些卷展栏中进行设置的，如图 3-1-4、图 3-1-5、图 3-1-6 所示。

图 3-1-4

图 3-1-5

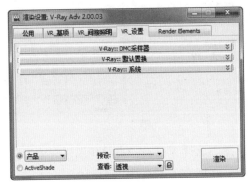

图 3-1-6

第三：如图 3-1-7 所示，单击工具栏中的"材质编辑器"按钮或快捷键 M 打开材质编辑面板，在材质编辑面板中点击材质类型按钮打开"材质／贴图浏览器"窗口，我们可以看到 V-Ray 2.0 的专用材质，共 11 种。

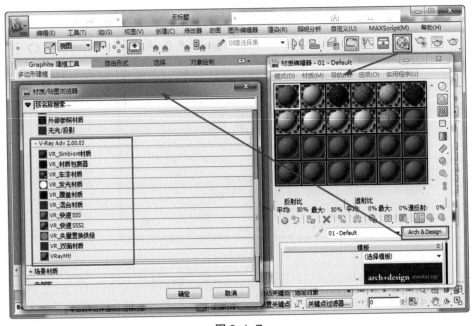

图 3-1-7

第四：如图 3-1-8 所示，在创建几何体选项中可以看到 VR 插件中包含了 4 种 V-Ray 物体。

　　V-Ray 代理允许我们在渲染的时候导入外部对象，但是这个外部对象不会出现在 3Ds max 场景中，也不会占用任何资源。

　　V-Ray 毛发可以创建出逼真的毛发效果。通常我们可以利用它来制作地毯、毛巾、头发等物体。

　　V-Ray 平面可以渲染出无限大尺寸的平面，这个几何体是没有参数控制的。

　　V-Ray 球体可以渲染出球形对象。

第五：如图 3-1-9 所示，在创建灯光选项中可以看到 V-Ray 插件包含 4 种新的灯光类型。

　　VR_ 光源是在场景制作中的常用灯光，多用于整体光线效果表达。

　　VR_IES 光是 V-Ray 插件新增的功能，它将原来 3ds Max 光度学灯光整合进来，强化了光度学灯光在 VR 插件中的兼容性。

　　VR_ 环境光也是 V-Ray 插件新增加的功能之一，主要用于环境照明的补充。

　　VR_ 太阳是一种可以真实模拟太阳光照效果的灯光，对整个场景在日光效果中的烘托做得十分逼真。

图 3-1-8　　　　　　　　　　图 3-1-9

　　以上是对 V_Ray Adv 2.0 插件的初步介绍，以后对本书中所有提到此插件的地方都会简称为 VR 插件。读者可以参照本章节的简单介绍以确定本机的 VR 插件是否安装成功。

小贴士

　　由于本书重点强调了在渲染品质和渲染效率之间的平衡关系，为了能使读者有一个更加直观的了解，这里有必要介绍一下本书案例制作时所使用的计算机配置，以方便读者对照自己的设备配置。

本机配置如下。

◎ CPU: Intel i7-2630QM @2.0GHz

◎内存：4GB

◎显卡：NVIDIA Geforce GT 540M 1GB 独立显存

◎系统：WINDOWS 7 旗舰版 64 位

3.2 VRay 2.0 渲染器面板详解

本节我们来学习有关 VR 渲染器渲染面板的相关知识。初学者对 VR 渲染的第一印象就是渲染速度太让人难以忍受了，其实这是所有从事渲染工作的人都有的感受。我经常跟学生说："做 3D 效果图的人从来都不觉得自己的电脑快！"本节将会谈到一些提高制作效果图效率的方法和经验，而这些内容对初学者是非常宝贵的。

第一：如图 3-2-1 所示，在"VR_ 基项"选项卡中，前两个卷展栏是关于 VR 的版权和授权信息，这两个地方和渲染无关，不做解释。"V-Ray:: 帧缓存"的作用是开启 VR 自带的帧缓存窗口，默认情况下这个选项是关闭的，需要勾选"启用内置帧缓存"选项后开启 VR 的帧窗口。由于 VR 自带的帧窗口有很多实用的工具，所以建议同学们在场景制作阶段开启，开启 VR 自带帧窗口的同时建议同学们关闭 3ds Max 自带的帧窗口，如图 3-2-2 所示，去掉"公用"选项卡中"渲染帧窗口"前面的勾选。这样做的好处是可以节省计算机的硬件资源，避免一些导致渲染失败的不必要的错误。

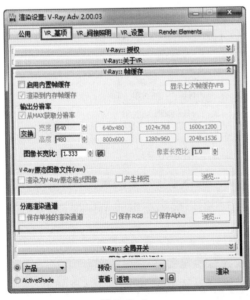

图 3-2-1

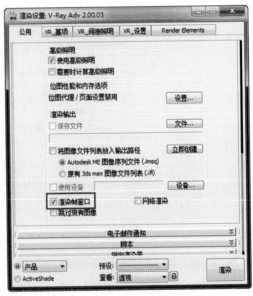

图 3-2-2

第二：如图 3-2-3 所示，在"VR_ 基项"选项卡中还包含"V-Ray:: 全局开关"卷展栏，此卷展栏中主要包含一些整体渲染控制选项，详细情况在下一个环节再重点讲解。"V-Ray:: 图像采样器（抗锯齿）"卷展栏的主要作用是针对渲染图像的精度设定，例如采样类型的设定、抗锯齿方式的设定等。而图样采样器类型的设定又决定了下一个卷展栏的内容，例如当前图样采样器的选择是"自适应细分"，接下来的"V-Ray:: 自适应图样细分采样器"就是专门针对"自适应细分"的参数设定的。当你选择不同的图样采样器时，下一个卷展栏则自动调整为对应采样器的设置选项，这个也是VR 渲染器的一种很常见的设定方式，即上一级选择项决定下一级卷展栏的内容。

接下来的"V-Ray:: 环境"卷展栏主要是设置场景环境的天空光以及反射环境等选项，这个在后面的章节会详细介绍。"V-Ray:: 颜色映射"卷展栏的作用有些类似 3ds Max 自带的光能传递渲染方式中的曝光控制作用，具体我们将结合案例来讲解。"V-Ray:: 像机"卷展栏主要是控制 VR 像机的一些功能，例如景深特效、运动模糊特效等。

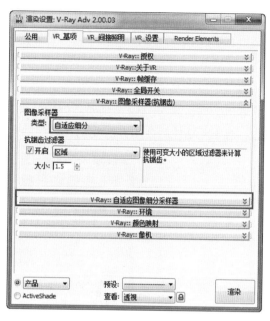

图 3-2-3

第三：如图 3-2-4 所示，"VR_ 间接照明"选项卡中包含的内容是整个 VR 渲染器的核心内容。"V-Ray:: 间接照明（全局照明）"卷展栏主要用于全局光的计算引擎的选择，这里的选择决定了接下来的两个卷展栏内容。"V-Ray:: 发光贴图"卷展栏是针对上个卷展栏中首次反弹引擎的详细设置，在以后的章节会详细讲解其内容。"V-Ray:: 穷尽 - 准蒙特卡罗"是针对"V-Ray:: 间接照明（全局照明）"卷展栏中的二次反弹引擎的详细设置，它的内容我们也将在后面的章节中详细讲解。"V-Ray:: 焦散"卷展栏主要针对场景中焦散效果的设定，VR 渲染器的焦散功能非常强大，有"焦散王"的称号，但是在室内效果图中比较少用到焦散效果，我们在后面的章节中再详细介绍它的用法。

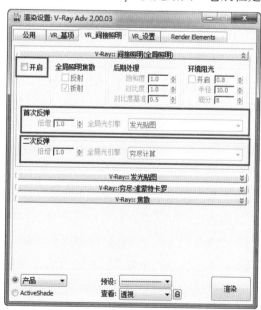

图 3-2-4

第四：如图 3-2-5 所示，"VR_ 设置"选项卡中主要包括三个卷展栏。"V-Ray::DMC

91

采样器"是针对渲染的图像进行一个全局整体的品质采样设置，这里参数设置对渲染的时间有着非常重要的影响，也是效率和品质平衡中的一个重要环节，在后面的章节我们将重点讲解。"V-Ray:: 默认置换"卷展栏主要针对场景中置换材质效果的设定，运用置换方式可以制作非常逼真的物体表面肌理效果，在后面的案例中我们将重点讲解。"V-Ray:: 系统"卷展栏主要针对渲染器的一些整体设置，这其中就包括 VR 渲染器的一个重要功能"分布式渲染"，也就是我们常说的网络渲染，利用网络中闲置的计算机一同渲染可以极大地提高渲染效率，这也是在校学生提高渲染效率最经济的方法，对于此功能的使用方法我们在后面的章节也会讲到。

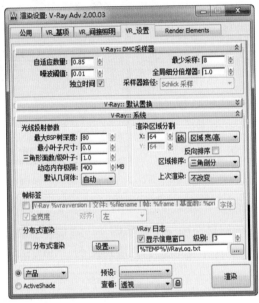

图 3-2-5

3.2.1 默认参数设置的含义

接下来我们讲解一下 VR 渲染器面板中各项参数的含义，这里我希望同学们能够记住 VR 渲染器面板中所有的默认参数，原因是在 VR 默认参数中我们通常只需要调整少量的部分就可以进行最终效果图的渲染，往往有的时候初学者会在不小心的情况下更改了某些参数而导致渲染出现问题，而这些不应该被改变的参数却又很难检查出来，所以能够记住默认参数就可以快速地找到那些错误修改的地方。

这里我们大致对 VR 渲染器面板中的一些重要部分进行文字讲解，更多的内容可以参考随书光盘中这个章节的教学视频，里面有更加详细的讲解。

我们先来看看"VR_ 基项"选项卡中各卷展栏的内容。

第一：如图 3-2-1-1 所示，"V-Ray:: 帧缓存"卷展栏截图中的 1 号标记"启用内置帧缓存"选项为 VR 渲染器帧窗口的开启选项。2 号标记"显示上次帧缓存 VFB"的作用是查看上一次渲染的结果。3 号标记"输出分辨率"选项组的作用是用于设定渲染图像的尺寸，一般情况我们采取默认设置从 MAX 公用选项中获得渲染图的尺寸设定。4 号标记"V-Ray 原态图像文件（raw）"选项组的内容通常不需要设置，此选项组中的设置和渲染质量无关，不做过多讲解。

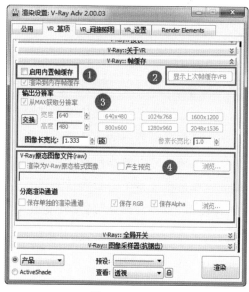

图 3-2-1-1

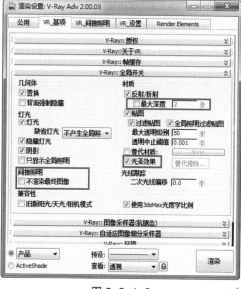

图 3-2-1-2

第二：如图 3-2-1-2 所示，"V-Ray:: 全局开关"卷展栏中所包含的选项主要针对渲染中的一些整体全局控制，这部分选项中重点地方在图中有详细标识，在"材质"选项组中"最大深度"选项可以控制场景中所有材质的反射折射跟踪深度，由于渲染过程中反射折射的计算相当消耗渲染时间，因此在测试渲染阶段可以勾选"最大深度"选项并设置最大深度值为 2 来加快渲染速度。另外，"光泽效果"选项决定场景中所有材质的反射折射光泽效果，熟悉 VR 材质的人都知道模糊反射和模糊折射材质在渲染的时候更加消耗渲染时间，因此在测试阶段可以关闭光泽效果来加快测试渲染，但需要提出的是，关闭光泽效果后所有材质都成镜面反色效果，在测试阶段用于观察渲染画面的明暗关系是没有问题的，但是不用于观察材质的测试效果。在"间接照明"选项组中"不渲染最终图像"选项往往在测试后进行发光贴图文件计算的时候运用它来节省渲染时间，平时这个选项是不用选择的。

至于其他选项在大多数情况下一般不做调整，因此大家需要记住当前选项卡的默认选项，以便将来渲染时加以参考，快速查找设置错误。

第三：如图 3-2-1-3 所示，"V-Ray:: 图像采样器（抗锯齿）"卷展栏主要是针对渲染图的整体品质及抗锯齿设定的选项，在"类型"中有如图 3-2-1-4 所示的三种选项，分别包括"固定"、"自适应 DMC"、"自适应细分"。这三种选项中"固定"选项是品质最差的选择，多数用于测试渲染，后两种则是针对最终渲染的设定。"自适应

DMC"选项有着理论上最佳的渲染品质，而"自适应细分"选项则在速度上和品质上都有不错的效果。

图 3-2-1-3　　　　　　　　　　　　图 3-2-1-4

小贴士

　　根据笔者多年的制图经验，虽然"自适应 DMC"的选项可以获得更高的图像品质，但是也会消耗更多的渲染时间，并且偶尔会遇到一些奇怪的原因导致渲染报错的时候，尝试切换成"自适应细分"选项则可以解决问题。"自适应细分"选项有更快的渲染速度且在品质上很难在肉眼观察下看出和"自适应 DMC"有何区别。因此一般情况下笔者多数选择使用"自适应细分"的采样类型。

　　抗锯齿过滤器的类型有较多的选择项，这里就不一一讲解了，大家可以根据平时的习惯自己选择，一般建议在测试渲染阶段关闭抗锯齿选项来加速渲染，而在最终渲染图时开启抗锯齿选项来提升画面品质。

　　第四：如图 3-2-1-5 所示，"V-Ray:: 自适应图像细分采样器"卷展栏主要是针对上一级卷展栏"V-Ray:: 图像采样器（抗锯齿）"中图像采样类型的详细设定，当上一级的图样采样类型选择其他类型时，这里将会变成对应的设置卷展栏。一般情况下对于"自适应细分"以及"自适应 DMC"的图像采样方式通常我们选择保留其默认设置，因为在默认设置参数的状态下已经可以得到较为优异的图像品质，而进一步加强参数所得到的渲染结果很难用肉眼分辨出图像品质的提升，反而付出更多的渲染时间，有些得不偿失。

图 3-2-1-5

　　第五：如图 3-2-1-6 所示，"V-Ray:: 环境"卷展栏主要针对场景环境的设置，"全局照明环境（天光）覆盖"选项可以理解为是 VR 插件的天空光开关。这里需要指出的是，一旦开启了这个选项，则 3D 系统自带的环境选项则失效。"反射 / 折射环境覆盖"选项可以用于给场景中有反射和折射材质的物体单独制定一个反射环境，这种做法更加灵活。"折射环境覆盖"选项可以给场景中所有折射材质物体再添加一个不同的折射环境，并不与上一个选项中的折射冲突，级别高于"反射 / 折射环境覆盖"中的设置。

图 3-2-1-6

第六：如图 3-2-1-7 所示，"V-Ray:: 颜色映射"卷展栏的设置类似 3D 自带光能传递选项中的"曝光控制"。"类型"选项中可以选择的类型如图 3-2-1-8 所示有多种，这里指出大多数情况下我们只会用到"VR_线性倍增"和"VR_指数"两种，前者适合室外场景的渲染，而后者常用于室内表现。"暗倍增"、"亮倍增"、"伽玛值"三组参数可以用调节画面整体亮度及对比度，一般我们会通过调整暗亮倍增值来整体调节画面亮度，其他选项基本不会设置，如果需要进一步调整，我们通常会采取在 Photoshop 软件中来调整画面的明暗和色彩。

图 3-2-1-7

图 3-2-1-8

第七：如图 3-2-1-9 所示，"V-Ray:: 像机"卷展栏主要是针对像机以及像机特效的设定，一般情况下我们不会对"像机类型"选项组进行设置，多数是在修改面板中对像机进行参数设定。"景深"和"运动模糊"都属于效果图特效，在需要的情况下开启，但是开启景深效果和运动模糊效果会极大地增加渲染时间。

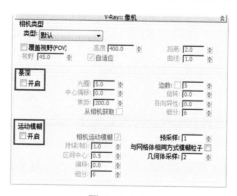

图 3-2-1-9

接下来我们看看"VR_间接照明"选项卡中各卷展栏中的内容。

第一：如图 3-2-1-10 所示，"V-Ray:: 间接照明（全局照明）"卷展栏主要是针对全局光的设定，这里也是整个 VR 渲染器的核心设置部分，它决定了间接照明的开关和间接照明的计算引擎选择，图中"开启"选项决定是否启用间接照明。"全局照明焦散"选项组中的"反射"、"折射"选项决定是否开启两种焦散效果，通常制作环境效果图对于焦散效果的需求不大，所以在默认情况下只是开启了折射焦散，以便对于一些玻璃材质类型的物体进行焦散效果的计算，而产品类型的效果图则对于各种材质的焦散效果要求比较强烈。

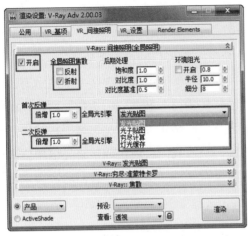

图 3-2-1-10

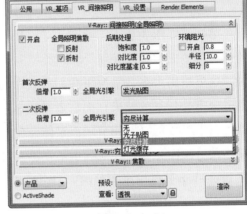

图 3-2-1-11

首次反弹和二次反弹都有一个倍增值选项，分别用于控制间接照明的一次引擎和二次引擎的强度，如图 3-2-1-10 所示。在全局光引擎选项中，首次反弹的全局光引擎有四种选项分别是："发光贴图"、"光子贴图"、"穷尽计算"、"灯光缓存"；如图 3-2-1-11 所示，二次反弹的全局光引擎有"光子贴图"、"穷尽计算"、"灯光缓存"三种。

那么这两处全局光引擎的搭配方式就有非常多的变化，但是在实际使用过程中却又有着固定的搭配模式，例如在常见室内效果图的制作中多数的搭配方式是首次引擎为"发光贴图"，二次引擎为"灯光缓存"。这种搭配方式可以得到比较优秀的全局光照明效果，同时更重要的是在未来如果需要渲染超大尺寸效果图的时候可以调用之前的"发光贴图"和"灯光缓存"光子图文件，这样可以极大地节省渲染时间，这也是 VR 渲染器最吸引人的功能之一。VR 插件默认的搭配方式是首次引擎为"发光贴图"，二次引擎为"穷尽计算"，这种搭配可以得到更为优秀的全局光照效果，但是"穷尽计算"全局光引擎的缺点就是渲染效率太低，在渲染中小尺寸的效果图时，如果是为了追求高品质效果可以这么搭配。当然某些时候为了追求极限品质的效果图制作，还可以将两个全局光引擎都设置为"穷尽计算"，但是这种搭配模式的渲染效率基本让人难以忍受，除非是特别需求，一般不会这么处理。

而上面讲到这么多的搭配方式中基本没有提到"光子贴图"的运用，主要是因为这种全局光引擎的使用不够灵活方便，并且所得到的全局光照效果也不理想，所以一般都不会选择它作为成品图渲染的全局光引擎。

在室外效果表现的制作中，多数的搭配方式为首次引擎为"发光贴图"，二次引擎为"穷尽计算"，本书主要讲解的范围主要针对室内住宅方案表现，这里就不过多讨论了。

第二：由于在"V-Ray:: 间接照明（全局照明）"卷展栏中首次和二次反弹全局照明引擎的选择不同则影响到接下来的两个卷展栏，因此这里我们主要针对室内效果图制作中常用的"发光贴图"、"穷尽计算"以及"灯光缓存"三种全局照明引擎做详细介绍。

如图 3-2-1-12 所示，"V-Ray:: 发光贴图"卷展栏中包含的内容非常多，初学者看着就觉得眼晕，其实这里的设置相对还是非常简单的，因为这里有我戏称为"傻瓜套餐"的选择模式。如图 3-2-1-13 所示，在"内建预置"选项组中，"当前预置"选择菜单中有一系列搭配好参数的模式提供使用者选择，只要对应地选择合适选项，就可以很快捷地完成基本参数的设定。

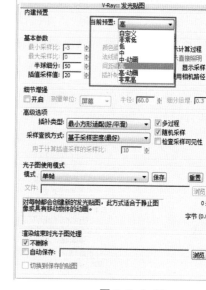

图 3-2-1-12　　　　　　　　　　图 3-2-1-13

97

另外，图 3-2-1-12 中"显示计算过程"选项在勾选状态下可以让大家看到发光贴图的计算过程，一般情况我们会开启，这样在渲染初期阶段我们就大致能看到一些图像效果，有一定经验的制图人员可以通过这个阶段就能判断出图的整体明暗是否正常，决定是否继续完成渲染。

"细节增强"选项组默认是没有开启的，在开启后可以进一步提升"发光贴图"计算的品质。一般在测试阶段我们不开启以加快渲染速度，最终渲染时考虑渲染效率因素来决定是否开启。本人在多年制图中总结出来的经验是这个选项对画质的影响并不明显，而勾选上则会轻微地降低渲染速度，因此是否开启则要根据情况酌情处理了。

"光子图使用模式"选项组的功能很强大，在前面我们提到的 VR 插件可以利用调用光子图渲染超大尺寸效果图，并且极大地节省渲染时间的设定就是在这里实现的。

具体的实现方法我们在后面章节的实际案例中再详细讲解。

第三：如图 3-2-1-14 所示，"V-Ray::穷尽-准蒙特卡罗"卷展栏里面的内容相当少，只有两个参数，细分值决定了品质采样，值越高将来图像品质越高。二次反弹值决定了间接光照反弹次数，虽然对画质影像不大，但是对整体场景的亮度有影响，反弹次数越多场景越亮。这两个值的增加都会极大地增加渲染时间，因此要特别注意此参数的调整。

图 3-2-1-14

第四：如图 3-2-1-15 所示，"V-Ray::灯光缓存"卷展栏的参数也相当多，但是在大多数情况下我们需要调节的参数并不多。细分值的设定决定了将来灯光缓存的计算品质，值越高品质越高。"显示计算状态"选项和前面"发光贴图"中的"显示计算过程"作用类似，也是起到一个供制图人员判断图像效果的作用。"重建参数"选项组中的"预先过滤"选项可以进一步增强灯光缓存的品质，但是效果也不是非常明显，一般情况下在测试图阶段不开，最终渲染时可以考虑开启。灯光缓存中的"光子图使用模式"和发光贴图中的"光子图使用模式"作用一样，也是为渲染大尺寸效果图时节省渲染时间提供了设定。

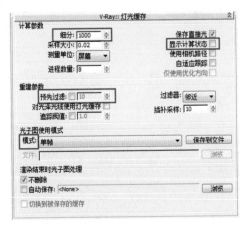

图 3-2-1-15

第五：如图 3-2-1-16 所示，"V-Ray::焦散"卷展栏主要是针对焦散效果的设定，默认情况下焦散效果是没有开启的,这里开关决定着总的焦散效果开关,即使是"V-Ray::间接照明（全局照明）"卷展栏中"全局照明焦散"选项组中勾选了折射和反射焦散，只要"V-Ray::焦散"的开启选项没有被勾选，则整个场景中就不会有焦散效果产生。由于在室内环境效果图中对于焦散效果的需求不大，并且焦散效果的渲染也是比较消耗渲染时间的，多数时候我们是不考虑开启焦散效果的，因此针对焦散设置我们不过多讲解。

图 3-2-1-16

最后我们来看看"VR_ 设置"选项卡中各卷展栏中的内容。

第一：如图 3-2-1-17 所示，"V-Ray::DMC 采样器"卷展栏中的参数设置主要是针对渲染效果图的品质参数设定的。蒙特卡罗采样器贯穿于 VR 所有的模糊效果创建中，例如景深特效、间接光照、面光源、高斯模糊、反射 / 折射、半透明、运动模糊等。由此可见,DMC 采样器的参数会影响到这么多种效果的品质，因此这里的参数设置很重要，参数设置得过低得就得不到好的效果，设置得过高又会浪费过多的渲染时间。

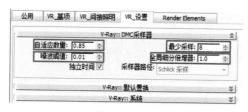

图 3-2-1-17

"自适应数量"这个值控制计算模糊特效采样数量的范围，控制范围的值越小，渲染品质越高,渲染时间越长。它也控制采样的最小数值,设置值为 1 的时候表示全应用，0 表示不应用。

"最少采样"这个值决定采样的最小值，理论上这个值越大图像质量越高，但是实际工作过程中发现调整最小采样值的结果是渲染品质变化不大，渲染时间也变化不大，所以这个值设置为默认值就可以了。

"噪波阈值"这个值针对场景渲染时噪波效果的强弱，值越小将来渲染图的噪波现象越少，画质越好，同时渲染时间也更长。通常默认值 0.01 已经可以得到不错的噪波控制效果，但某些场景需要更小的值才能得到更好的效果。

"全局细分倍增器"这个值顾名思义是针对全局的细分参数的，它的变化对渲染时间影响非常大，通常增大一倍，渲染时间也会相应增长一倍以上，所以一般情况下使用默认的 1 就可以了。

第二：如图 3-2-1-18 所示，"V-Ray:: 默认置换"卷展栏主要是针对场景中置换贴图材质的效果控制，默认情况下 VR 插件是开启置换效果的，这个在 VR 全局设置中也有对应选项。"V-Ray:: 默认置换"卷展栏中的参数一般情况下很少做调整，偶尔会调节"最大细分"参数来增强或减弱置换品质。这里就不过多讲解了，我们会在以后的案例中实际应用到。

图 3-2-1-18

第三：如图 3-2-1-19 所示，"V-Ray:: 系统"卷展栏主要针对 VR 插件系统的一些设置，一般情况下，我们很少对这里进行设置，这里的设置对渲染图的品质没有影响。渲染区块的分割偶尔会调节一下，但也没有太大意义。不过这里有一个功能对提升渲染效率有非常大的帮助，这就是"分布式渲染"的功能，它可以利用网络中闲置的计算机一同渲染，通常在公司或者工作室中分布式渲染的运用非常常见，但对于个人学习者而言，由于电脑数量的限制会比较少用到，不过对于在校学生，如果可以利用宿舍中同学闲置的电脑来渲染，也是一种不错的提升渲染效率的方式。有关于如何使用分布式渲染我们在以后的章节中再讲解。

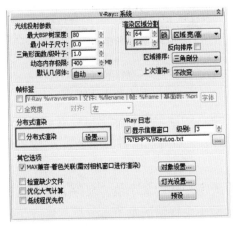

图 3-2-1-19

以上是对 VR2.0 渲染器面板的详细介绍，本章节并没有全部介绍渲染器面板中所有的参数含义，主要原因是在一般室内效果图的制作过程中我们对渲染面板的设置并不是非常多，总结多年的经验，在渲染过程中我们对渲染面板中的参数调节的地方总共不超过 20 处，对于一些不常更改的设置我们了解就好了，把更多的精力放在做好效果图的其他方面更实际。如果想进一步了解 VR 渲染器的原理，请大家参考我的其他的教程。

3.2.2 测试阶段渲染参数详解

下面我们专门针对测试阶段的渲染面板参数做个详细介绍。

第一：如图 3-2-2-1 所示，在渲染设置对话框中的"VR_基项"选项卡中打开"V-Ray:: 帧缓存"卷展栏，勾选"启用内置帧缓存"选项开启 VR 渲染器的渲染帧窗口，在测试阶段使用 VR 渲染器的渲染帧窗口有很多实用的小工具，例如快速指定渲染区域、显示渲染信息栏等，这些工具都可以帮助我们了解渲染情况和加快测试效率。

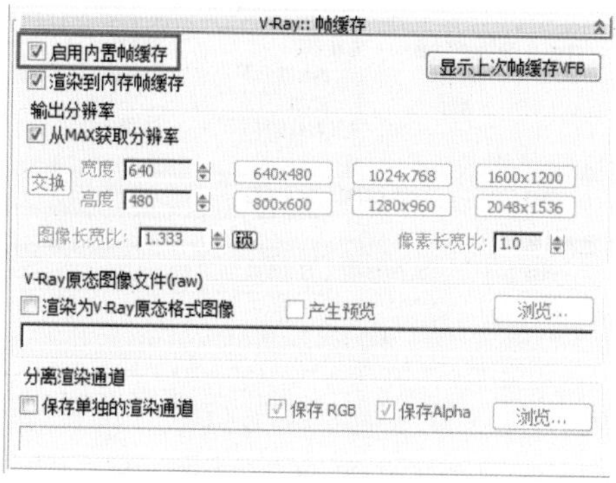

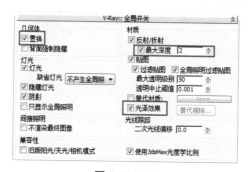

图 3-2-2-1

第二：如图 3-3-2-2 所示，在"V-Ray:: 全局开关"卷展栏中，"置换"选项如果在场景中有大量置换材质存在的情况下，可以不勾选"置换"选项以加快渲染速度。"最大深度"选项可以勾选并设置参数为 2，这样可以大大加快渲染效率，这个选项在测试中是经常勾选的。"光泽效果"选项在测试场景亮度的时候可以不勾选以加快模糊反射和模糊折射类材质的计算速度，但是在做细节测试的时候，这个选项还是需要勾上的，否则场景里所有带有反射设定的材质都会呈现出镜面反色的效果，无法看清材质细节。

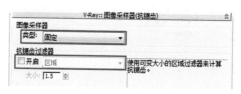

图 3-3-2-2

第三：如图 3-3-2-3 所示，"V-Ray:: 图像采样器（抗锯齿）"卷展栏中"图像采样器"类型选择为"固定"方式，"抗锯齿过滤器"的开启选项不勾选，这样可以极大加快渲染速度。

图 3-3-2-3

第四：如图 3-3-2-4 所示，在"VR_间接照明"选项卡中，测试阶段一般会将"V-Ray::间接照明（全局照明）"卷展栏中的首次反弹引擎和二次反弹引擎设置为"发光贴图"和"灯光缓存"。

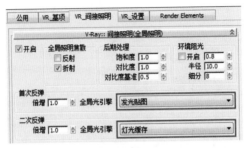

图 3-3-2-4

第五：如图 3-3-2-5 所示，"V-Ray:: 发光贴图"卷展栏中"当前预置"选择"非常低"方式，这个选择会极大加快渲染速度。勾选"显示计算过程"这个选项虽然对渲染速度几乎无影响，但是它可以方便我们在测试阶段看见计算过程，对于一些经验丰富的制图人员来说，可以通过渲染光子图阶段的预览效果就能判断图像渲染是否正常，如果不正常就可以及时停止渲染节省渲染时间。"细节增强"渲染不要开启，不开启这个选项可以节省一些渲染时间。

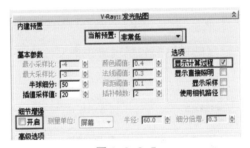

图 3-3-2-5

第六：如图 3-3-2-6 所示，"V-Ray:: 灯光缓存"卷展栏中细分值由默认 1000 降低到 200 或者更低，这个参数对渲染的时间有着很大影响。勾选"显示计算状态"选项，这个选项对渲染的时间几乎没有影响，但是它的作用和"V-Ray:: 发光贴图"卷展栏中"显示计算过程"这个选项的作用相似，也可以帮助有经验的制图人员在看到计算过程时预判断是否继续渲染下去。

图 3-3-2-6

第七：如图 3-3-2-7 所示，"VR_ 设置"选项卡中"V-Ray::DMC 采样器"卷展栏中各项参数对渲染速度的影响是比较大的，一般情况下，默认设置的参数在测试阶段是可以接受的，但是如果计算机硬件配置不高的同学们可以考虑按图 3-3-2-7 所示设置，"自适应数量"设置为 0.9，这个值对渲染速度影响较大。"最少采样"设置为默认值 8 或者更低，这个值对渲染的速度影响不大，可以忽略调整。"噪波阈值"可以由默认的 0.01 增大为 0.05 或者更大，这个值对渲染的速度影响也较大。

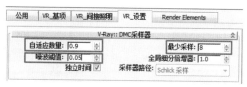

图 3-3-2-7

以上是本人在长期制图过程中总结出来的测试渲染参数的设定，这只是一种工作习惯和经验的介绍，读者们可以根据自身计算机配置的高低做出相应的调整。

3.2.3 优化渲染参数的意义

为什么要优化渲染参数，因为对于大多数初学者包括有经验的设计者而言，效果图制作过程中对场景的测试渲染是非常多的，往往测试渲染的次数少则几次，多则几十次，如果不能做好参数的优化将会极大地浪费我们的测试时间，降低我们的工作效率。

而优化到什么样的程度合适呢？这个就见仁见智了，一般情况下是测试效率越快越好，但是如果测试参数设置得太低，而导致无法从测试图中观察到我们想要的信息，这样的测试是无意义的，反而更加浪费测试时间。就我个人工作的经验总结，一般测试图渲染时间应控制在 2 分钟左右，不超过 5 分钟都是一个合理的测试时间。

参数的优化需要大量的经验累积，希望读者能够自己总结出一套适合自己的参数优化方案，这样将大大提高你们的工作效率。

3.3 VRay 2.0 的灯光系统详解

VR 插件制作效果图之所以这么流行，很大一个原因就在于它可以用简单的灯光制作方法得到真实的光影效果，相比早期传统的标准等阵列光的打灯方式，VR 的灯光无论是在制作技巧还是在设置的灵活性上都更为优秀。本节我们将对 VR 的灯光系统进行详细介绍。

首先，我们来介绍最常用的标准 VR 灯光"VR_光源"的相关内容。如图 3-3-1 所示，在创建命令面板中选中灯光组，在下拉菜单中选择 VRay 选项，我们就可以看到 VR 的灯光设置面板，点击"VR_光源"按钮，我们可以看到标准 VR 灯光的参数设置面板。

如图 3-3-1 所示，在参数卷展栏中，基本参数里"开"选项用于开启和关闭灯光的照明，点击"排除"按钮，可以设置对场景中的物体进行照明排除，这个和 3D 标准灯光的设定一样。如图 3-3-2 所示，在"类型"下拉菜单中可以选择灯光的类型，包括有"平面"、"穹顶"、"球体"、"网格体"四种形态的 VR 灯光选项。多数情况下我们都是用 VR 的面型灯光，而其他几种灯光使用的比较少，并且这些灯光的参数设置面板基本一样，所以这里我们主要以 VR 面光源的设置面板为例进行讲解。

图 3-3-1   图 3-3-2

如图 3-3-3 所示，"亮度"选项组内的设定主要针对灯光的强度颜色设定，"单位"菜单中可以选择不同的灯光单位，但大多数情况下我们习惯用默认的当前单位，"倍增器"用于设定灯光的强度，"模式"菜单用于设定灯光颜色的模式，有"色温"和"颜色"两种选项，一般我们使用更为直观的颜色模式来调节灯光色彩，这里的设置都和 3D 标准灯类似。

VR 插件的标准面型灯光的设置主要集中在图 3-3-4 所示的"选项"选项组中，这里的选择项目较多，但是我们经常修改的选项并不多。下面我们对选项中的内容进行详细介绍。

图 3-3-3   图 3-3-4

（1）"投射阴影"选项主要是用来开启和关闭灯光阴影。

（2）"双面"选项用来设置灯光是否可以双面发光，默认的情况 VR 灯光是单面的发光。

（3）"不可见"这个选项决定将来灯光在渲染结果中是否可以看见，大多数情况我们会选择让灯光不可见。

（4）"忽略灯光法线"这个选项对于双面发光的灯光而言会对发光的形态有一定的影响，通常这个选项我们会选择默认。

（5）"不衰减"这个选项决定灯光是否有衰减效果，大多数情况下我们是需要灯光有衰减的，因为在自然界中光的能量是有衰减的，就是一种真实的自然现象。

（6）"天光入口"这个选项被勾选后颜色和倍增值参数会被忽略，而是以环境光的颜色和亮度为准。

（7）"存储在发光贴图中"当勾选这个选项并且在间接照明选择发光贴图引擎时，VR 计算光照效果之后可以将其存储在发光贴图中，这将会导致发光贴图的计算变慢，但是将来若是用光子图文件来进行渲染则能减少渲染时间，一般情况这个选项我们保持默认设置。

（8）"影响漫反射"这个选项决定对物体的漫反射颜色是否照明，一般情况选择默认设置。

（9）"影响高光"这个选项决定物体的高光效果是否可见，通常也是选择默认设置。

（10）"影响反射"这个选项决定灯光是否可以被有反射的物体反射出来，大多数情况我们不希望灯光被物体反射出来，因此这个选项多数为非选择状态。

总结上面的各选项的详细解释，大多数情况"选项"组中的设定我们所需要调节的地方只有"不可见"、"双面"以及"影响反射"这三个选项。

"采样"选项组对于灯光效果的品质影响非常大，大多数情况对于一些比较重要的灯光而言，细分值的默认设定值 8 是远远不够的，这个值越大将来光影效果就越真实，具体数值要视灯光的重要性而定，其他参数一般保持默认。

接下来我们对"VR_ 太阳"也就是 VR 日光系统进行讲解。VR 的日光系统功能非常强大，效果真实，容易控制，在常见的住宅效果表现中经常会用到它来增强整个画面的表现。

如图 3-3-5 所示，VR 太阳光的设置选项也非常多，但是一般情况我们所修改的对象并不太多，这里我就不一一地讲解每个选项的含义了。我们把在效果图制作过程中比较常用的选项重点说明一下。对于没有做说明的选项一般都设为默认。

1）"混浊度"这个选项控制空气的清澈程度，混浊度越高时，光照强度越弱，场景越暗。

105

2）"臭氧"这个选项模拟空气臭氧层的浓度，当参数增大的时候画面的色温会偏暖。

3）"强度倍增"这个选项控制阳光的强弱，值越大光照越强，值越小光照越弱。

4）"尺寸倍增"这个选项会对阳光产生的投影造成影响，设置值越小光线发射越集中，物体的投影相对清晰，反之物体的投影相对模糊。

5）"阴影细分"这个选项会对阴影的品质造成影响，参数值越大阴影的品质越好。

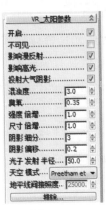

图 3-3-5

以上我们讲解了 VR 渲染器中的"VR_ 光源"和"VR_ 太阳"两种灯光，至于"VR_ IES"这种灯光，它的原理和 3ds Max 光度学灯光类似，大家可以完全使用 3ds Max 光度学灯光来代替，我们在以后的实际案例中会加以讲解。最后一种"VR_ 环境光"使用的情况很少，这里就不做详细讲解了。

3.4　VRay 2.0 的材质系统详解

VR 插件虽然支持 3ds Max 标准材质，但是 VR 插件对自己专用的材质支持更好，在材质的表现上以及渲染的兼容性和效率上都更加优秀。因此，建议同学们如果使用 VR 插件渲染效果图，应尽可能地使用 VR 插件专用材质。

下面我们对 VR 插件的基本材质进行详细的介绍。如图 3-4-1 所示，点击工具栏中的"材质编辑器"按钮，打开"材质编辑器"对话框，选中一个材质球，3ds Max Design 2014 的默认材质类型是建筑材质，单击材质类型按钮，打开"材质/贴图浏览器"。这里我们可以看到 VR 插件包含 11 种材质类型，由于我们在制作室内效果图的时候，常用的 VR 材质种类有限，因此，本章节只针对使用率最高的"VRayMtl"材质进行讲解，至于其他相关的 VR 插件材质，我们在后面的实际案例中结合场景制作过程再详细讲解。

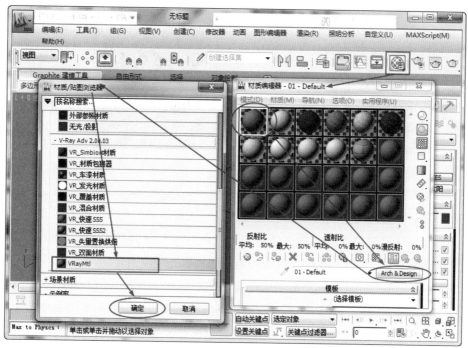

图 3-4-1

　　选择"VRayMtl"材质单击确定按钮，将材质类型转换成标准的 VR 材质，如图 3-4-2 所示，这是"VRayMtl"材质的基本设置面板。"漫反射"选项组中漫反射的意思是材质的基本色。对于材质而言，基本色可以是一种单色材质，例如：乳胶漆墙面材质、白色的瓷器材质、磨砂金属材质等，这些材质没有表面的纹理效果，只有单一的颜色。基本色也可以是包含纹理效果，比如：木制家具材质、大理石地板材质、花纹窗帘材质等，这类型的材质表面具有一些花纹图案。对于有纹理的效果的材质，我们可以在漫反射里设置位图作为贴图来得到丰富的纹理效果。

　　"粗糙度"用于控制漫反射混合到环境光的速度的快慢，随着该值的增加，将增加材质的不光滑外观。同时，材质的外观也变得越来越暗并且更平坦。

图 3-4-2

　　"反射"选项组主要是用来控制材质的反射效果，VR 插件材质对于反射的强弱是通过色彩的亮度级别来决定的，当"反射"选项后面的色彩为纯黑色的时候，材质没有反射效果，如图 3-4-3 所示。当"反射"的色彩为纯白色的时候，材质为全反射效果，如图 3-4-4 所示。

图 3-4-3

图 3-4-4

"高光光泽度"这个选项默认是灰色状态不可调整，如图 3-4-5 所示，当我们打开后面的锁定按钮，这个时候便可以调节参数，这里的参数用于调节材质表面的高光效果。为什么这里的参数默认状态是锁定不可调的呢？原因是 VR 插件的原理认为物体的高光是跟反射光泽度有关的，并且高光是和反射光泽度锁定的，如图 3-4-6 所示。锁定"高光光泽度"选项，将"反射光泽度"参数设置为 0.8，我们可以看到两种材质有基本一样的高光效果，但是"反射光泽度"会使材质表面反射效果变得模糊，因此"反射光泽度"的选项可以用来制作磨砂质感的反射效果。当参数值为"1"的时候，材质的反射为镜面反射，随着值的减小反射效果开始变得模糊，当值小到一定程度的时候，材质的镜面反射效果几乎变得不可见，成为一种漫反射效果，例如我们制作乳胶漆墙体材质会将"反射光泽度"设置到 0.4 左右。

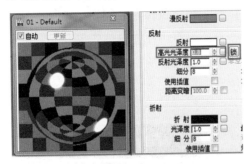

图 3-4-5

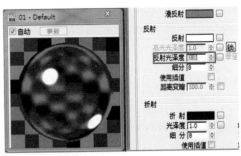

图 3-4-6

"细分"参数是用来调节反射效果品质的，细分值越大，将来材质的反射品质越好。

小贴士

对于开启了模糊反射效果的材质，在效果图渲染的时候，这类型的材质渲染速度是比较慢的，尤其是某些材质为了强调模糊反射的效果，设置了较高的细分值将更会导致渲染的效率下降，因此对于材质而言，渲染的效果和效率我们必须取得一个平衡点，对于一些对效果图场景影响较小的材质，我们可以将品质参数适当地降低，而某些在图中面积较大的材质或者是很重要的材质，我们可以强化品质参数。

　　"使用插值"这个选项可以使用其他的方法来加快材质渲染速度，根据经验所得，使用插值的方式虽然可以加快渲染速度，但是却降低了材质的渲染输出品质，并且插值的方式设置也相对麻烦一些。一般情况下，我选择降低材质参数的方式来解决渲染速度的问题，很少使用插值的方式。当然，这是个人的工作习惯，大家可以自行研究使用插值的方式来获得良好的效率。

　　"菲涅耳反射"这个选项默认是没有开启的，当勾选了这个选项后，如图 3-4-7 所示材质的反射效果产生衰减。菲涅耳反射现象是一种真实的自然现象。例如常见的室内地板瓷砖反射现象，当我们垂直看地面的时候，瓷砖的反射效果并不强烈，但是我们看到离我们较远的地方，瓷砖的反射现象就比较强烈，这种视觉角度造成的反射差异就是菲涅耳反射现象，在自然界中有很多这种类似的现象。

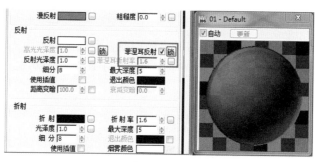

图 3-4-7

　　反射选项组中"最大深度"控制光线的最大反射次数，当场景中存在大量反射和折射材质时，需要设置一个较高的最大深度值才能使效果更为准确。但是"最大深度"参数值越大，材质在渲染计算时就越消耗时间，一般情况下默认 5 的参数已经可以应付高品质的效果图渲染，而在测试阶段我们可以调低此参数来提升效率，如图 3-4-8 所示，我们可以在全局设置中开启反射和折射的最大深度，并且设置较小的"最大深度"参数值来加快测试渲染的速度。

图 3-4-8

　　下面我们来看看"VRayMtl"材质折射选项组的各项参数。折射效果一般用来制作一些透明类型的材质，例如玻璃、水、水晶、钻石等。

　　"折射"选项组主要是用来控制材质的折射效果，VR 插件材质对于折射的强弱和反射效果的设定相似也是通过色彩的亮度级别来决定的，当"折射"选项后面的色彩为纯黑色的时候，材质没有折射效果，如图 3-4-9 所示。当"折射"的色彩为纯白色的时候，材质为全折射效果，如图 3-4-10 所示。当我们将折射颜色设置为纯白色的时候，这个材质就成为完全透明的材质，此时"漫反射"的设定就失去任何意义和作用。折射颜色如果设置为带有色彩的颜色时，会使透明材质带有一定颜色偏向，但是一般情况下我们不使用这种方式制作带有颜色的折射材质，我们在后面的参数中讲解如何制作有颜色的折射材质。

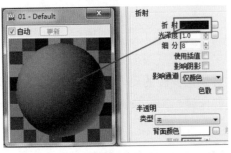 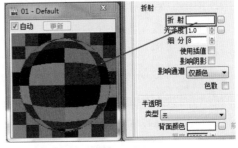

图 3-4-9　　　　　　　　　　　图 3-4-10

"光泽度"这项参数用于控制折射的模糊程度，默认参数值为 1，表示可以产生类似于玻璃一样的完美折射效果。此参数小于 1 将产生模糊折射效果，即类似磨砂玻璃的效果图，如图 3-4-11 所示。

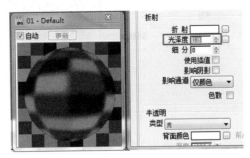

图 3-4-11

折射选项组中的"细分"参数作用，类似反射选项的细分值，它是用来控制折射光泽度的品质，值越小，渲染速度越快，但容易产生噪点；值越大，效果越平滑，但渲染速度会变慢。

小贴士

同样，对于开启了模糊折射效果的材质，在效果图渲染的时候，这类型的材质渲染速度比模糊反射材质更为消耗渲染时间，如果设置了较高的细分值将更会导致渲染的效率下降，同样对于材质而言，渲染的效果和效率我们必须取得一个平衡点，对于一些对效果图场景影响较小的材质，可以将品质参数适当降低，而某些在图中面积较大的材质或者是很重要的材质，可以强化品质参数。

"使用插值"选项和反射选项组中的这个选项作用是基本一样的，这里就不复述了。
"影响阴影"这个选项非常重要，它决定了折射材质物体是否可以允许光对它的

110

透明度进行阴影计算，可以简单地理解为，灯光是否可以根据材质的透明度决定光线穿越物体的强度。在这种情况下，我们在制作一些窗玻璃材质时必须勾选此项，否则窗外的灯光就无法穿越玻璃对室内物体进行照明。

"影响通道"这个选项是针对上一个"影响阴影"选项决定计算透明通道的方式，默认情况我们不对其修改，使用颜色的方式来进行计算。

如图 3-4-12 所示，"折射率"选项用于设定物体的折射率，折射率是透明物体自身的一种物理属性，折射率的不同决定了物体折射效果的不同，这里我们需要大家记住几种常见物体的折射率。

（1）空气：1.01。

（2）纯净水：1.33（一般的液体折射率也是此参数，例如酒、红酒等）。

（3）玻璃：1.5~1.6（材质默认的折射率设定 1.6 是玻璃材质的折射设定）。

（4）水晶：1.8。

（5）钻石：2.4（高折射率的物体在受到光照后会产生很漂亮的光芒效果）。

"最大深度"参数作用和反射"最大深度"一样，这里就不再复述了。

"烟雾颜色"主要是用于调节折射材质的色彩效果，这里调节的色彩会使光线穿过物体时产生衰减，而且会随着物体的厚度变化产生颜色深浅的变化。一般我们在制作带有颜色的折射材质时通常都会使用"烟雾颜色"的设定来完成，例如红酒、彩色玻璃等材质。

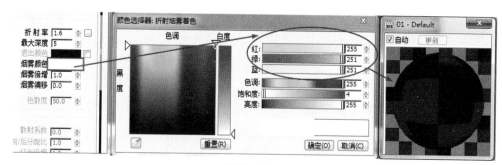

图 3-4-12

"烟雾倍增"和"烟雾偏移"两项参数都是对烟雾效果进行进一步设定，通常我们是保持默认设定，不做修改。

以上是对"VRayMtl"材质基本参数的详细介绍，对于上文中没有讲到的参数选项基本上是平时很少会调整的，通常使用默认设置，这里就不再做详细介绍了。

如图 3-4-13 所示，"BRDF- 双向反射分布功能"这个选项主要是调节材质表面高光效果形态，它的作用有些类似 3ds Max 的各向异性材质效果，由于平时工作中比较少对此选项进行设定，这里也不过多加以讲解了。

图 3-4-13

"选项"卷展栏如图 3-4-14 所示，我们可以看到"VRayMtl"材质默认情况下就是勾选"双面"选项的。另外"跟踪反射"、"跟踪折射"两个选项可以理解为是反射和折射的开关选项。"选项"卷展栏中的参数很少做调整，对于某些特殊情况需要做调整的，我们结合后面章节的实际案例再做详细说明。

图 3-4-14

如图 3-4-15 所示，"贴图"卷展栏的作用是设定各类贴图选项，作用和 3D 标准材质的贴图设定类似。大家可以自行参考 3ds Max 的标准教材。

"反射插值"、"折射插值"这两个卷展栏专门针对反射和折射中的插值计算，如果反射和折射没有开启相应选项，这里的设定就没有任何作用和意义，而插值计算方式的使用对于室内效果表现的材质而言意义不大，因此不做重点讲解。

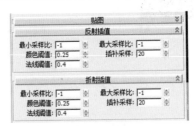

图 3-4-15

以上是"VRayMtl"材质的各项参数的详解，基本上我们在制作 VR 场景效果图时所用到的材质有 90% 左右的比例是这种材质，而其他的材质又有大部分是基于"VRayMtl"材质的演变，所以掌握好"VRayMtl"材质的设定非常重要。对于文中没有讲到的 VR 插件材质，我们将结合实际案例讲解。

3.5 VRay 2.0 的毛发系统详解

如图 3-5-1 所示，在创建命令面板中创建几何体选项中的下拉菜单选择 "VRay" 选项，我们可以看到 "VR_毛发" 按钮呈灰色状态，因为创建 VRay 毛发之前，需要首先确定产生毛发的源物体。

图 3-5-1

如图 3-5-2 所示，当我们选择一个创建好的圆环模型时，"VR_毛发" 选项则被激活可以使用。点击 "VR_毛发" 按钮则在圆环物体上创建出 VR 毛发物体，如图 3-5-3 所示。

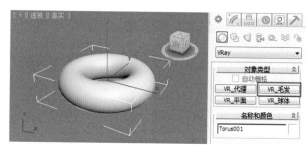

图 3-5-2

图 3-5-3

下面我们来看看 VR 毛发物体的参数详解，如图 3-5-4、图 3-5-5、图 3-5-6、图 3-5-7 所示，这些都是 VR 毛发物体参数，一般在室内效果图表现中 VR 毛发物体通常用于制作毛巾、地毯、毛纺衣物等，我们将针对这类毛纺物体重点讲解一下 VR 毛发物体参数含义。

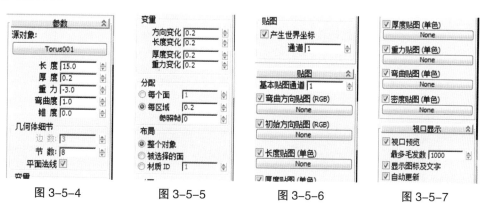

图 3-5-4　　　　　图 3-5-5　　　　　图 3-5-6　　　　　图 3-5-7

（1）"长度"。此参数决定着毛发的长度，值越大，毛发越长；值越小，毛发越短。

（2）"厚度"。此参数决定着毛发的粗细，值越大，毛发越粗；值越小，毛发越细。

（3）"重力"。此参数决定着毛发物体受重力影响的程度。当"重力"值为负数时，数值越小，毛发物体受重力影响越大；当"重力"值为正数时，值越大，毛发受重力影响越小。

（4）"弯曲度"。此参数决定着毛发的弯曲程度。

（5）"锥度"。此参数控制着毛发物体锥化的程度，可以制作底粗头尖形态的毛发物体。

"几何体细节"选项组用于控制毛发细节。

（1）"边数"。此参数当前不可调节。

（2）"节数"。此参数控制组成毛发物体的直线段数量，值越大，毛发物体显得越柔软。

（3）"平面法线"。勾选这个选项会对渲染速度有一定帮助，默认即保持选择状态。如果去掉这个选项，会使毛发有一个圆柱形的外形。当我们制作一些较粗的毛发物体时可以不勾选此项。

114

小贴士

由于"节数"参数是对所有毛发物体的物理细节加强，每当参数设置增大一个单位，所有的毛发都会增加一段，会造成大量的物体多边形增加，因此这个参数在调节过程中要格外留意，切勿因追求柔软的毛发效果而导致多边形过多，最终造成渲染的困难。

"变量"选项组控制毛发在方向、长度、粗细及重力等方面产生一些随机变化，让VR毛发物体看起来更加自然一些，建议大家自己手动调节这里的参数，并测试一下，观察效果的变化。

"分配"选项组控制着毛发覆盖源物体的密度。

（1）"每个面"参数用来指定毛发源物体每个面的毛发数量。每个面将产生指定数量的毛发，值越大，毛发数量越多。

（2）"每区域"参数控制毛发数量基于毛发所在面的大小。较小的面有较少的毛发，较大的面有较多的毛发，每个面至少有一条毛发。用此种方式来控制毛发数量可以比较均匀地将毛发分散在物体表面。大多数情况下我们使用"每区域"的方式来设置毛发密度。

（3）"参照帧"表示源物体获取到计算面大小的帧。获取的数据将贯穿整个动画过程，确保毛发数量在动画中保持不变。这个参数一般用于毛发动画制作，对静帧效果图没有意义。

以上是针对 VR 毛发物体的参数详解，在制作室内效果图的大多数情况下，我们只是对上面的这些参数进行调整，其他项目的参数很少会使用，有兴趣深入了解的读者可以查阅其他资料。

小贴士

> VR 的毛发制作功能虽然可以制作出逼真的毛发效果，但是 VR 毛发物体的渲染非常消耗渲染时间，如果参数设置得不合理，很有可能导致渲染出错，或者是毛发数量太大导致渲染计算量太大而无法完成渲染。因此，在制作 VR 毛发物体之前，最好是能先经过一些测试步骤，观察 VR 毛发物体的基本效果，避免渲染无法完成或者报错。

在全局光计算中，VR 的"灯光缓存"引擎对多边形数量非常敏感，一旦场景内多边形数量过大就会导致灯光缓存计算缓慢，而 VR 毛发物体实际上是由大量的多边形组成，因此在渲染过程中要多加留意。

3.6　提高渲染效率的办法

提高渲染效率对每一个制图人员都是非常重要的，现代社会工作效率往往决定了一件事情的成败。本章节主要讲解一些在效果图的渲染过程中，有什么方法可以提升你的渲染效率。

3.6.1　计算机软硬件的选择注意事项

首先我们从硬件方面来谈谈怎样的电脑配置可以提升渲染效率。很多读者可能会这样想：当然是电脑配置越高越好嘛！没错，高配置的电脑固然可以提升渲染效率，但是对于一些在校学生而言，由于经济能力有限，就不应一味地强调电脑配置，而是应该追求更高的性价比，把有限的资金投入到那些对渲染效率影响最大的硬件单元上。

那么哪些硬件单元对渲染效率影响最大呢？首先是 CPU 和内存，CPU 是整个计算机的核心组成部分，它决定了计算机的运算能力，对于 CPU 的选择，我们应当尽量选择高频多核心的 CPU，这在使用 VR 渲染器渲染效果图的时候帮助最大。其次是内存，更大的内存意味着你能处理更大、更复杂的场景，当物理内存不够的时候，计算机就会调用硬盘的存储空间来当临时缓存，而硬盘的存储速度比内存要慢上百倍，所以内存的重要性仅次于 CPU，对于目前主流的软件要求，建议大家至少选择 4 GB 以上的内存。

而其他一些硬件单元对渲染的帮助则并没有太大影响，例如在显示卡的选择上，很多人认为 3D 软件对于 3D 性能要求很高，于是对显卡的配置就追求更高、更快的型号，其实这里存在误区，高性能显卡只是在 3ds Max 软件实时工作界面下的显示有帮助，对渲染的效率而言毫无帮助，所以大家应该将显卡的资金转移到 CPU 和内存上，一般主流的 3D 显卡即可应付 3ds Max 软件的运用。那些动辄上万的专业图形显示卡对渲染效率的帮助微乎其微，只是在实时工作界面中可以显示更多的特效，在辅助设计过程中预览效果而已，因此，除非资金非常充足，否则完全没有必要选择专业图形显示卡。

其次，在软件的选择上，我建议大家尽可能地选择安装 64 位版的 WINDOWS 系统以及 64 位版的 3ds Max 软件。相对于 32 位的系统和 3ds Max 软件而言，64 位版的 WINDOWS 系统以及 64 位版的 3ds Max 软件有着更好的兼容性、稳定性和渲染效率。这个和系统内存的管理机制有关，因为 32 位的系统允许单个程序最大调用的内存为 2 GB，如遇到复杂场景的时候，所消耗的内存一旦超过 2 GB 就会遇到内存溢出的系统问题，而导致场景无法制作或者渲染。随着大家学习的深入，以后遇到大场景的制作是很常见的，提前做好准备是很必要的。

3.6.2 好的工作习惯

良好的工作习惯也是提升渲染效率的一个关键，下面给读者介绍一下自己在开始渲染步骤的工作习惯。在场景制作并测试完成以后决定需要渲染正式效果图的时候，将场景的渲染输出尺寸重新制定好，渲染面板中各项参数调节为最终渲染参数后保存文件，这时别急着开始渲染，重启计算机，进入系统后，将系统屏幕保护功能设为禁用，设置系统电源模式为不休眠模式，在渲染过程中由于无人干预，这两处的设定会避免计算机自身因系统原因而导致渲染的失败或出现无法完成的情况。接下来打开我们制作好的效果图场景文件开始渲染。可以利用吃饭或者休息时间来进行渲染，渲染过程完全由计算机来完成，不需要人为干预，所以安排好渲染的时间段也是很重要的。

3.6.3 光子图使用模式

效果图渲染效率提升的方法在软件中又有哪些操作可以实现呢？

首先在渲染效果图的时候可以利用调用光子图文件来提升渲染效率，如图 3-6-3-1 所示，在间接照明计算引擎的"发光贴图"和"灯光缓存"两种引擎中都有"光子图使用模式"选项组。我们需要渲染超大尺寸效果图时，可以渲染一张小尺寸的效果图，在渲染结束后将"发光贴图"和"灯光缓存"计算生成的光子图文件保存下来，然后调整渲染图尺寸，在"光子图使用模式"选项组中选择"从文件"模式并调用之前渲染小图保存的光子图文件，这样在渲染大尺寸图时就可以跳过"发光贴图"和"灯光缓存"的计算步骤，直接渲染图像。这种方式对于渲染超大尺寸图所带来的效率提升是非常可观的，有关光子图文件调用渲染方式我们在后面的实际案例讲解中详细说明。

图 3-6-3-1

3.6.4 分布式渲染（网络渲染）

分布式渲染可以说是当前提升渲染效率最直接的方式，它的原理就是利用网络中闲置的计算机资源以合作方式进行效果图渲染，如果两台配置相同的电脑通过分布式渲染的方式渲染一张效果图，所带来的效率提升基本上是 100%，有多台计算机一同渲染则提升的效率将更加可观。这也是目前大多数学生在宿舍中能够实现的最经济的提升渲染效率的方式。

如图 3-6-4-1 所示，在"渲染设置面板"上的"VR_设置"选项卡中可以找到"分布式渲染"功能，通过添加服务器，增加网络中可以用来辅助渲染的闲置计算机来进行渲染。

117

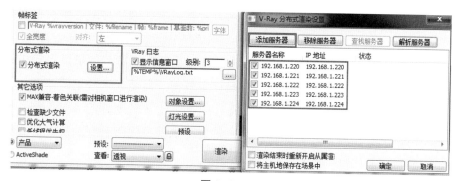

图 3-6-4-1

实现"分布式渲染"功能之前有几个先决条件：

（1）计算机必须正常连接到局域网络；

（2）将来一同渲染的网络中所有计算机实现网络共享文件无障碍相互访问；

（3）要求所有参与渲染的计算机安装相同版本的 3ds Max 和 VR 插件；

（4）理论上不要求操作系统版本一致，但是建议使用相同版本的 WINDOWS 系统组件分布式渲染平台；

（5）效果图场景制作过程中所有用到的文件，包括贴图文件、光域网文件、光子图文件以及场景自身文件等所有文件名必须是英文字符的文件名，如果包含中文文件名，将来有可能因为网络路径无法识别中文而导致网络渲染失败。

满足以上条件后，我们就可以使用 VR 插件的"分布式渲染"功能了。有关分布式渲染的实际运用情况，请大家参看本章节的教学录像，在教学录像中有更加详细的说明。

渲染效率的提升直接带来工作效率的提升，每一个效果图制作人员都在总结自己的经验，寻求最有效率的效果图渲染方式，每个人的工作习惯不同，总结到的经验也就有所差异，我在课堂教学中经常和我的学生这样讲："永远不要只看教程的参数，模仿人家的参数设定，在看案例的过程中要思考别人的参数为什么这么设定，参数永远只是用于参考，要灵活地根据测试图效果随时调整，没有固定模式的参数设置，只有某些工作习惯的经验总结。"

3.7　本章小结

本章重点讲解了 VR2.0 渲染器中渲染面板的参数含义，章节中并未详细讲解每一项参数的含义，因为在大多数室内效果图制作过程中，很多 VR 渲染插件的功能几乎很少使用到，而本章节重点讲解了那些在室内效果图制作过程中比较常用和重要的参数。这部分内容是室内效果图制图过程中的重点所在，希望读者能够牢记。

最后关于效果图渲染效率的提升，本章节所做的介绍主要是针对笔者长期制作效果图的经验所谈，从硬件到软件再到工作习惯以及提高效率最直接的"分布式渲染"，一系列提高渲染效率的经验和技巧对于初学者是十分宝贵的，希望大家可以认真阅读及理解。

参数是"死"的，人的思维是"活"的，在以后的实例章节中虽然会提供给大家已经完成的案例场景文件，里面的参数都是设置好的，但是大家一定要注意，教材案例中的场景参数不一定适合你，也不一定是正确的。由于软硬件的环境不同，所有的参数都不可能是唯一不变的，必须根据实际情况，也就是你所看到的最终渲染结果来合理调整参数才是一个良好的学习习惯。

第4章

案例1——客厅表现

本章重点

● 客厅设计方案分析。

● 墙体建模流程。

● 材质制作细部技巧详解。

● 分布式渲染实操详解。

● 渲染技巧详解。

4.1 客厅表现的风格分类

作为住宅空间的表现风格是多样性的，尤其是客厅的设计往往在一个整体设计案例中占有最重要的地位，而且客厅的设计风格决定了整体设计的风格走向，所以客厅的效果表现对于整体方案表现的重要性不言而喻。这里我们讨论几种常见的客厅表现风格。

4.1.1 现代简约风格的表现手法分析

简约现代的表现风格：近几年简约现代风格是比较流行的室内设计风格，例如图4-1-1-1这种风格的表现在色彩搭配上比较简洁，大面积的色块、硬朗的线面构成以及立体构成表现上简洁有力。在效果图的表现手法上通常以日景效果居多，表现以客厅空间结构为主，在灯光的运用手法上也比较简洁，偏重于室外光对室内的影响表现。材质的质感比较多地运用到现代材料的质感，例如以玻璃、金属以及原材料本身的质感为主。

图 4-1-1-1

4.1.2 古典奢华风格的表现手法分析

古典风格的表现：古典风格主要运用一些传统的元素融入到整体方案的设计中，在古典风格中又可以根据地域环境细分为中式风格和欧式风格，例如图4-1-2-1和图4-1-2-2所示。此类设计案例重点突出传统元素融入整体方案设计，这类型的效果图表现重点在于模型的感染力。在室内陈设中古典元素突出表现为重点，在灯光表现方面以室内光线即人造光为主，灯光表现的细节以烘托场景的古典元素为主，而材质表现也同样重点突出传统装饰图案的表现。整体把握住气氛的统一性则效果表现就成功了一大半。从中式风格方面而言，传统的装饰图案的运用是主要体现点，而欧式风格更加注重立体空间的构成，在结构形式上欧式风格有其独特性，这个和文化的积淀形式有关，有兴趣的读者可以自行收集相关资料，更加深入地去体会。

图 4-1-2-1

图 4-1-2-2

　　以上是对一些客厅表现风格的简单分析，对于风格的划分远不止上文提到的这些，例如在现代风格中还可细分为现代中式及现代欧式风的划分，以及现代风格中还有一些前卫的概念型的风格，还有田园风格等，这些风格往往相互交织，并无太明显的划分界限，因此，对于不同的风格而言表现手法也会有所差异，这些只能靠日常大家多多观察和总结经验了。

　　客厅又称起居室，是全家起居活动的场所，也是日常会客的地方，应体现主人的爱好和身份的特点，所以一般都成为装饰美化的重点。由于人们的兴趣爱好各不相同，活动内容不断增加，家庭居室装饰装修呈多样化的趋势，这就要求起居室要有足够的空间。现代居室的设计一般都是起居室越来越大，而卧室相对变小。

　　起居室一般可划分为会客区、用餐区、学习区等。会客区应适当靠外一些，用餐区接近厨房，学习区只占居室的一个角落。在满足起居室多功能需要的同时，应注意整个起居室的协调统一；各个功能区域的局部美化装饰，应注意服从整体的视觉美感。

起居室的色彩设计应有一个基调。采用什么色彩作为基调，应体现主人的爱好。一般的居室色调都采用较淡雅或偏冷些的色调。向南的居室有充足的日照，可采用偏冷的色调，朝北居室可以用偏暖的色调。色调主要是通过地面、墙面、顶面来体现的，而装饰品、家具等只起调剂、补充的作用。总之，起居室的环境布置要因人而异，做到舒适方便、热情亲切、丰富充实，使人有温馨祥和的感受。下面的章节将进入本书的第一个实际案例——客厅的表现。

4.2　现代客厅效果表现案例

首先大家一起来看看本章案例的最终效果图，如图 4-2-1 所示，这是一个现代简约欧式风格的场景，在整体案例中一般家具以及装饰物的模型通常可以选择从模型库中获取，这里也提到一个问题，日常积累模型库及贴图素材的重要性。如果各位读者手边有大量的素材，那将大大提高各位的工作效率。对于本案例，也是大多数室内效果图场景制作而言，墙体部分一般都是自己建模，所以在开始动手建立场景之前要有一个比较成型的方案图纸，最好是有比较详细的 CAD 图纸，这样在建模过程中才能比较有效率地创建模型。

图 4-2-1

本案例的墙体模型并不算复杂，下面我会用 3ds Max 做详细的建模介绍。不过在这里我也指出，本案例制作前期我是用 Google SketchUp 7（草图大师）来建墙体模型的，原因是用 Google SketchUp 7 建模的效率更高，而且 Google SketchUp 7 建出的模型可以很方便地导入到 3D 中编辑。我们作为一名设计人，掌握更多的设计软件可以大大地提高工作效率，正如我前文中提到的，不需要你对每一款软件的所有功能都能掌握，只要掌握你急需要用的和能够帮助你提高工作效率的功能，这是最关键的。

4.2.1 场景建模技巧详解

　　在动手建模之前我们要养成良好的工作习惯，做好软件的环境设定，这里我们打开 3ds Max 的"自定义"菜单中的"单位设置"选项（见图 4-2-1-1）。进入"单位设置"对话框（见图 4-2-1-2），点击"系统单位设置"按钮，在弹出的"系统单位设置"对话框中将系统单位设置为毫米（见图 4-2-1-3）。因为 3ds Max 软的默认单位为英制单位，不符合我们日常工作习惯的公制单位，所以我们要将单位改成公制单位，又由于我们将导入 CAD 图纸来辅助建模，而 CAD 图纸的单位默认是毫米，所以这里我们为了避免单位的不统一而采用毫米为我们 3ds Max 软件的系统单位。当然有很多人习惯用厘米为单位，这也没有关系，只需要在导入 CAD 图纸后将图纸缩小到原来的 10% 就能和系统单位匹配上。

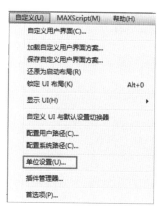

图 4-2-1-1

图 4-2-1-2

图 4-2-1-3

　　下一步我们设置一下便于我们建模操作的捕捉设定，右键点击工具栏中的 按钮，打开捕捉设置对话框，如图 4-2-1-4 所示选择捕捉目标类型为"顶点"，第二个"选项"选项卡的设置如图 4-2-1-5 所示，这里的设置目的是可以捕捉冻结对象以及打开坐标轴约束功能，捕捉的设定都是为了在工作过程中提升工作效率。

图 4-2-1-4

图 4-2-1-5

接下来我们导入用于参考建模的 CAD 图纸，首先点击 ![]按钮（见图 4-2-1-6），选择"导入"选项打开导入文件对话框，如图 4-2-1-7 所示，选择文件类型为"AutoCAD图形"，打开随书光盘第 4 章素材文件夹内的 CAD 文件。如图 4-2-1-8 所示，在弹出"AutoCAD DWG/DXF 导入选项"对话框中不做任何设定，点击确定，将 CAD 图纸导入到 3ds Max 工作场景中。

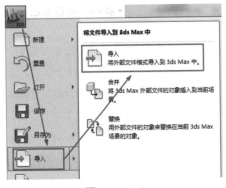

图 4-2-1-6

图 4-2-1-7

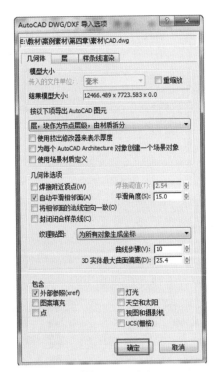

图 4-2-1-8

在导入 CAD 图形后，在 3ds Max 2014（以后简称 3D）的工作窗口我们可以看到导入后的线条物体，将当前所有线条选中（快捷键 Ctrl+A）并成组，成组的操作是选择"组"菜单中"成组"选项（见图 4-2-1-9），在弹出的对话框中将组合名字命名为 CAD（见图 4-2-1-10），点击"确定"按钮完成组合图纸的操作。

图 4-2-1-9　　　　　　　　　　　图 4-2-1-10

　　选中组合的 CAD 图纸，选择移动工具 ，在底部的坐标数值栏中将图纸坐标全部清零。如将图 4-2-1-11 改为图 4-2-1-12。

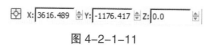

图 4-2-1-11

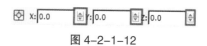

图 4-2-1-12

　　保持 CAD 图纸组合的选中状态单击鼠标右键并冻结图纸（见图 4-2-1-13），接下来保存一下文件，我们的第一个步骤图纸的导入就完成了。

图 4-2-1-13

　　选择最大化顶视图，利用 2.5D 捕捉 绘制出墙体外轮廓线条，如图 4-2-1-14 所示。

并选择线条添加"挤出"命令，"数量"值为3800，如图4-2-1-15所示。

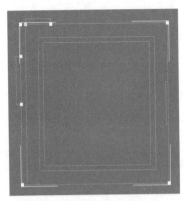

图4-2-1-14   图4-2-1-15

小贴士

为什么要预留出门和窗的节点？在我们建模的时候要预计后面建模可能需要的操作，这里留下节点目的是为了在挤出线条后的模型可以生产结构线，方便下一步我们做出窗口和门口的模型。

按下P快捷键，我们进入透视图视窗；按下快捷键F4开启模型的边面显示状态，我们看到如图4-2-1-16所示的几何体。选择创建的几何体物体，单击鼠标右键，在快捷菜单中选择转换为"可编辑多边形物体"，如图4-2-1-17所示，并选择窗口所在面上的两条结构线，如图4-2-1-18所示，在修改命令面板中进入物体的线物体级别点击"连接"按钮后面的设置对话框按钮，如图4-2-1-19所示，并在工作视图区做如图4-2-1-20所示的设置。

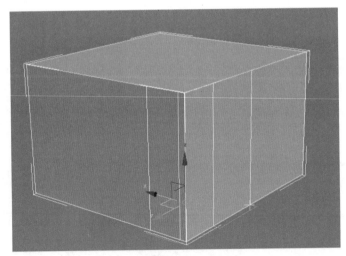

图4-2-1-16

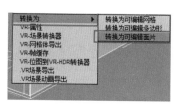

图 4-2-1-17

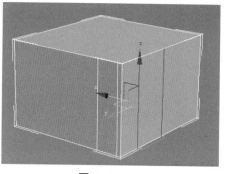

图 4-2-1-18

图 4-2-1-19

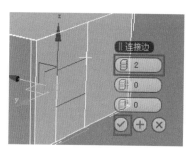

图 4-2-1-20

选择新生成的两条边的其中一条，将其 Z 轴高度定为 900，这是窗台的高度，另一条边 Z 轴高度暂定为 2800。（后面可能会根据窗框的模型文件调整窗的高度及宽度等数值。）调整完后的模型如图 4-2-1-21 所示。

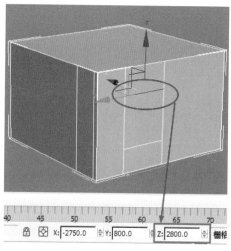

图 4-2-1-21

进入多边形物体的"面"次物体级别选择如图 4-2-1-22 所示的面，单击"挤出"按钮后面的设置按钮，如图 4-2-1-23 所示，在工作视图区做如图 4-2-1-24 所示的设置，将所选面挤出 200 个单位（即 200 mm），并按下 Delete 键删除此面得到窗口的造型，如图 4-2-1-25 所示。

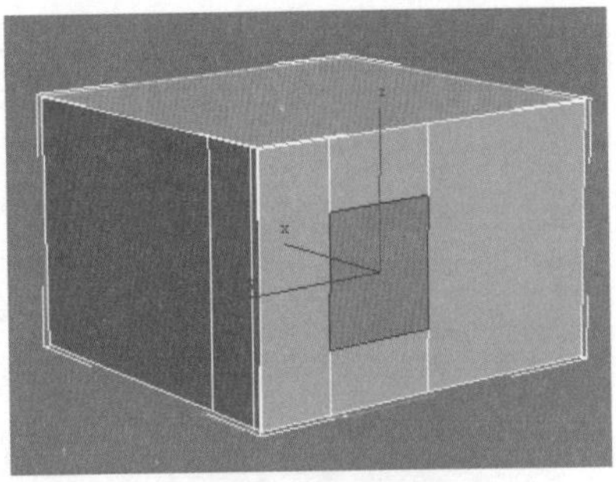

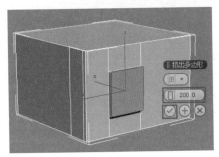

图 4-2-1-22

图 4-2-1-23

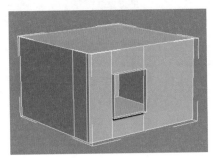

图 4-2-1-24

图 4-2-1-25

128

门框的做法与窗口类似，只需要在门所在墙面的结构线上连接一条连线，并将门框高度设为 2500 mm 即可。这里不再复述门的制作过程，请参考上文窗的做法得到如图 4-2-1-26 所示的门框效果，到此房屋墙壁模型就完成了。

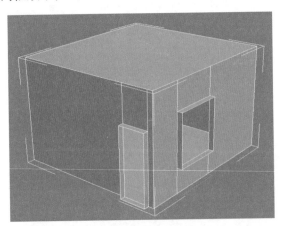

图 4-2-1-26

下一步我们开始制作天花结构，首先将之前的墙体模型隐藏，这样便于我们观察天花结构该如何制作。本案例的天花结构相对简单，制作步骤如下：

根据 CAD 图纸绘制天花的轮廓结构线，如图 4-2-1-27 所示，将其中一个矩形转换为可编辑线条物体，操作如图 4-2-1-28 所示，然后点击修改命令面板中 附加 按钮，将另一矩形合并为一个矩形图形，如图 4-2-1-29 所示添加"挤出"命令，"数量"值为 100，得到如图 4-2-1-30 所示的形态几何体。

图 4-2-1-27

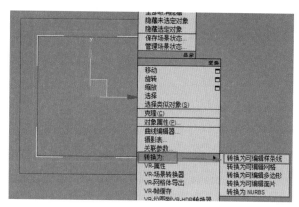

图 4-2-1-28

图 4-2-1-29

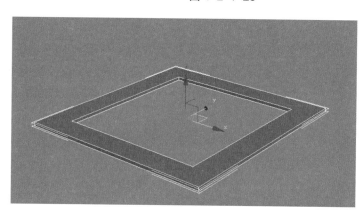

图 4-2-1-30

　　捕捉图纸天花结构中间的线条，创建如图 4-2-1-31 所示的矩形，并添加"挤出"命令，"数量"值为 200，其他设置如图 4-2-1-32 所示。（注：这个挤出操作是没有封口的，形成的物体是类似方管状的物体。）将所得物体的 Z 轴坐标设置为 100，使该物体放置在前一个物体之上。在前视图中观察结构如图 4-2-1-33 所示，透视图观察的结构如图 4-2-1-34 所示。

图 4-2-1-31

图 4-2-1-32

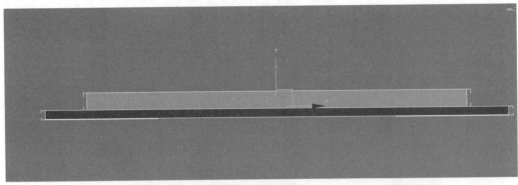

图 4-2-1-33

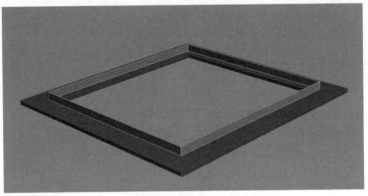

图 4-2-1-34

　　将现在视图中底部物体选中转换成可编辑多边形物体，然后选择修改命令面板中的 附加 按钮将另一物体合并为一个可编辑多边形物体，这是天花的灯槽部分的结构。选择如图 4-2-1-35 所示的多边形面（除靠窗口一侧的另外三个侧面），将它们删除，因为这三个面将来会与墙面模型的面重叠。将当前可编辑多边形物体的 Z 轴坐标值设定为 3500，这样即可与顶部天花板对齐。将墙体模型取消隐藏，我们在前视图中可以看到如图 4-2-1-36 所示的结构。

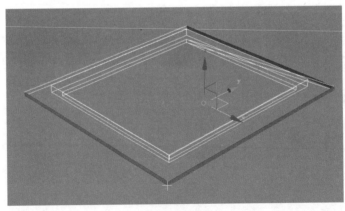

图 4-2-1-35

图 4-2-1-36

接下来我们处理最顶上天花的结构，如图 4-2-1-37 所示，选择墙体模型并进入"多边形"的次物体级别，选择顶上的面然后点击命令面板中的 分离 按钮，弹出如图 4-2-1-38 所示的对话框，设置分离物体名称为"天花板"，点击确定将所选的面分离成为一个独立物体。

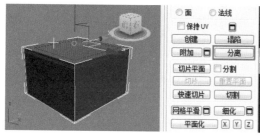

图 4-2-1-37

图 4-2-1-38

选择刚才分离出来的"天花板"物体，按快捷键 Alt+Q 将其孤立显示出来，如图 4-2-1-39 所示进入"点"次物体级别，分别将门和窗的结构点"移除"按钮移除，在横向和纵向上点击"连接"按钮后面的设置选项添加两条连线，得到如图 4-2-1-40 所示的结构。

图 4-2-1-39

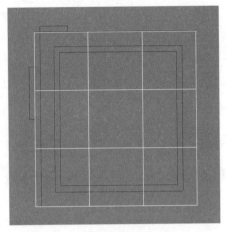

图 4-2-1-40

为了使将来的天花中间结构能对齐灯槽的中间，下面我们利用捕捉方式调整"天花"物体的点位置，如图 4-2-1-41 所示。

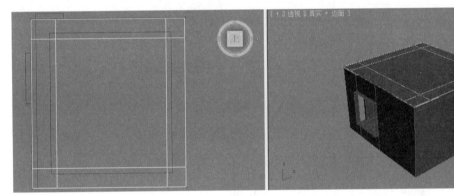

图 4-2-1-41

选择中间的面，点击命令面板中 [插入] 按钮后面的选项按钮，在视图中做如图 4-2-1-42 所示的设置，将中间面缩小并生成一个新的面。

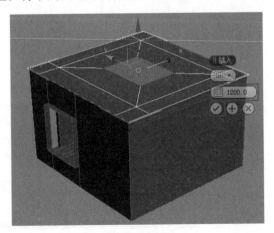

图 4-2-1-42

重复刚才的操作，再次缩小 100 个单位并生成一个面，如图 4-2-1-43 所示。

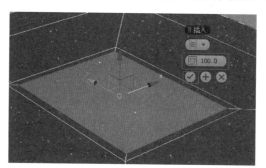

图 4-2-1-43

选择如图 4-2-1-44 所示的面，然后点击命名面板中 挤出 按钮后的设置选项，将所选择的面向下挤出 30 个单位（即 3 cm 的高度），如图 4-2-1-45 所示。这样我们就完成了天花板的造型建模，将文件保存一下。接下来我们要创建室内墙面模型。

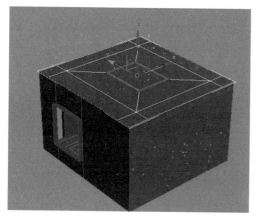

图 4-2-1-44

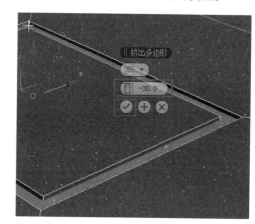

图 4-2-1-45

接下来我们创建顶视图中靠右侧墙面凸起的部分，利用捕捉绘制如图 4-2-1-46 所示的线条，并选择线条添加"挤出"命令，"数量"值为 3500，"分段"值为 3，如图 4-2-1-47 所示。这时挤出的墙面刚好对齐天花板底部。

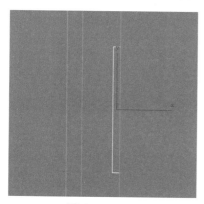

图 4-2-1-46

图 4-2-1-47

这里挤出的时候预先进行了段数的划分，因为在后面的模型建模过程中须要将此处分成三段，如果这时候没有分段的话，后面可以通过多边形编辑中进行连接分段，但是预判断建模步骤提前做出划分可以节省后面的建模步骤，提升工作效率。

选择刚才挤出的物体，将其转换成可编辑多边形物体，如图 4-2-1-48 所示。选择中间部分的线条，然后点击命令面板中 切角 后面的选项按钮，做如图 4-2-1-49 所示的设置，将线条分割 10 的宽度。

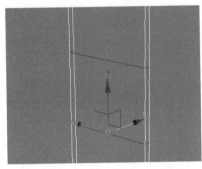
图 4-2-1-48

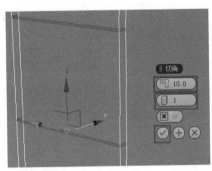
图 4-2-1-49

选择如图 4-2-1-50 所示的面并选择 挤出 按钮后面的选项工具向内挤进 10 的距离产生分隔线，到此凸起的墙体部分也就完成了。

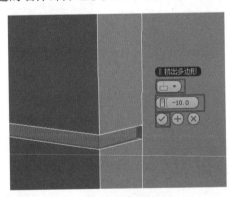
图 4-2-1-50

接下来我们自己手动创建天花上筒灯的模型。首先创建一个圆环，参数如图 4-2-1-51 所示；创建一个圆柱体，参数如图 4-2-1-52 所示；利用对齐工具 将圆环和圆柱体中心对齐，如图 4-2-1-53 所示。对齐后的效果如图 4-2-1-54 所示。

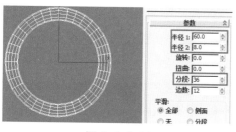

图 4-2-1-51

图 4-2-1-52

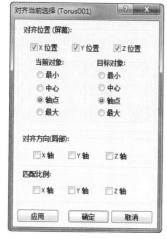

图 4-2-1-53

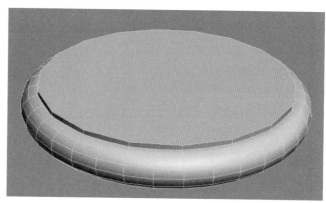

图 4-2-1-54

这里圆环部分作为筒灯的金属灯环，圆柱体作为灯芯的发光体，由于后面会大量复制这个筒灯组合，所以这个时候先给它们指定一个材质球。这样以后复制完成后不必再选择每个筒灯重新指定材质，可以节省不少操作时间。按下快捷键 M，打开材质编辑器，选择一个空的材质球重命名为"筒灯金属"（见图 4-2-1-55），另一个材质球重命名为"灯芯材质"（见图 4-2-1-56），然后分别将他们指定给刚才对应的模型。以后我们只需要修改这两个材质，场景内所有的筒灯模型材质都会一起发生变化。

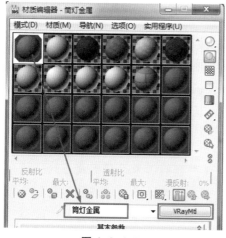

图 4-2-1-55

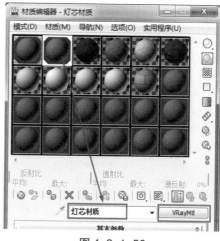

图 4-2-1-56

135

　　将筒灯模型进行组合，然后放置到天花吊顶的合适位置上，让灯环的一部分埋入天花墙体内，布局如图4-2-1-57所示。筒灯的高度位置在前视图观察效果如图4-2-1-58所示，到此大家自己动手建模的部分就结束了。

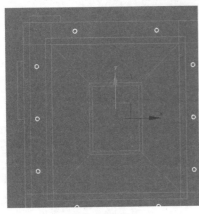
图 4-2-1-57

图 4-2-1-58

　　室内的家具模型基本都是来源于模型库，剩余少部分的模型，例如墙上的画板之类的简单建模就不再复述了。请读者参考本章教学视频来完成室内其他部分的模型创建。

　　接下来我们一起学习如何将模型库的模型合并到当前我们制作的场景中。在教材提供的光盘中，已经包含了本案例中所有的家具及饰品等模型文件，在合并模型到当前场景之前有几个注意事项必须先弄清楚。

　　第一，不是所有的模型尺寸都合适，在合并入场景后可能需要对模型的尺寸进行调整，让它更符合我们制作的场景比例。

　　第二，有些模型库的模型是自带材质信息的，这些材质有些可以直接用来渲染，不需要修改，但有些材质可能根本不能用于渲染甚至会导致渲染出错，所以对材质的检查和重做都是非常必要的步骤。

　　第三，一般我会建议大家先打开模型库文件，把文件里面的各项信息调整好再合并进当前场景，这样就避免了合并模型之后再修改模型库模型的操作，这些信息包括模型的尺寸、材质以及有些不需要的模型可以提前删除掉等。

> **小贴士**
>
> 　　虽然第三步先调整模型库文件不是必须的，你也可以合并进场景以后再做模型调整和修改，但是很多初学者都会遇到一种情况，自己建模的场景渲染没有问题，一旦合并了模型库文件就会出现这样那样的渲染报错或是文件报错等莫名其妙的问题，而且这些错误还很难查找出来，有很多时候这种问题和模型库文件有关，所以先查看模型库文件，确保模型库文件正常后再合并，就会降低出错概率，所以这也是一个良好的工作习惯。

　　下面我以场景中沙发组合的模型合并为例讲解如何使用模型库文件。打开随书光盘第 4 章中的素材文件夹，我们可以看到如图 4-2-1-59 所示的本案例所有素材。

图 4-2-1-59

　　SF.max 文件是本案例场景中的沙发组合模型文件，在场景中合并沙发模型之前我们先单独打开 SF.max 文件检查一下。如图 4-2-1-60 所示，当我们打开沙发模型文件的时候提示缺少外部文件，这些外部文件主要是一些贴图文件，这说明当前的沙发模型是带有材质信息的，如果你获得的模型库文件没有带有这些贴图文件，那么你可以找一些贴图来替换它们，但是最好的方法还是重做这部分模型的材质，根据自己的设计需要来制作符合场景风格的材质。这里我们采取重做材质的方法，单击"缺少外部文件"对话框的"继续"按钮。

图 4-2-1-60

137

小贴士

　　大多数读者对于模型库的来源通常都是从互联网上获取的，如果可以得到一些比较系统的模型库固然是最好的，因为这些系统的模型库分类明确，文件完整，只要查看一下材质的参数没有问题，基本上都是可以直接合并使用的，但是有很多的模型文件是临时从互联网上获得的，这些单一的模型文件通常不包含材质使用到的贴图文件，所以需要进行二次调整。

　　无论模型文件的来源如何，在场景制作过程中使用模型库文件的时候都需要对其材质检查一次，在大多数的情况下这些材质不一定适合你的场景，你需要根据你的设计方案来调整模型材质的色彩、纹理样式等。所以笔者的意见是无论你的模型库来源如何，在使用时都要对其材质进行一次检查或者重制。

　　如图 4-2-1-61 所示，选择场景中所有模型物体，并指定一个标准的"VRayMtl"材质给所有模型物体，这时候不需要对材质做任何设定，我们将来合并沙发模型到场景中之后再对模型材质做编辑。

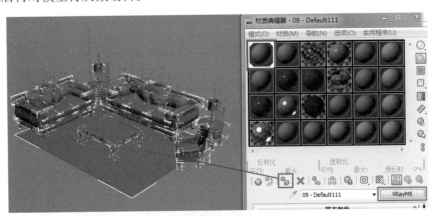

图 4-2-1-61

　　放大沙发模型的局部显示，如图 4-2-1-62 所示，这个沙发模型精度不够，模型看起来显得不够圆滑，如果我们将来想要对沙发有比较近的镜头表现，那么这些模型显然达不到的要求。因此我们需要对模型做进一步的调整。

图 4-2-1-62

如图 4-2-1-63 所示选择一个沙发靠枕，在修改命令面板中选择"可编辑多边形"的层级，我们看到在"细分曲面"卷展栏中"显示"的"迭代次数"设置为 0，但是在"渲染"的"迭代次数"设置为 2，这说明模型的显示状态并不和渲染结果相符合，我们看到的是简化的显示状态，因此我们测试渲染一下沙发模型，观察一下模型的精度到底如何。

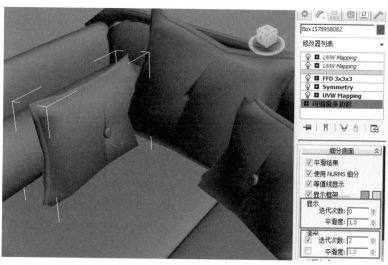

图 4-2-1-63

如图 4-2-1-64 所示，我们看到渲染的结果，沙发靠枕以及沙发的模型都是有进一步圆滑的效果的，说明沙发模型都是在渲染迭代次数中做了更高的光滑级别修改的，这样我们的沙发模型就不需要做进一步的修改了。

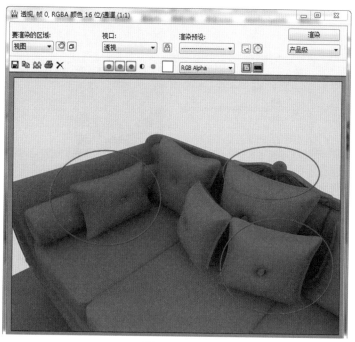

图 4-2-1-64

为什么把显示的"迭代次数"设置为 0，而渲染的"迭代次数"设置为 2。这样做的好处是为了在 3D 工作窗口中简化模型的多边形数量，降低计算机资源的消耗，而最终渲染的时候却是使用了高精度的模型进行渲染，不会影响到最终的渲染效果，这是一种很好的工作习惯。

如图 4-2-1-65 所示，将所有沙发模型全选并组合为"shafa"组件，完成后保存文件待用。

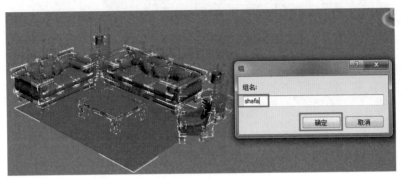

图 4-2-1-65

回到我们制作的墙体场景，将场景的天花板模型隐藏以便于我们观察家具模型合并后的情况，选择菜单中的"合并"选项，如图 4-2-1-66 所示。

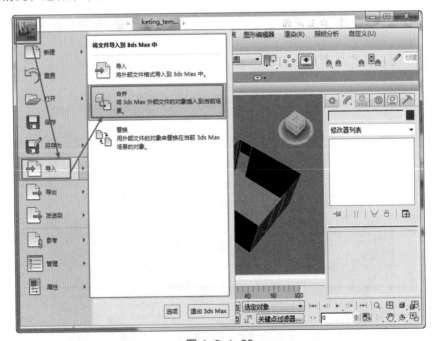

图 4-2-1-66

如图 4-2-1-67 所示，在"合并文件"对话框中选择"SF.max"模型文件，点击"打开"按钮，打开如图 4-2-1-68 所示的"合并"对话框，在"合并"对话框中选择"[shafa]"组合并点击"确定"按钮，将沙发模型合并至场景中。

图 4-2-1-67

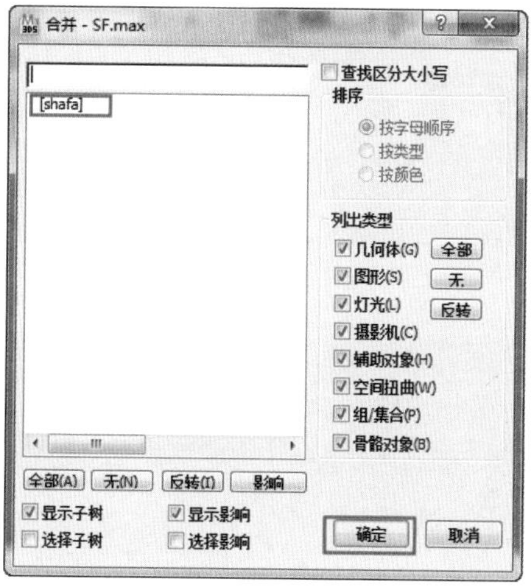

图 4-2-1-68

　　如图 4-2-1-69 所示，当我们合并沙发模型后发现模型的比例太大了，需要手动调节沙发模型的比例。

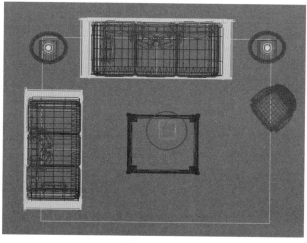

图 4-2-1-69

选择沙发模型组合，利用缩放和选择工具将沙发模型调节到如图 4-2-1-70 所示的合适大小。在前视图中将沙发模型组合利用对齐工具放置在地板上，效果如图 4-2-1-71 所示。

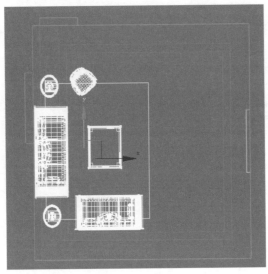

图 4-2-1-70

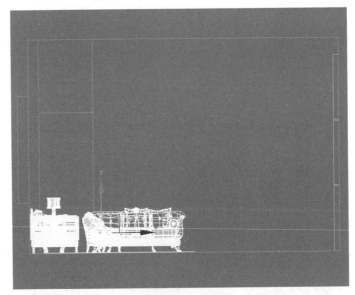

图 4-2-1-71

根据设计的需要我们将沙发组合中的部分模型进行删减和调整，调整的结果如图 4-2-1-72、图 4-2-1-73 所示。

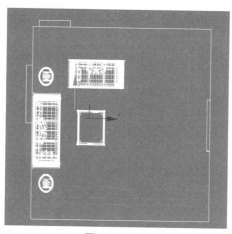
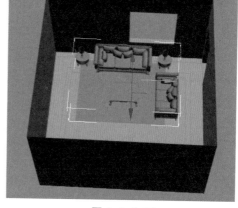

图 4-2-1-72　　　　　　　　　　　　　　图 4-2-1-73

到此我们的沙发模型合并及调整就结束了，场景内其他的家具模型的合并方式和沙发模型的合并方式基本一致，这里就不再一一复述了。最终合并完成的场景如图 4-2-1-74 所示。

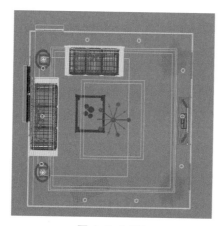

图 4-2-1-74

为了更好地观察场景以及渲染测试场景，这里我们需要设定一个摄像机，如图 4-2-1-75 所示，在顶视图中创建"目标摄像机"。在左视图中将摄像机和摄像机目标点的高度在 Z 轴上都设置为 1300 左右，如图 4-2-1-76 所示。

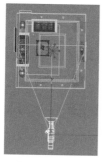
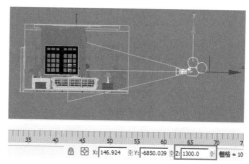

图 4-2-1-75　　　　　　　　　　　图 4-2-1-76

如图 4-2-1-77 所示，设置摄像机的"镜头"为 28 mm 的广角镜头，这样可以让我们看到更多场景内容。如图 4-2-1-78 所示，设置"手动剪切"参数，这里的参数大家不一定和我设置的一样，目的是让墙面后面的摄像机能够看到墙内的模型，只要达到这个目的即可，参数是大家自己灵活把握的。

图 4-2-1-77

图 4-2-1-78

摄像机设置好后，我们通过摄像机视图看到的效果如图 4-2-1-79 所示。

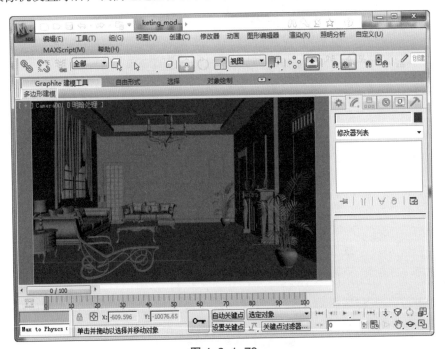

图 4-2-1-79

小贴士

前期创建摄像机的目的是便于观察场景材质的制作，以及在测试渲染的时候有个固定的角度可以对比测试效果。当然这个摄像机也可以是你最终表现效果的镜头，摄像机的设定看似很简单，但是其包含的意义一点都不简单，在本书第 1 章曾有过描述，摄像机镜头的设定决定了一幅画面的构图，因此需要读者认真地思考摄像机的镜头位置该如何表示。

例如这个案例中的摄像机的设定，镜头和目标点的高度都在 1300 左右，这个高度大概是一个成年人的坐高视线，采用了平视的角度表达一个场景，可以比较清楚地表达场景结构，大多数客厅效果的表达多数用这种平视的角度，以便甲方或者是客户可以很清楚地看懂场景布局。

到此，客厅案例的建模部分我们告一段落，场景中某些遗漏的建模部分大家可以参考第 2 章中建模部分的教程自行建模。下一个环节我们开始材质的制作，在材质制作过程中我们不排除还有回头调整场景模型的可能，一个完整的案例制作过程总是在不断地在完善和修改中完成的。

4.2.2 材质制作技巧详解

本案例作为本书的第一个实际案例，在材质部分的讲解会相对更加详细一些，其中有些个人工作习惯和经验的描述希望读者能仔细阅读，再次强调不要一味地死记参数，要理解消化，在针对不同案例的时候要能灵活运用。

材质的制作过程通常没有固定的顺序，但是很多初学者经常犯的错误是总是遗漏场景中某些材质没有做，这里给大家一个建议，在每次做好一个材质并指定材质给相应模型后，将已经指定材质的模型进行隐藏，直到场景中没有可见模型的时候则代表所有模型都已经指定好材质，这样就不容易发生遗漏材质的现象。

■ 墙面乳胶漆材质

下面我们来详细讲解场景中各种材质的制作方法。

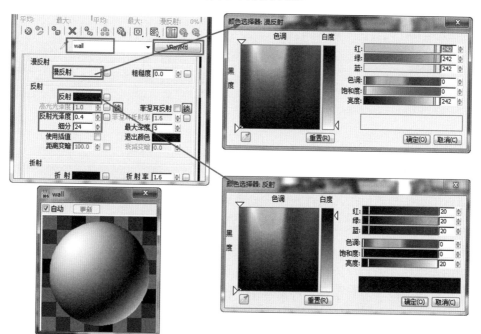

图 4-2-2-1

首先我们来制作场景中面积较大的白色乳胶漆墙面材质，如图 4-2-2-1 所示，选择一个材质球将其材质类型转换成"VRayMtl"材质，给材质命名为"wall"，设置"漫反射"颜色为亮度 242 的灰白色，设置"反射"颜色为亮度 20 的灰黑色，"反射光泽度"值为 0.4，"细分"值为 24，其他参数保持不变。

小贴士

为什么在漫反射中我们没有将墙面材质色彩设置为纯白色？由于 VR 渲染器对白色的材质非常敏感，纯白色的材质在渲染时非常容易曝光，比较难控制灯光的调节。其次，VR 渲染器对材质的模拟非常真实，我们要尽可能地还原真实世界中的材质特征，大多数时候我们所见的白色乳胶漆墙面也并非是纯白色的，也有一定的灰度，所以乳胶漆墙面材质并不是设置漫反射颜色为纯白色。

一般情况下我们看到的墙面是不会察觉到有反射效果的存在，但是这里材质的制作为什么会设置一个反射效果呢？因为 VR 插件对材质的理解是，所有可见物体的材质都是有反射效果的，只是反射的强弱区别而已。我们在模拟乳胶漆材质的时候可以根据真实的乳胶漆材质来制作，一般的乳胶漆材质是有一些光泽的效果。这里设置了反射强度的目的也是为了能够通过"反射光泽度"的设置来使材质看起来有些光泽的效果，我们通过设置较大的反射模糊度来使墙面乳胶漆材质看起来具有更好的光泽效果。

"细分"值为什么要设置到 24 这么高？由于乳胶漆墙面在整个场景画面中占有很大的面积，并且材质设置了较强的反射模糊效果，在细分值不够的情况下很容易出现渲染噪点，对渲染的品质追求比较高的话这里需要一个较高的细分值。如果渲染场景的计算机配置并不理想，建议这里可以使用较低的值设定。

■ 墙纸材质

接下来我们制作镜头右侧的墙纸材质，开始做之前我们需要将右侧墙壁的模型从整个墙体模型中分离出来，或者制作"多维子对象"材质，这里我们使用分离的方法来处理，后面包括天花或者地面模型我们也采取相同的模型分离方式处理，就不再重复说明了。

如图 4-2-2-2 所示，选择墙体模型进入"多边形"次物体层级，选择右侧的墙面多边形，在修改命令面板中单击分离按钮，在弹出的对话框中点击确定，即将右侧墙面模型分离出来。

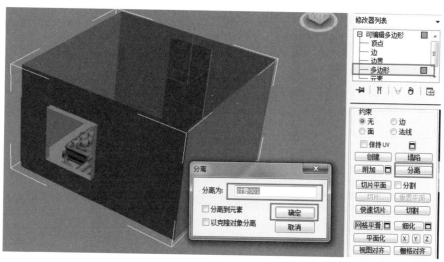

图 4-2-2-2

　　如图 4-2-2-3 所示，选择一个材质球将其材质类型转换成"VRayMtl"材质，给材质命名为"墙纸"，在漫反射贴图、反射贴图、反射光泽度贴图分别指定如图所示的位图贴图。设置"反射光泽度"为 0.55，"细分"值为 24。

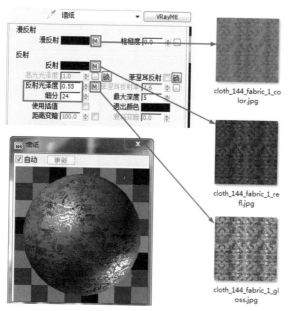

图 4-2-2-3

　　以漫反射贴图为例讲解上面三种贴图的具体设置，如图 4-2-2-4 所示，设置位图以"纹理"方式贴图，将"使用真实世界比例"选项前面的钩去掉，设置位图的"模糊"值为 0.1。其他两处的贴图设定和此处一样，就不再复述了。

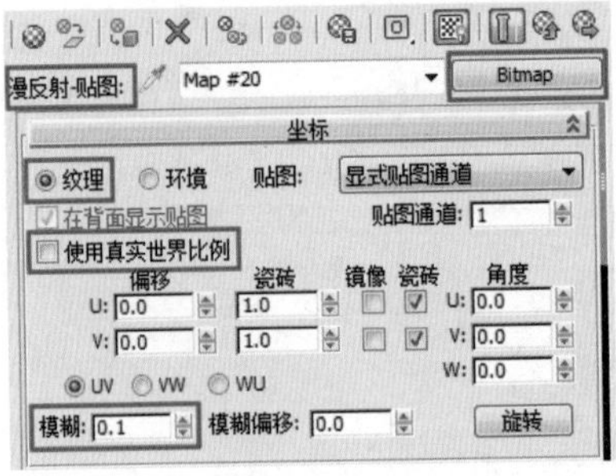

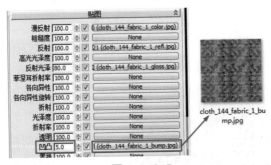

图 4-2-2-4

　　"模糊"值的设定为什么要改为 0.1？默认情况下使用位图作为纹理贴图的时候模糊值是 1，所代表的含义是给位图添加了 1 像素的模糊效果，目的是为了解决位图在使用过程中的一些瑕疵，但是这个模糊的设定会使贴图在渲染时采样降低，导致渲染出来的纹理贴图有一些模糊，0.1 的模糊值设定是笔者的一个个人工作习惯，它可以使贴图在渲染的时候看起来清晰，相当于一个锐化效果的设定，对于大多数漫反射贴图而言，通常都不需要模糊的设定，这样可以在近景特写某些物体的时候，使物体表面的纹理效果更加清晰。

　　最后我们给墙纸材质指定一个凹凸贴图，如图 4-2-2-5 所示，将凹凸的强度设置为 5，位图设置参考上面三组贴图的设定。

图 4-2-2-5

　　这里用了一组图案相同但是色彩不同的位图作为各种贴图，目的是不想用单一的色彩来设置墙纸的反射和反射光泽效果，用这样的方式制作出来的墙纸材质会更加细腻真实，当然所付出的渲染时间也就更多，为了追求真实的材质质感表现，这样的做法还是值得的。在随书光盘的视频教程中会有更加详细的说明，请读者留意。

　　将材质指定给右侧墙面物体，并给墙面物体增加"UVW 贴图"命令，进入"Gizmo"层级选择贴图方式为"平面"，将"真实世界贴图大小"选项勾掉，贴图大小参数设置如图 4-2-2-6 所示。以后贴图坐标的使用方法类似，就不再复述了，请读者查看案例完成场景文件的相应设置。

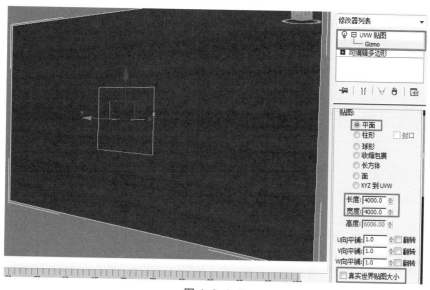

图 4-2-2-6

> **小贴士**
>
> 贴图坐标的指定是为了调整贴图的尺寸、位置以及贴图形式等设定，一般情况下只要用到了位图贴图都需要指定贴图坐标来进行设定，如果没有贴图坐标的设定，将来渲染过程中就可能出现不可预计的错误问题。

■ 天花板材质

天花板的材质是由两部分组成，如果不将天花板的模型进行分离则需要使用"多维子对象材质"来进行天花板材质的制作。如图 4-2-2-7 所示，将材质类型设置为"Multi/Sub-Object"（多维子对象）材质，将材质命名为"天花"，设置多维子对象材质数量为 2，在子材质中将 1 号 ID 材质设为乳胶漆墙面材质，2 号 ID 材质设为墙纸材质。

图 4-2-2-7

下面讲解如何将其他材质设置到"多维子对象材质"的子材质中，如图 4-2-2-8

所示，创建好多维子对象材质后，在"材质编辑器"对话框中选择"wall"乳胶漆材质拖动到 1 号 ID 子材质上，在弹出的对话框中选择"实例"方式，点击确定完成。这时就将乳胶漆材质以实例的方式复制到"天花"材质的 1 号 ID 子材质上，将来调整乳胶漆材质的时候，"天花"材质中的乳胶漆部分也会一同发生变化，这样可以统一白色墙体部分的材质。2 号 ID 部分的墙纸材质做法相同，就不再复述了。

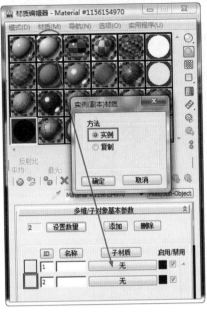

图 4-2-2-8

我们一起来看看天花板部分的模型材质 ID 是怎么划分的。如图 4-2-2-9 所示，天花板外围一圈的多边形面材质 ID 号为 2，剩余部分的材质 ID 号为 1，所以当"天花"这个"多维子对象"材质指定给天花板模型的时候，材质会自动根据 ID 号来匹配材质。

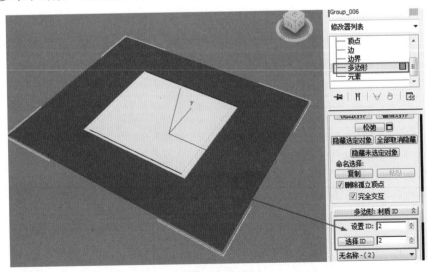

图 4-2-2-9

小贴士

　　对于一个物体上出现多种不同材质的情况，我们通常会使用"多维子对象"材质方法来制作材质，有关于材质 ID 号的划分方法大家可以参考其他相关材料，本书中使用到"多维子对象材质"的地方大家可以参考本小结的方法来查看多边形材质 ID 号的划分方式，以后就不再复述了。

■ 石墙材质

　　如图 4-2-2-10 所示，建立一个"VRayMtl"材质命名为"石墙"，漫反射颜色设置如图，指定如图所示的位图为漫反射贴图，反射颜色设定为亮度 25 的灰色，反射光泽度设定为 0.45，细分值默认为 8，将漫反射贴图复制给凹凸贴图，设置凹凸强度为 30，如图 4-2-2-11 所示。

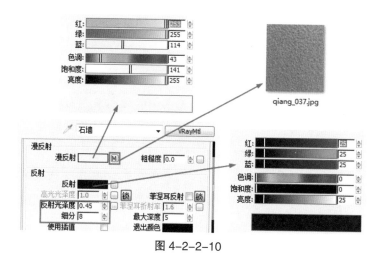

图 4-2-2-10

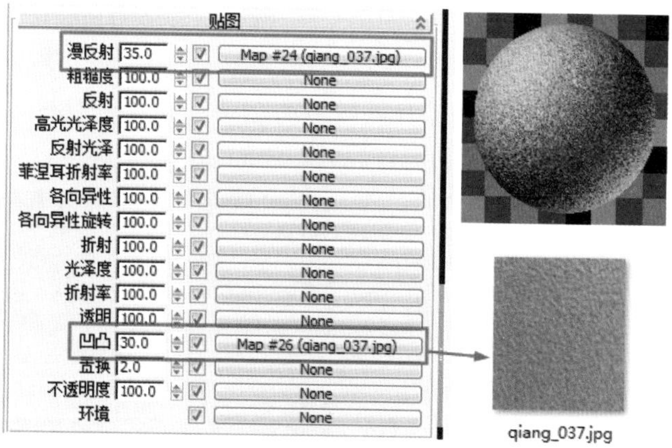

图 4-2-2-11

（1）给材质命名的习惯是一种非常好的工作习惯，目前我们所学习的都还是一些不算复杂的场景，材质的种类并不多，多数时候靠记忆还能将材质与模型对应上，但是对于一些将来可能出现的复杂场景，例如园林小区、城市布局、大型公共空间等，材质的数量可能出现几十或上百种的时候，如果仅凭记忆就很难记得住这些材质是对应什么物体模型，所以养成良好的习惯，在制作材质的初始阶段就给材质命名，这样可以方便以后对材质的识别和修改。

（2）对于石墙的材质为什么漫反射贴图的强度设置为35而不是默认的100，因为这里我们选择的石墙贴图是一张灰色的纹理贴图，而整个场景的色彩风格与灰色的石墙贴图不符合，所以并没有用到完全的纹理贴图效果，这里设置了一个浅黄色的漫反射颜色，再加上35强度的纹理贴图，两种色彩的综合使得材质的颜色看起来呈现为一种浅黄色并带有纹理效果的石墙材质。

（3）大多数情况下材质的凹凸纹理是会配合漫反射纹理效果的，所以这里我们的漫反射和凹凸贴图用的是同一张位图，以后会有很多这种材质制作情况，如果能找到纹理相同但是只有灰度无色彩的位图来作为凹凸贴图是最理想的，例如墙纸材质的凹凸贴图和漫反射贴图的情况，因为只有灰度无色彩的位图在计算凹凸效果的时候更加准确，这个和凹凸贴图的计算原理有关，凹凸贴图是根据色彩的明暗计算凹凸效果的，因此使用灰度图片可以减少色彩对图像的影响，提高渲染计算的精度，并且可以提高渲染效率。

152

■ 大理石瓷砖地板材质

地板材质可以说是本章案例中最复杂的一个材质，主要是它的结构相对比较复杂，由三个部分构成，结构如图4-2-2-12所示。选择一个材质球将其转换为"Blend"（混合）材质，材质1的设定如图所示，只有漫反射的颜色设定为亮度57的灰色，这部分是地板接缝处的深灰色水泥材质的模拟，由于面积非常小，所以就不做过多的细节处理，只有一个颜色的设定。

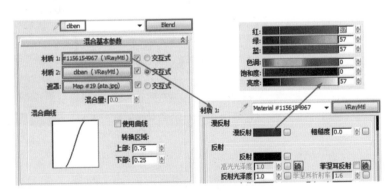

图 4-2-2-12

材质2的设定如图4-2-2-13所示，并在凹凸贴图中设置一张位图用于模拟地板接缝凹凸效果，如图4-2-2-14所示。

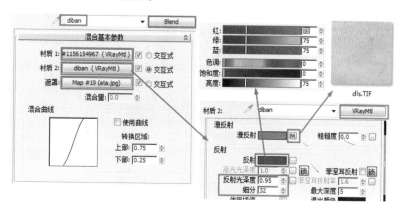

图 4-2-2-13

图 4-2-2-14

材质2是大理石地板材质的主要部分，并且整个画面中地板材质效果的细腻程度将直接影响到整个画面的质感，所以在地板材质的质感上我们务必追求更高的品质，因此在反射细分值的设定中给到32的高设定。

遮罩部分的设定如图4-2-2-15所示，是将材质2中的凹凸贴图以实例的方式复制过来的，这样在调节遮罩贴图的时候，地板的凹凸痕迹会一同发生变化。

图 4-2-2-15

■门框白漆材质

白漆材质在场景中会用到很多地方，如图4-2-2-16所示，包括门窗在内还有画框、墙饰、壁炉的部分等都用到了白漆材质。

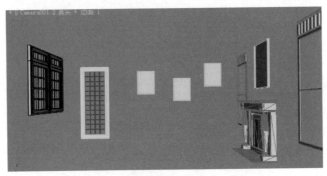

图 4-2-2-16

白漆的材质比较简单，如图 4-2-2-17 所示，将材质类型设置为"VRayMtl"材质，给材质命名为"白漆"，漫反射、反射设置如图，勾选"菲涅耳反射"选项，设置"反射光泽度"值为 0.85，"细分"值为 16，其他参数不变。

154

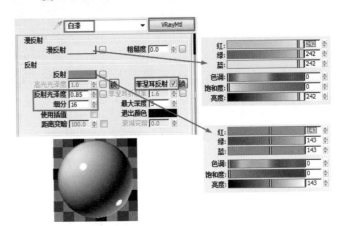

图 4-2-2-17

■ 玻璃材质

墙饰中的两块大面积玻璃材质的做法如图 4-2-2-18 所示，将材质类型设置为"VRayMtl"材质，给材质命名为"glass"，漫反射、反射、折射选项的设置如图，设置"高光光泽度"值为 0.85，"反射光泽度"值为默认 1，"细分"值为 16，勾选折射选项组中"影响阴影"选项。材质效果如图 4-2-2-19 所示。

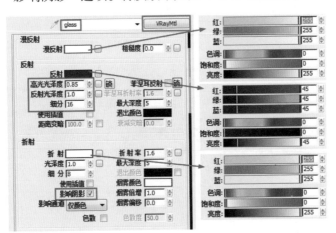

图 4-2-2-18

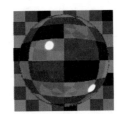

图 4-2-2-19

　　这里为什么解开"高光光泽度"选项的锁定，并给其指定 0.85 的值设定？因为此处打算制作的是一种普通的清澈玻璃材质，那么我们必须将"反射光泽度"的值设为 1 才能保持没有模糊反射的效果，但是这样玻璃则没有高光效果，所以我们解锁"高光光泽度"选项，给它设定 0.85 的值则可以使玻璃看起来具有高光效果。

■ 筒灯灯罩不锈钢材质

　　筒灯灯罩材质是一种标准的抛光不锈钢材质，制作比较简单，如图 4-2-2-20 所示，将材质类型设置为"VRayMtl"材质，给材质命名为"不锈钢灯环"，漫反射、反射设置如图，"反射光泽度"值为 0.95，"细分"值为 24，其他默认。材质效果如图 4-2-2-21 所示。

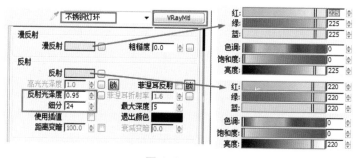
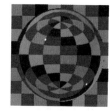

图 4-2-2-20　　　　　　　　　　　　　　　　图 4-2-2-21

■ 筒灯灯芯材质

　　筒灯灯芯材质是 VR 的一种特别类型材质，如图 4-2-2-22 所示，这种材质类型是"VR_发光材质"，设置比较简单，颜色设为纯白，1.0 是它的强度值，其他默认。

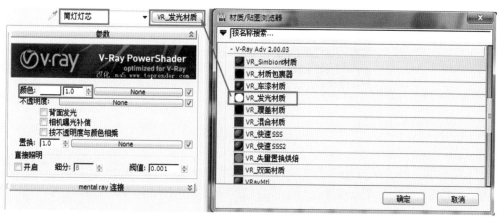

图 4-2-2-22

"VR_发光材质"在早期的版本中我们称之为"VR 灯光材质",它的作用是可以让模型具备灯光的作用,它和 3D 的自发光材质不同。指定这种材质的模型除了自身在渲染中看起来是发亮的以外,它还可以发出真实的灯光效果,对周围的环境或是物体进行照明,并且具备强度的可调性,但是这种模型灯光只有在开启间接照明渲染的情况下才能发生作用。一般在制作一些不规则的灯光效果时我们都会用到这种材质,例如天花板灯槽里的灯光效果是最常见的,在本章的天花板灯槽灯带效果制作中我们就会用到。

■ 踢脚线材质

踢脚线材质和地砖材质类似,如图 4-2-2-23 所示,将材质类型设置为"VRayMtl"材质,给材质命名为"踢脚线",漫反射指定一张大理石纹理贴图,反射设定如图,"反射光泽度"值为 0.95,"细分"值为 16,凹凸贴图指定一张和地砖一样的位图,其他设置默认。

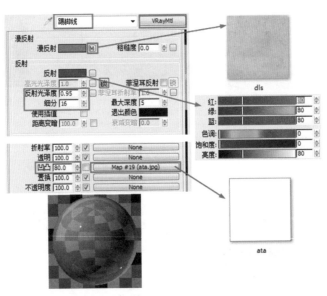

图 4-2-2-23

■ 遮光窗帘材质

遮光窗帘的材质设置如图 4-2-2-24 所示,新建一个"VRayMtl"材质,将材质命名为"遮光帘",漫反射设置 RGB 值为 241,217,161。反射设置为亮度 45 的深灰,"反射光泽度"值为 0.7,折射设置为亮度 20 的深灰,折射率设置为 1.01,勾选"影响阴影"选项。最终材质效果如图 4-2-2-25 所示。

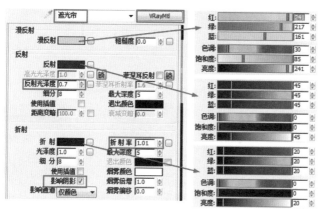

图 4-2-2-24　　　　　　　　　　　　　　　图 4-2-2-25

157

■ 小贴士

　　遮光窗帘的材质是一种浅黄色的布料材质，虽然是遮光窗帘，但是材质也不能做得完全不透光，那样窗帘的质感就会很差，因此这里设置了轻微的折射强度，目的是为了能让窗帘材质有一些透光的感觉，折射率的调整是为了让材质看起来不像是玻璃的那种透明折射效果，1.01 的设定是接近空气的折射率，几乎不产生折射，让材质看起来更像纺织物，"影响阴影"的勾选是为了让窗外的光能穿过窗帘对内部空间产生照明。窗帘材质的制作方法多种多样，这里的遮光窗帘材质是一种很简单的处理方法，下面还将介绍其他样式的窗帘制作方法。

■ 纱窗材质

　　本案中的窗帘是由遮光帘和纱窗帘两部分组成的，下面我们来看看纱窗帘材质的制作方法。如图 4-2-2-26 所示，新建一个"VRayMtl"材质，将材质命名为"纱窗"，漫反射设置 RGB 值为 228、245、158。反射设置为亮度 34 的深灰色，"反射光泽度"值为 0.6，"细分"值为 16，折射设置为亮度 119 的灰色，"折射率"设置值为 1.01。

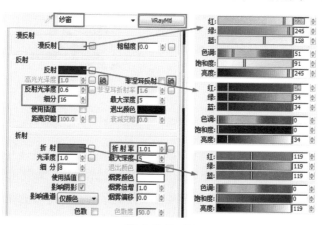

图 4-2-2-26

如图 4-2-2-27 所示，在不透明度贴图上设置一张窗帘花纹的位图，设置位图的"瓷砖"值为 U20、V20。最终材质效果如图所示。

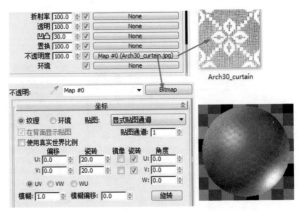

图 4-2-2-27

　　这里的纱窗制作方法和遮光窗帘的材质相似，只是折射强度更大，让纱窗的透明感觉更强烈，不同的地方是在"不透明度"贴图中使用了一张位图，让纱窗材质的透明效果变得不均匀，会根据位图的纹理产生透明度强弱变化，使其看起来像是有花纹的纱窗质感。

158

■ 沙发木质材质

如图 4-2-2-28 所示，新建一个"VRayMtl"材质，将材质命名为"wood"，在漫反射中指定一张木纹的位图贴图，反射设置亮度为 75 的灰色，"反射光泽度"值为 0.7，"细分"值为 24。场景中沙发组合的木质材质除了茶几的桌面以外其余都是这个材质。

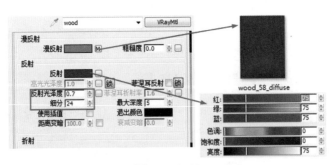

图 4-2-2-28

■ 沙发布艺材质

如图 4-2-2-29 所示，新建一个"VRayMtl"材质，将材质命名为"沙发布艺"，漫反射、反射、反射光泽度以及凹凸分别指定如图所示的位图贴图，"反射光泽度"值为 0.5，凹凸贴图强度为 10。最终材质效果如图 4-2-2-30 所示，本材质的制作技巧及原理和墙纸材质类似。

　　沙发上的靠枕材质都可以参考本材质的制作方法，只是漫反射的贴图选择一些不同纹理的位图即可，其余参数大致相同，这里就不再一一讲解了，读者可以参考最终完成的场景文件自行研究。

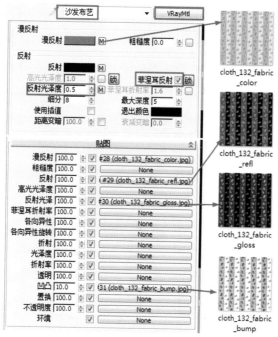

图 4-2-2-29　　　　　　　　　　　　　　　图 4-2-2-30

■ 金色金属材质

　　本案例中基本所有的金属材质都是采用这种金色金属材质，包括沙发及桌子的金属配饰、壁炉金属配饰以及台灯的金属部分。如图 4-2-2-31 所示，新建一个"VRayMtl"材质，将材质命名为"金色金属"，将漫反射设置 RGB 值为 255、132、0，反射设置为亮度 150 的灰色，"反射光泽度"值为 0.75，"细分"值为 24。最终材质效果如图 4-2-2-32 所示。

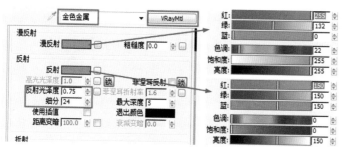

图 4-2-2-31　　　　　　　　　　　　　　　图 4-2-2-32

■ 台灯灯罩材质

如图 4-2-2-33 所示，新建一个"VRayMtl"材质，将材质命名为"灯罩"，将漫反射设置亮度为 245 的灰白色，反射设置为亮度 30 的灰色，"反射光泽度"值为 0.45，"细分"值为 16。折射指定一个"Falloff"（衰减）的程序贴图，折射率为 1.01，"细分"值为 16，勾选"影响阴影"选项。"Falloff"贴图设置前景色和背景色分别为亮度 64 和 22 的灰色，衰减类型为"垂直 / 平行"，衰减方向为"查看方向（摄影机 Z 轴）"。

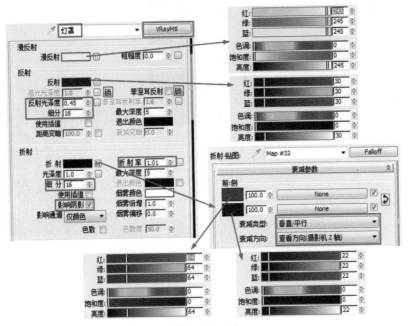

图 4-2-2-33

小贴士

灯罩的材质类似遮光窗帘材质，这里使用了另一种方式来处理透明度的问题，没有设置一个单一的灰色来决定透明程度，用了"Falloff"（衰减）的程序贴图，在衰减贴图中的前景色和背景色中分别用两种深浅不同的灰度来控制透明度，这样会使材质的透明度有一定的变化，会使灯罩材质在观察角度上发生透明程度变化，材质的层次感会更加丰富，以后本书中会出现很多使用"Falloff"（衰减）程序贴图的地方，主要原因都是为了使材质的层次变化更加丰富。

■ 地毯材质

在这个案例中地毯材质的制作比较简单，如果想达到更加真实的地毯效果可以使用 VR 的毛发插件来制作，大家可以参考本书后面卧室的案例。

160

如图 4-2-2-34 所示，新建一个"VRayMtl"材质，将材质命名为"ditan"，给漫反射指定一张地毯纹理的位图贴图，反射设置为亮度 40 的灰色，"反射光泽度"值为 0.45，"细分"值为 16，在凹凸贴图中指定一张纺织物纹理的位图贴图，并设置凹凸强度为 30。材质最终效果如图 4-2-2-35 所示。

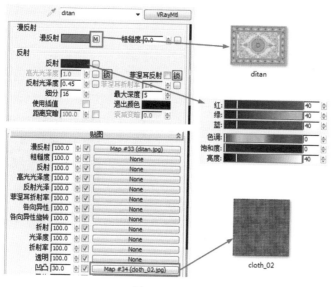

图 4-2-2-34

图 4-2-2-35

■ 吊灯金属

吊灯金属材质和前面的金色金属材质基本类似，都是磨砂金属质感的材质效果。如图 4-2-2-36 所示，新建一个"VRayMtl"材质，将材质命名为"吊灯金属"，将漫反射设置 RGB 值为 142,143,17，反射设置为亮度 120 的灰色，"反射光泽度"值为 0.85，"细分"值为 32。最终材质效果如图 4-2-2-37 所示。

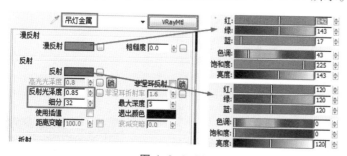

图 4-2-2-36

图 4-2-2-37

■ 吊灯玻璃

如图 4-2-2-38 所示，新建一个"VRayMtl"材质，将材质命名为"灯泡"，将漫反射设置为纯白色，反射指定"Falloff"（衰减）程序贴图，衰减贴图的前景色为亮度 40 的深灰，背景色为亮度 218 的浅灰色，折射设置为亮度 180 的灰色，勾选"影响阴影"

选项。最终材质效果如图 4-2-2-39 所示。

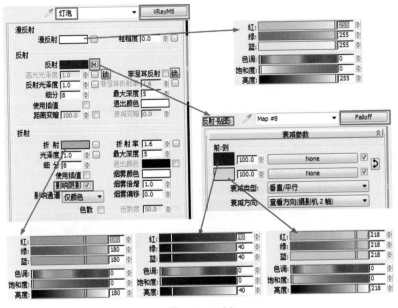

图 4-2-2-38

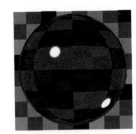

图 4-2-2-39

162

■ 吊灯水晶吊坠材质

如图 4-2-2-40 所示，新建一个"VRayMtl"材质，将材质命名为"水晶吊坠"，将漫反射设置为纯白色，反射设置亮度为 67 的深灰色，"高光光泽度"值为 0.85，折射设置为纯白色，烟雾色设置 RGB 值为 197、197、255 的灰蓝色，折射率值为 1.8。最终材质效果如图 4-2-2-41 所示。

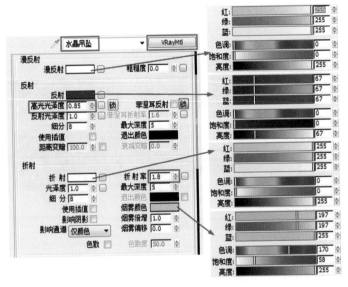

图 4-2-2-40

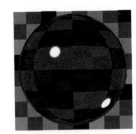

图 4-2-2-41

■ 小贴士

　　水晶吊坠的材质与普通玻璃材质类似，但是这个材质的折射率比玻璃材质的折射率要大。除此之外，这个材质是一种带有颜色偏向的透明材质，而大多数情况下，我们制作带有颜色的透明的材质并不是用漫反射的颜色设定，因为当材质的折射效果很强或是完全折射的时候，材质自身的漫反射颜色就不发生作用了。这里产生颜色偏向的设定是通过"烟雾颜色"这个颜色设定的，这个"烟雾颜色"的色彩设定将来会根据指定这个材质的模型产生透明物体色彩退晕效果，更加符合带有色彩的透明物体特性，所以大多数时候在制作类似蓝色水晶、茶色玻璃等这些有颜色的折射物体时都会参照本材质的制作方法。

■ 壁画材质

　　如图 4-2-2-42 所示，新建一个"VRayMtl"材质，将材质命名为"画板 2"，漫反射指定一张壁画位图贴图，反射设置亮度为 30 的深灰色，"反射光泽度"值为 0.5，"细分"值为 16。本案例中的其他壁画材质做法相同，只是漫反射贴图中的图案不同，这里就不一一讲解了。

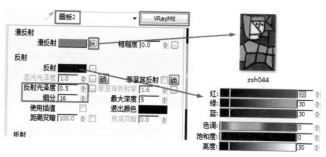

图 4-2-2-42

　　到此本案例中主要材质基本讲解完毕，部分室内装饰物，例如茶几上的茶具、壁炉上的小饰物以及装饰植物等都是从模型库中调用的时候已经包含材质，大家可以自己将材质吸取出来研究，这里就不再过多讲解了。

　　对于初学者来说，在材质的制作过程中很少是全部材质一次性做完的，很多时候是边制作材质边测试渲染观察材质的效果，这样可以减少材质制作错误。但是对于有经验的制图人员来说，这样做是非常浪费时间的，大多数时候是全部先给一个初步材质，在两三次的测试过程中调整材质，然后再进行最终渲染。经验越丰富的制图人员对初步给定的材质把握越准确，测试和修改的次数就越少，所以希望大家多做练习和测试，尽快地积累经验。

　　由于材质和灯光之间的关联紧密，相同的材质在不同的灯光下会呈现出很大的差异，所以我们通常是材质、灯光相互结合地进行调节，这样才能更准确地对材质进行把控。在下一个章节中我们将讲解本案例的灯光制作，期间还可能会对材质做进一步的调整。如果读者发现随书光盘中的最终案例文件中的材质和本节所讲的材质参数有不同之处，这是非常正常的现象。

4.2.3 灯光制作技巧详解

本节开始讲解灯光制作过程，讲解过程中主要包含灯光制作思路以及灯光测试技巧，这部分的经验介绍对于初学者来说是非常宝贵的，希望读者能够认真理解和体会。作为一张效果图的表现，灯光的作用占有非常重要的地位，而灯光做得是否合理，布光的思路就起着决定性的因素。

首先我们来观察一下没有制作灯光前的场景，如图4-2-3-1所示，本案例打算制作一种日景效果，考虑到案例中门窗的位置，这个场景如果有阳光投射的效果会更加生动，因此本案例是自然光源和人造光源相互结合的场景。既要充分表达日景光照效果又要结合室内筒灯光照，所以在布光思路上我们应该采取自然光为主光源，人造光为辅助光源。

图 4-2-3-1

在决定了布光思路后我们开始着手灯光制作的顺序，首先是制作模拟天空光的面光源，一般情况下我们在制作模拟天空光的面光源的时候会有一个习惯，凡是和外界相通的地方就会有模拟天空光的面光灯，例如本案例中的窗口、门口，并且是窗口有多大，灯光面积就有多大。

不过这种习惯也不是绝对的，可以根据情况适当调整，例如本案例中并没有制作门口附近的面光源来模拟门口天空光的效果，是不是就不需要制作这个灯呢？也不是不需要，没有制作面光灯的原因是本案例中主光的方向包括阳光的方向都是从窗口一侧进入室内的，为了保持阴影效果的一致性，如果门口的灯光太强了，会导致室内家具的阴影效果方向不统一，显得杂乱无序。如果制作了门口的面光灯，把它调整得比较弱一些，其实也可以更好地表达光影效果，只是我们在制作过程中发现门口的灯光对室内的影响不是很重要，所以才没有制作，这样在渲染效率上也会得到提升。

如图4-2-3-2所示，我们在窗口外靠近窗口处制作一盏VR的面型灯光，灯的大小约和窗口的大小相似，灯光的参数设置如图4-2-3-3所示，灯光倍增器值为10，勾选"不可见"选项，将"影响反射"选项勾掉，采样选项中的"细分"值设定为 40，灯光的颜色设定 RBG 值为 198、198、255 的浅蓝色。

图 4-2-3-2

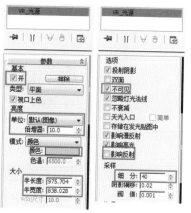

图 4-2-3-3

小贴士

　　灯光的颜色选择要根据多种因素来考虑，这里的灯光是模拟天空光的，因此颜色应该偏蓝色，并且室内的整体色彩风格是偏暖色调的，如果灯光的颜色也偏暖，就会造成整个画面偏暖色很严重，因此这里的灯光颜色比常见的天空光色彩更加偏蓝一些，目的就是为了中和一下色温感觉。

　　灯光细分值设置到 40 的原因是因为本案例中窗口的灯光是整个案例的主光源，阴影效果的主要来源，它的细分采样不够充分会导致阴影效果不理想，渲染结果容易出现噪点。如果计算机配置高的读者还可以继续增强这个细分值到 50 左右，但是计算机配置不理想的读者这里可以降低到 32 左右来加快渲染速度，但是在测试渲染阶段，建议大家使用默认的 8 会大大提高测试效率。

　　下面我们来测试一下这个天空光加入之后的场景效果，在测试之前我们需要做一些设定来加快测试渲染的速度，这部分根据个人的经验以及工作习惯不同会有比较大的出入，所以读者在学习时要灵活对待。

　　首先材质制作完成的场景在测试的时候会因为材质的影响导致渲染时间比较长，这里我们对场景材质先进行一个简化，目的只是为了测试灯光的话，我们可以将整个场景的材质都设置成一个简单的单色材质，这样会大大提升渲染效率。由于我们在制作效果图的过程中经常会制作一些线框图来表达场景的结构布局，所以也就借此机会来讲解一下线框图的制作方法。

　　首先我们制作一个线框材质，如图 4-2-3-4 所示，新建一个"VRayMtl"材质，将材质命名为"线框材质"，设置漫反射为亮度 220 的浅灰色，给漫反射指定一个"VR_线框贴图"的程序贴图，设置线框颜色为纯黑色，厚度为 1 像素。

图 4-2-3-4

> **小贴士**
>
> 漫反射设置为 220 的灰色是个人经验的总结，一般来说，我们看到大多数场景在材质的影响下，综合整体亮度大约相当于 180~220 之间的亮度平均值，这个场景以浅色调为主，整体亮度是偏高的，所以材质的亮度设置为 220 来做灯光测试，和将来开启材质渲染后对比明暗差异不会太大。

如图 4-2-3-5 所示，在渲染面板的 "V-Ray:: 全局开关" 卷展栏中，将刚才做好的线框材质拖动到 "替代材质" 中，这样场景中所有的材质将会被线框材质替代掉，将来我们将 "替代材质" 选项勾掉，所有物体将会恢复其本来的材质效果。

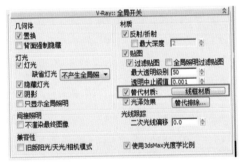

图 4-2-3-5

接下来我们调整一下渲染面板的各项参数，调试一个比较适合我们效率测试的参数，此处大家看图，对于没有说明的地方我们都是保持默认渲染参数。首先设置渲染的尺寸，如图 4-2-3-6 所示在渲染面板的公用选项卡中将渲染图大小调为 800×500 像素。如图 4-2-3-7 所示开启 VR 自带帧缓存窗口。如图 4-2-3-8 所示关闭图像采样中的抗锯齿设定，颜色映射的类型设置为 "VR_指数" 选项。如图 4-2-3-9 所示开启间接照明，分别设置 "发光贴图" 和 "灯光缓存" 为首次和二次反弹引擎。如图 4-2-3-10 所示发光贴图设置中选择 "当前预置" 选项为 "非常低"，勾选 "显示计算过程" 选项。如图 4-2-3-11 所示，将灯光缓存设置中细分值设置为 200，勾选 "显示计算状态" 选项。

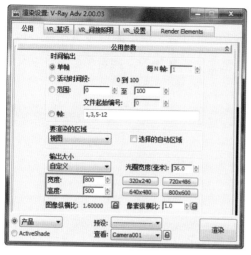

图 4-2-3-6

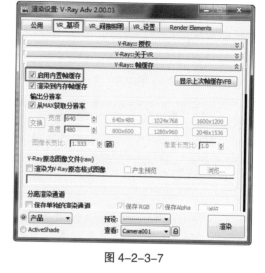

图 4-2-3-7

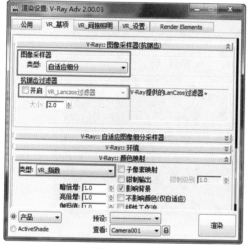

图 4-2-3-8

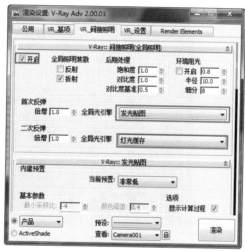

图 4-2-3-9

167

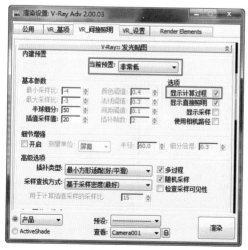

图 4-2-3-10

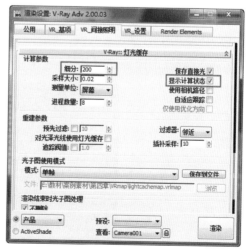

图 4-2-3-11

点击渲染按钮，如图 4-2-3-12 所示，经过等待我们可以看到 VR 的渲染帧窗口中最后的测试渲染图，通过开启图中标记的选项我们可以看到渲染图的下方出现一栏信息，显示我们的渲染时间为 13.1 秒，这个渲染速度是非常快的，随着参数发生变化，渲染的时间也会有所不同。

▌▐ 小贴士

　　这里的渲染时间会因为计算机配置的不同而有所差异，本案例制作需要的计算机配置在第 3 章中已列出，读者可以自行参考。如果发现渲染时间有差异是正常的。

图 4-2-3-12

　　我们看到的测试结果画面很暗，明暗细节不够清楚，对于这种结果我们可以通过修正颜色映射中的参数来调整，如图 4-2-3-13 所示，将暗倍增和亮倍增均设置为 3。再次渲染得到如图 4-2-3-14 所示渲染结果。

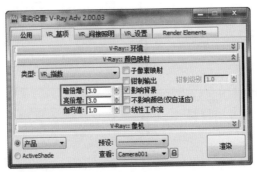

图 4-2-3-13

图 4-2-3-14

渲染结果我们可以看到，画面的整体亮度得到提升，基本的明暗关系得到很好的改善，渲染的时间也增加到了 41.3 秒。

由于线框材质的影响，例如沙发、窗帘等物体的表面多边形较多，渲染时线条较为密集，所以看起来沙发等物体基本上是一片纯黑色，这里我们将线框材质的线条贴图去掉，改为一个单色的材质，再次渲染得到的结果如图 4-2-3-15 所示。

图 4-2-3-15

从测试结果我们可以看到，场景的明暗基本满足我们的需求了，虽然还是有些偏暗，但是这时我们还有没有完成的灯光，以及最终材质并没有开启，这个测试只能作为一个初步参考。

接下来我们制作阳光效果，如图 4-2-3-16 所示，在创建灯光命令面板中选择"VR_太阳"，在场景中创建一个 VR 阳光，位置如图 4-2-3-17 所示，阳光的参数如图 4-2-3-18 所示，在创建阳光的同时会弹出如图 4-2-3-19 所示对话框，点击"是"在场景环境中添加一个 VR 的天空环境。

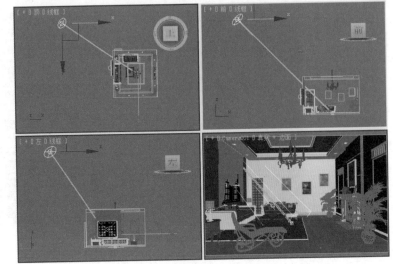

图 4-2-3-16

图 4-2-3-17

图 4-2-3-18

图 4-2-3-19

如图 4-2-3-20 所示，在自动添加"VR_天空"环境贴图后我们可以在渲染菜单中打开"环境和效果"对话框，我们看到在"环境贴图"中已经有了一个"DefaultVRaySky(VR_天空)"环境贴图。

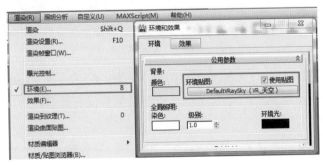

图 4-2-3-20

将环境贴图拖动并以实例的方式复制到一个材质球上，如图 4-2-3-21 所示，单击"太阳节点"后面的按钮选择我们在场景中的太阳灯光，将场景中的 VR_太阳绑定到 VR 天空环境，并设置"阳光强度倍增"值为 0.06。到此我们则做好了阳光的设定。

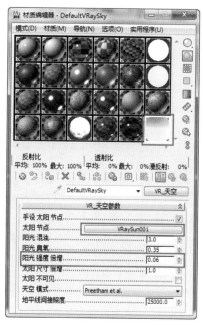

图 4-2-3-21

　　接下来我们测试渲染一下加入阳光后的效果，如图 4-2-3-22 所示，阳光的加入使得整个场景的光影效果更加生动。阳光的角度会造成投影的角度不同，并且 VR 阳光还有一个特性，阳光投射与地平面的夹角变化会使阳光的色温发生变化，这和真实自然界的现象是相符合的，大家在日常生活中观察到的阳光在一天中不同时间段色温是不同的，例如中午和黄昏的阳光就明显感觉不同，这里大家可以自行调整阳光的角度来进行测试，自己积累一些经验。

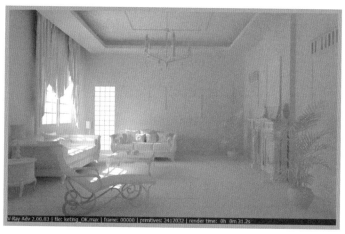

图 4-2-3-22

　　接下来我们开始加入室内部分的人造光源，在室内的人造光源主要有两种，一种是筒灯的投射照明，另一种是天花板灯槽部分的灯带照明。我们先讲解一下灯槽部分的灯光制作方法。灯带我们采取的是利用 VR 的灯光材质模拟灯带发光效果，这里我们首先制作一个将来用于发光的灯带物体。

如图 4-2-3-23 所示，我们利用样条线加挤出命令制作一个藏在灯槽上方的方框几何体，图中黄色部分的物体就是我们将要模拟灯带的发光物体。由于模型建模方法比较简单，这里就不详细讲解建模方法和过程了，大家可参考最终完成的案例场景文件自行制作。

图 4-2-3-23

如图 4-2-3-24 所示，新建一个"VR_发光材质"，颜色设定为 RGB 值 255、

255、109 的浅黄色，并设置强度为 5，开启"直接照明"，并设置细分值为 32。

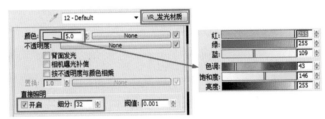

图 4-2-3-24

如图 4-2-3-25 所示，我们看到天花板的灯槽部分已经有些轻微的黄色照明效果出现，虽然强度不是很高，但是效果还是看得很清楚的，这里我们暂时不调整其强度，同样是因为目前没有材质，在加入材质效果之后再细调灯光。

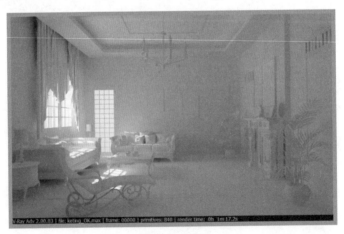

图 4-2-3-25

　　下一步我们开始制作场景中筒灯照明的效果，这里我们使用的是 VR 的 IES 光度学灯光，如图 4-2-3-26 所示，在场景中筒灯模型的下方创建一个"VR_IES"灯光，参数设置如图 4-2-3-27 所示，指定文件名为 001.ies 的广域网文件给"VR_IES"灯光，设置"形状细分"值为 24（这个值类似灯光的采样细分值），灯光的颜色设置为 RGB255、245、178 的浅黄色，"功率"值设定为 1000（这个值类似灯光强度值）。

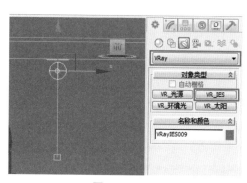

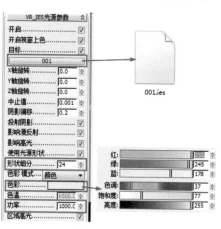

图 4-2-3-26　　　　　　　　　　　　　　　　　　　图 4-2-3-27

　　使用实例复制的方式将刚才创建出来的"VR_IES"灯光复制到对应的筒灯模型下方，分布效果如图 4-2-3-28 所示。

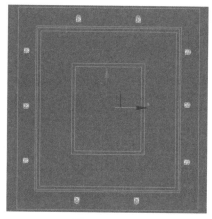

图 4-2-3-28

小贴士

　　细心的读者可能发现，本案例的"VR_IES"灯光并非全部是很整齐地对应在筒灯模型的下方，有些"VR_IES"灯光和筒灯模型是有一定偏移的，这是由"VR_IES"灯光的特点造成的，"VR_IES"灯光是自带衰减设定的，我们使用这个灯光的目的主要是为了产生墙壁上筒灯照明的光纹效果，其次才是它的照明作用，而"VR_IES"灯光在墙面的光纹效果与灯光离墙壁的距离有着很大的关联，这是因为"VR_IES"灯光的衰减原因造成的，为了产生更美观的光纹效果，有时需要将灯光的位置做适当的调整，不一定要对齐筒灯模型的位置。

完成室内筒灯照明的模拟，我们测试渲染得到如图 4-2-3-29 所示效果。

图 4-2-3-29

我们观察到原本靠近镜头的空间比较暗的地方现在亮度也比较充分了。整个画面的亮度都由于室内筒灯照明的模拟得到了明显的提升。不过由于材质并未引用，所以现在的效果还只能作为一个初步的参考。在下一个环节中我们将结合场景的材质设定做进一步的测试渲染。

为减少后期窗外配景制作的工序，这里我们直接在场景中添加一个窗外的背景板，指定一张环境位图给背景板，这样在渲染的过程中就直接完成了门窗外的背景处理。如图 4-2-3-30 所示，在门窗外创建一条弧线，并给弧线添加挤出修改命令，得到如图 4-2-3-31 所示的一个弯曲的面。注意模型面朝向的问题，可以通过添加"法线"命令来调整背景板面正反的问题。

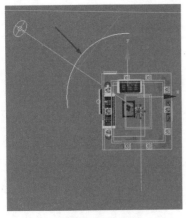

图 4-2-3-30

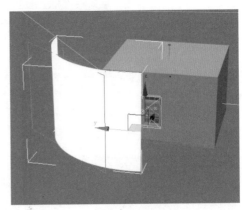

图 4-2-3-31

如图 4-2-3-32 所示，制作一个"VR_发光材质"并制定一张风景图片作为颜色贴图，颜色强度值大小可以根据测试结果来调节，使门窗外的景色亮度合理即可。将这个材质指定给我们的门窗外背景板物体。并给背景板物体设置贴图坐标，调整好贴图在门窗中所看到的位置。

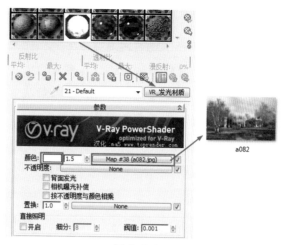

a082

图 4-2-3-32

这里需要提醒大家注意一个问题，这个窗外背景板所在的位置是会对阳光进行阻挡的，会造成阳光不能穿越背景板透射到室内，因此需要对它进行一些特殊的处理。一般有两种处理情况，第一种是使用灯光排除的方法，在阳光中排除背景板的投影，这样背景板就不会对阳光进行阻挡；第二种是修改背景板自身属性，如图 4-2-3-33 所示，选择背景板物体，单击鼠标右键，在弹出的菜单中选择"对象属性"选项，打开如图 4-2-3-34 所示对话框，将背景板的"接收阴影"和"投影阴影"选项都勾除，这样背景也就不会对阳光进行阻挡了。

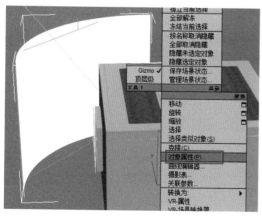

图 4-2-3-33

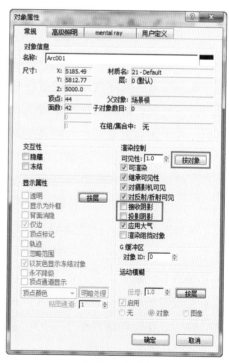

图 4-2-3-34

┌─ 小贴士

　　背景板阻挡阳光的问题非常常见，无论选择哪种处理方式，我们的目的是一致的，让阳光能够顺利地投入到室内，对于以后章节的案例，我们就不再重复这个问题了，至于是用哪种方法来解决背景板阻挡阳光的问题，大家可以参考光盘中场景文件来自行学习。

　　测试渲染的结果如图 4-2-3-35 所示，我们可以看到门窗外背景已经有了一些景色效果。如果觉得亮度不合适可以继续调整材质，如果觉得背景位置不满意可以调整背景板贴图坐标。这里就不一一演示了，大家参考光盘教学视频来学习。

图 4-2-3-35

　　本小结讲解了灯光制作的过程和技巧，大家在学习过程中重点要掌握的是布光的思路，首先要想清楚这个场景要表现的是什么时间段的照明效果，分析场景中光源的来源。对于初学者来说，在灯光的制作过程中，每增加一次光源都测试一次是非常有必要的，因为大多初学者最容易出现错误的地方就是灯光制作过程中非常容易出现曝光，每增加一次的光源都经过测试就可以很明确地知道是哪个环节、哪个光源出现了问题，这样就不至于当所有灯光都做完了才发现错误再重头查找了。

　　本案例在灯光测试渲染的过程中大家可以发现，每次渲染的时间基本控制在 1 分钟左右，虽然测试图中有比较严重的噪点现象，画面的图像品质不高，但是这样的测试效率是不会浪费太多时间的，并且我们基本能够通过测试的结果很准确地看到灯光效果。随着场景制作进度的深入，测试的时间有可能越来越久，建议大家在测试渲染的时候尽量在能看清自己想要的信息的前提下，将渲染时间控制在 2~3 分钟左右，这样可以提升大家制图的效率。

4.2.4 渲染测试技巧详解

在上一个小节中我们就已经涉及测试渲染的一些知识了，本小节将针对测试渲染中的一些经验和技巧进一步加以说明，希望大家能够更加深入了解到 VR 渲染插件的渲染效率和哪些因素有关。

首先我们使上一小节中最后的测试参数保持不变，将场景中所有模型的自身材质开启，并且将灯光采样细分参数设置为默认值，再来看看测试渲染的效果。如图 4-2-4-1 所示设置渲染参数，其余没有特别说明的参数保持系统默认值。

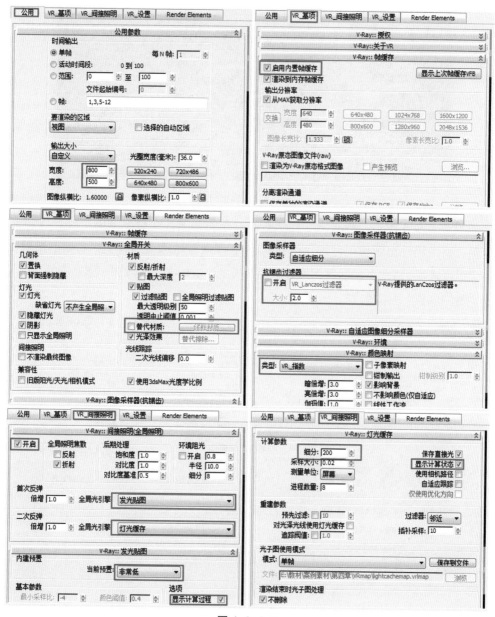

图 4-2-4-1

177

测试效果如图 4-2-4-2 所示，这次的渲染测试用时 20 分 34 秒，这种测试的时间是不可以接受的，虽然图像的品质已经接近最终渲染品质，但每次测试时间都要这么久，对于初学者而言，一张效果图制作过程可能有十几次甚至是几十次的测试，这样将会耗费太多的渲染测试时间。

图 4-2-4-2

如图 4-2-4-3 所示，针对刚才测试时间过长的问题，保持之前的渲染参数做出少量调整，将渲染输出图像尺寸缩小为 600×375 像素，勾选全局开关中材质的反射/折射最大深度选项，将图像采样类型设置为固定模式，在 DMC 采样器中调整"自适应数量"以及"噪波阈值"两项参数。

图 4-2-4-3

再次渲染测试的结果如图 4-2-4-4 所示，本次测试用时 1 分 44 秒，渲染的时间极大地缩短，不到上次渲染时间的 10%，可见刚才所调整的这些参数对渲染时间的影响非常大，而这种渲染的效率才是合理的。其次，本次渲染测试的图像品质虽然较上次变得更差，但是基本上我们还是能够很清晰地观察到材质的效果以及灯光的效果，这也是前文中提到的，在保证能够看清我们想要信息的前提下，尽可能地压缩渲染的时间。

图 4-2-4-4

经过这次测试我们可以发现天花板灯槽部分的亮度有些过高，需要对灯带物体的材质进行调整，如图 4-2-4-5 所示，将灯带物体的"VR_ 发光材质"的强度由初始设定的 5 改为 3。

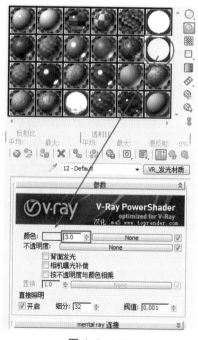

图 4-2-4-5

修改完成后再次进行测试，这一次测试我们利用 VR 帧缓存器的工具继续压缩渲染时间，如图 4-2-4-6 所示，点击"V-Ray 帧缓存"窗口工具栏中的标注按钮，将当前的渲染结果复制一份到 3D 的帧缓存窗口中，以便下次测试渲染做对比之用。

图 4-2-4-6

如图 4-2-4-7 所示，点击"V-Ray 帧缓存"窗口工具栏中的"区域渲染"按钮，并用鼠标拖动选择天花板附近的区域，如图中红线框所示范围，点击渲染按钮再次测试。

图 4-2-4-7

这次渲染大家可以发现，只是渲染我们刚才指定的区域，渲染速度明显有了很大的提升，如图 4-2-4-8 所示，本次渲染只用了 8.7 秒，在测试图中对比上一次的渲染结果，我们可以看到天花板的亮度明显地降低了。

图 4-2-4-8

　　这种区域渲染的方式适合于小范围调整后的快速测试，例如局部灯光效果测试、材质修正测试等，它的优点就是不用计算全部图像，只渲染指定范围，是测试中最有效率的一种方法。

　　还有没有其他的设定可以继续压缩渲染时间呢，就目前的效果而言，基本在图像品质和测试渲染速度上都是可以接受的，如果继续降低渲染品质参数，有可能导致测试图中的信息不够准确，测试结果反而不能作为判断依据，这样的测试则是无意义的。如图 4-2-4-9 所示，在现有的参数基础上我们关闭"区域渲染"，如果场景内有置换贴图的材质设定，我们可以关闭置换加快渲染，将"过滤贴图"选项关闭，将"光泽效果"关闭，再次渲染。

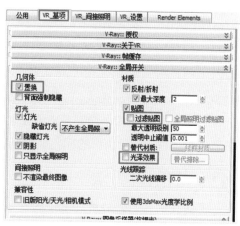

图 4-2-4-9

　　如图 4-2-4-10 所示，这一次全部场景的渲染时间由原来的 1 分 44 秒减少到 1 分钟，时间再次缩短，但是我们看到的渲染结果中，材质的细节丢失很严重，如果仅仅只是测试场景的灯光明暗效果还是可以接受的，但是材质细节的渲染结果基本失去参考意义，所以这一次的参数调整是不合理的。

V-Ray Adv 2.00.03 | file: keting OK2.max | frame: 00000 | primitives: 2411962 | render time: 0h 1m 0.2s

图 4-2-4-10

本小节的内容主要针对渲染测试过程中的一些技巧进行探讨，关于影响渲染时间的因素还有灯光的品质采样以及材质细节采样，这些都会对渲染时间有很明显的影响，对于初学者经验不足的情况，建议大家在制作灯光和材质时可以先保持系统默认的品质采样参数，在最终渲染的时候进行整体提升，这样也是加快测试效率的一种好办法。

下一个小节我们将针对最终渲染的技巧进行讲解，在最终渲染中如何提升效率也是一名专业的设计人员所必须掌握的。

4.2.5 成品图渲染技巧详解

在上一个小节中我们经过多次的测试，本上对场景的渲染结果还比较满意，虽然最终测试结果图像的亮度有一些偏暗，整体画面有些发灰，但是这些并不需要进一步在 3D 中调整，我们可以通过后期 Photoshop 调整，这些问题都是可以很容易解决的。出效果图的时候应该把握的原则是，在明暗对比关系正确的基础上"宁暗勿亮"，色彩对比在正确的基础上画面色彩饱和度"宁低勿高"。因为画面整体偏暗可以用 Photoshop 加亮，但如果画面整体偏亮，须要在 Photoshop 中调暗的话，就有可能使暗部细节丢失严重，对于色彩的问题上也是这个原因。

■ 光子图计算方法

下面我们开始讲解最终渲染的参数调整。首先需要设定渲染图的尺寸，这里要先说明一下，高画质的渲染速度是比较慢的，如果需要渲染大尺寸的图，例如长宽达到3000以上像素的时候，一般我们不会直接渲染最终图，而是先渲染一个小一点尺寸的图，将渲染过程中的"光子图"文件保存下来，在渲染大尺寸图的时候调用，这样可以节省大量的渲染时间。

如图4-2-5-1所示，在渲染设置面板的"公用"选项卡中设置输出大小为800×500像素的宽和高。如图4-2-5-2所示，勾选渲染输出的"保存文件"选项，设置一个保存位置并给文件命名，图像输出的格式最好是tga或者tif等有通道信息的格式，以便于以后Photoshop后期的调整。勾选"渲染帧窗口"选项，开启3D自带帧缓存窗口。

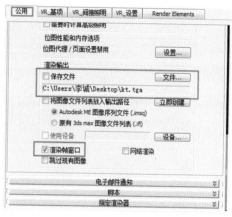

图4-2-5-1　　　　　　　　　　　　　　图4-2-5-2

小贴士

（1）在渲染小图的时候选择输出尺寸是有一定限制的，因为我们要利用小图渲染的"光子图"文件进行大图渲染，而大图渲染时调用的光子图文件如果是太小的渲染图中的光子图文件，就有可能因为细节不足而导致渲染结果有问题。一般情况下，渲染多大的小图来进行光子图文件计算比较合理呢？这里我们是有一个缩放比例的，这个比例是1：6。也就是说，调用光子图的时候，图像放大的倍数要控制在6倍以内。例如这里我们把输出尺寸设置为800×500像素，将来我们调用光子图文件渲染大图的尺寸最大可以达到4800×3000像素，这样的尺寸应付高精度的印刷是没有问题的。

（2）文件输出格式的问题希望大家能够自己查找相关资料，去了解不同文件格式的区别，这里我强调需要保存图像的格式为tga或者tif以及png格式都是合理的，因为这些图像格式包含通道的相关信息，并且在图像文件压缩上做到了无损压缩，这些都是后期Photoshop处理所必须具备的条件，有很多人习惯将渲染的结果保存为jpg格式的文件，这种格式的图片是经过压缩优化的，它的图像文件数据量比较小，适合传阅，但是并不适合后期处理，jpg格式的图像经过压缩，图像细节有损失，其次它不包含通道信息，不便于后期Photoshop处理。

（3）开启 3D 自带帧缓存窗口的原因是，VR 插件早期有一个程序 BUG，在开启 VR 帧缓存窗口渲染大尺寸图的时候，当渲染结束后点击保存图像按钮会弹出一个报错信息，显示无法保存位图，这样我们辛苦等待的渲染结果就白白浪费了，虽然这个错误并不是一定会出现，而且出现的概率非常的小，但是使用 3D 自带帧缓存就可以有效地避免这个程序 BUG 的出现。

如图 4-2-5-3 所示，前面开启 3D 自带的帧缓存器，这里我们关闭"V-Ray:: 帧缓存"卷展栏中的"启用内置帧缓存"选项。如图 4-2-5-4 所示，"V-Ray:: 全局开关"卷展栏中保持初始默认设置。

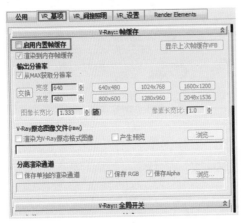

图 4-2-5-3

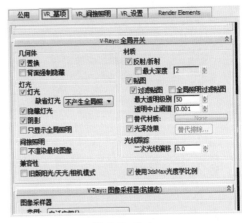

图 4-2-5-4

如图 4-2-5-5 所示，在"V-Ray:: 图像采样器（抗锯齿）"卷展栏中将采样类型设置为"自适应细分"，抗锯齿选项开启并选择类型为"VR_Lanczos 过滤器"。"V-Ray:: 颜色映射"卷展栏中设置类型为"VR_ 指数"，"暗倍增"和"亮倍增"均设为 3.0。

如图 4-2-5-6 所示，开启 VR 的间接照明，设置首次反弹引擎为"发光贴图"，二次反弹引擎为"灯光缓存"。

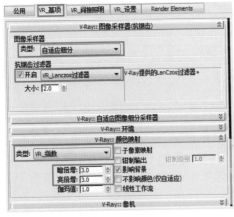

图 4-2-5-5

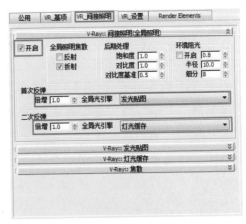

图 4-2-5-6

如图 4-2-5-7 所示，"V-Ray:: 发光贴图"卷展栏中"当前预置"设定为"高"，如果计算机配置不高，可以降低一级选择"中"。"显示计算过程"选项在最终渲染时可以不用勾选，这个选项对渲染速度基本没有影响，不用太在意。"细节增强"选项开启。"光子图使用模式"选择"单帧"模式。在"渲染结束时光子图处理"选项组中勾选"自动保存"并设置光子图文件保存路径及文件名。

如图 4-2-5-8 所示，"V-Ray:: 灯光缓存"设定"细分"值为 1200，"显示计算状态"选项可选可不选，在"重建参数"选项组中勾选"预先过滤"选项。"光子图使用模式"选择"单帧"模式。在"渲染结束时光子图处理"选项组中勾选"自动保存"并设置光子图文件保存路径及文件名。

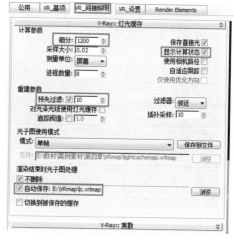

图 4-2-5-7   图 4-2-5-8

如图 4-2-5-9 所示，在"V-Ray::DMC 采样器"卷展栏中设置"自适应数量"值为 0.85，计算机配置较高的读者可以将此参数设置得更小一些，例如 0.8 或者 0.75。"噪波阈值"设置为 0.005，"最少采样"设置为 16。

图 4-2-5-9

到此我们的最终渲染参数全部设置完毕，没有提到的参数全部保存 VR 渲染面的默认值设定。接下来我们不要急于点击渲染按钮开始渲染，由于这一次的设定参数比较高，渲染时间会比较久，而且渲染过程中我们的计算机是全负荷运行，所以建议大家保存一下文件，重启一下计算机，将可能影响渲染的程序全部关闭，例如屏幕保护程序以及杀毒软件和防火墙等全部停用，虽然这些准备工作不是必须的，但是对于以后用几个小时渲染大尺寸图的时候，如果中途出现意外，导致渲染无法完成，就有些得不偿失了。做好准备后我们开始渲染，利用这个时间出去运动一下或者休息一下吧。

经过大约一个多小时的渲染时间，我们的效果图渲染出来了，如图 4-2-5-10 所示，画面的品质非常细腻，不足的地方是前文中讲到的色彩和明暗问题，这个问题我们可以通过 Photoshop 后期处理来解决。对于一张长宽尺寸不到 1000 像素的效果图而言，渲染时间已经达到 1 个小时以上，这个效率是比较低的了，除了渲染参数设置比较高以外，主要原因是我们场景中的材质细节设置得相对较高。至于渲染效率和图像品质之间的取舍，大家可以根据实际情况随机应变。

图 4-2-5-10

■ 调用光子图的方法

下面我们来介绍一下渲染大尺寸图的方法，在前面渲染 800×500 像素效果图的同时我们是保存了光子图文件的。如图 4-2-5-11 所示，"Irr.vrmap" 和 "lc.vrlmap" 两个文件就是我们上次渲染小尺寸最终图时所保存下来的光子图文件。

图 4-2-5-11

小贴士

（1）调用光子图渲染除了要进行渲染输出尺寸的调整以外，尽可能地不要调整渲染面板中的参数。

（2）光子图生成之后，不要调整场景中的灯光，如果调整灯光必须要重新计算光子图文件，须调用调整灯光之后计算出的光子图文件进行渲染。

（3）如果场景中有材质的调整也需要重新计算光子图。

总之，给大家的建议就是，调用光子图渲染的时候，除了须要改变一下渲染尺寸，其他内容最好别再做任何调整。这就要求大家在为渲染小图计算光子图文件的时候，看清楚是否还需要做其他调整。因为灯光、材质的调整都会使光子图发生变化，如果不重新更新光子图文件就会造成前后矛盾，渲染出来的结果就会有问题。

我们开始设定调用光子图文件的渲染参数。如图 4-2-5-12 所示，将渲染输出尺寸调整为 3000×2000 像素。

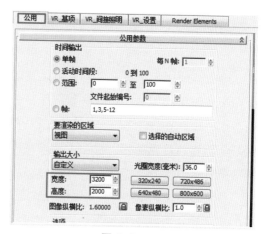

图 4-2-5-12

如图 4-2-5-13 所示，在间接照明发光贴图中的"光子图使用模式"中选择"从文件"模式，点击"浏览"按钮，打开之前计算所得到的"Irr.vrmap"发光贴图光子图文件。

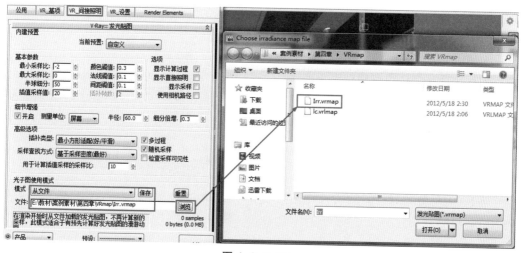

图 4-2-5-13

如图 4-2-5-14 所示，在灯光缓存设置中的"光子图使用模式"中选择"从文件"模式，点击"浏览"按钮，打开之前计算所得到的"lc.vrlmap"灯光缓存光子图文件。

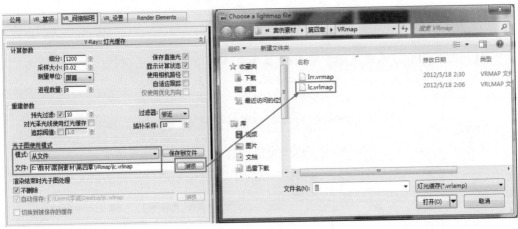

图 4-2-5-14

到此，调用光子图文件的渲染设置就完成了，其余没有讲到的设置保持和计算光子图文件渲染小图时的设置一致。保存一下文件，参考前文做好渲染最终图之前的准备工作，开始渲染最终图。在渲染过程中大家可以看到，这一次的渲染就不再计算"发光贴图"和"灯光缓存"过程了，直接进入"渲染图像"的阶段，这样可以节省大量的渲染时间。

虽然调用了光子图文件进行渲染，但这次渲染用时超过 6 个小时，由此可见 VR 渲染的速度还是有些令人生畏的。前文讲到，本案例中大部分材质在细节上都做了很高的设定，因此渲染时间是相对比较久的。如果想加快渲染速度，我们会从多方面入手对场景进行整体优化，这里的优化所指的是将那些对最终渲染品质影响不大但是又过多地消耗渲染时间的因素进行删减，而这个工作必须有丰富的经验才能做到。在本书后面的案例中，我们将会介绍如何进行场景优化。

■ 分布式渲染详解

还有什么好办法可以加快渲染效率呢？ "分布式渲染"又称"网络渲染"，这个方法应该是大家可以实现大幅度提升渲染效率的最好方法。下面我们以本章案例讲解如何使用 VR 插件的"分布式渲染"功能。

要实现分布式渲染必须满足以下几个条件：

（1）局域网中有两台以上可用计算机，计算机之间网络运行正常。

（2）进行分布式计算的所有计算机必须系统相同，安装的 3ds Max 以及 VR 插件版本也要相同。

（3）进行网络渲染的场景文件及其所有相关的贴图文件必须全部使用英文字母或数字命名，以防止因文件名不规范而导致网络访问失败。

小贴士

笔者自开始接触 VR 插件就使用其网络渲染功能，期间尝试过很多 3D 以及 VR 版本，无一例外的都是使用英文版就可以很顺利地进行网络渲染，而中文版总是难以设定成功，并不是说中文版就不可以，是因为很多汉化插件的过程会修改插件程序中的某些文件，这样可能会导致某部分功能无法使用。

例如本章案例制作过程中使用的是 VR2.0 中文版，在制作本小节教程的时候打算用"分布式渲染"功能，尝试多次仍然设置不成功，使用英文版就很顺利地完成了网络渲染，之后将 VR 插件的版本更新为 VR2.10 SP1 中文版才可以启动"分布式渲染"的功能。

对于很多初学者而言，分布式渲染的设置并不难，反而是网络设置会更加麻烦。我们先来讲解一下网络环境的设置。这里我将利用手上这台笔记本和另一台 4 核的台式机进行"分布式渲染"。首先设置笔记本电脑的网络配置。

如图 4-2-5-15 所示，右键单击桌面的"网络"图标，选择"属性"选项。

图 4-2-5-15

如图 4-2-5-16 所示，在"网络和共享中心"对话框中点击"更改适配器设置"选项，打开如图 4-2-5-17 所示的"网络连接"对话框，打开"本地连接"的属性。

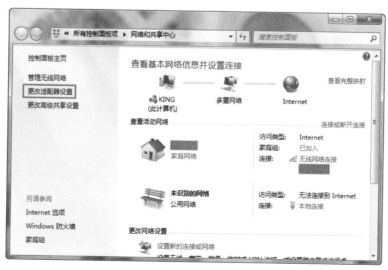

图 4-2-5-16

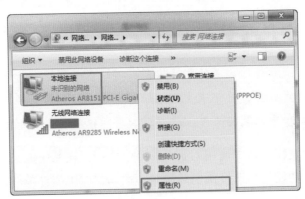

图 4-2-5-17

如图 4-2-5-18 所示，设置本地连接的 IP 地址为 192.168.1.10。用同样的方法设置台式机的本地连接 IP 地址为 192.168.1.11。

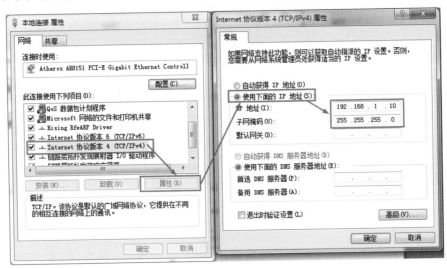

图 4-2-5-18

将两台电脑的网络环境设置好以后就可以进行一下测试了。如图 4-2-5-19 所示，点击 WINDOWS 系统的开始按钮，在搜索栏中输出"cmd"并回车，打开如图 4-2-5-20 所示的 DOS 命令窗口，使用"ping"命令来测试是否可以连接到另一台计算机，输入的命令为"ping 192.168.1.11"，如果两台计算机都已经正常地连接到网络设备，这时候可以看到的是如图 4-2-5-20 所示的显示信息。

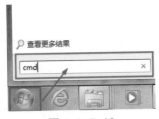

图 4-2-5-19

190

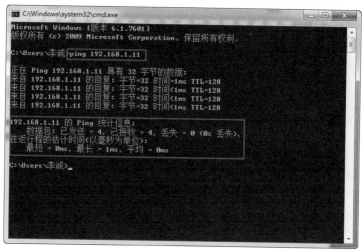

图 4-2-5-20

　　如果计算机已经正确地连接到网络设备中了，而"ping"命令却无法正确地 ping
通对方计算机，这有可能是计算机安装的杀毒软件或者防火墙软件干扰的原因而导致，
这时我们可以将杀毒软件或者防火墙软件的系统保护功能关闭或者是退出软件。

　　现在我们双击桌面的"网络"图标，应该可以看见网络中我们刚才设置好的两台
计算机了。如图 4-2-5-21 所示，这里的"KING"是笔记本，"KING2"是台式机。

图 4-2-5-21

　　到此，我们的网络环境基本上是设置成功了，但分布式渲染的功能要求我们渲染
的文件必须是存放在网络共享中的，所以我们回到 3D 软件中将场景文件全部归档并设
置为网络共享状态。如图 4-2-5-22 所示，在实用程序面板中点击"更多"按钮，在弹
出的"实用程序"对话框中选择"资源收集器"选项并点击确定。在命令面板中对"资
源收集器"做如图 4-2-5-23 所示的设定，指定输出的路径，勾选"收集位图 / 光度学
文件"和"包括 MAX 文件"以及"更新材质"选项，点击"开始"按钮完成文件收集
的任务。

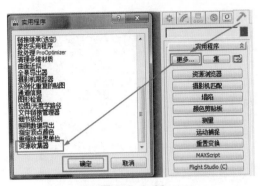

图 4-2-5-22 图 4-2-5-23

如图 4-2-5-24 所示，在 E 盘 map 文件夹下我们得到了所有本场景中所用到的贴图文件和 3D 场景文件，这里我们将之前计算得到的光子图文件也拷贝到了这个文件夹中。大家可以看到所有的文件名都是由英文字母和数字符号组成的标准文件名，包括存储这些文件的文件夹及路径都不含中文字符。这样的文件归纳才符合网络渲染的要求。

图 4-2-5-24

接下来我们将"map"文件夹进行网络共享，如图 4-2-5-25 所示，右键单击"map"文件夹，在快捷菜单中选择"共享"选项中的"特定用户"。

图 4-2-5-25

如图 4-2-5-26 所示，在弹出的文件共享对话框中选择下拉菜单中的"Everyone"用户组，点击后面的添加按钮，将"Everyone"用户组添加到共享名单中。

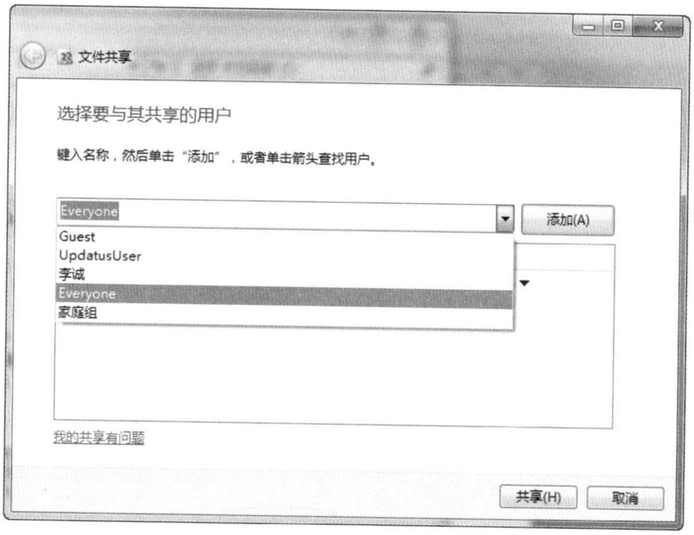

图 4-2-5-26

如图 4-2-5-27 所示，将"Everyone"用户组的权限级别设置为"读/写"，设置完成后点击"共享"按钮，完成"map"文件夹的共享初步设置。

图 4-2-5-27

打开"map"文件夹属性面板，如图 4-2-5-28 所示，进入"共享"选项卡，点击"密码保护"选项组中的"网络和共享中心"链接，打开"高级共享设置"，将"公共"选项组中的密码保护选项关闭，到此我们的文件共享设置完毕。

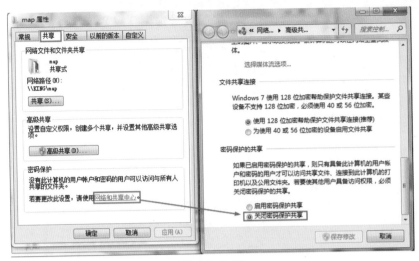

图 4-2-5-28

我们设置文件夹共享的目的是为了网络中的计算机都能正常读写这个文件夹中的

内容,现在我们可以去到另一台计算机上尝试访问这个共享文件夹。如图 4-2-5-29 所示,通过点击桌面"网络"快捷方式,进入网络名为"KING"的笔记本电脑,就能够看到"map"共享文件夹,双击可以进入"map"文件夹,我们可以尝试新建一个任意文件来测试是否已经开启写入的权限。

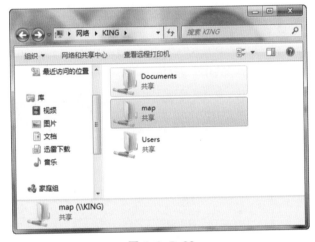

图 4-2-5-29

现在在 3D 中打开我们要进行网络渲染的场景文件,注意要通过网络路径打开,如图 4-2-5-30 所示,打开网络共享中的场景文件。

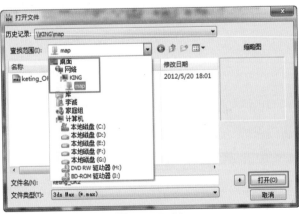

图 4-2-5-30

打开文件后，我们还要确认所有的贴图文件路径也是网络路径，如图 4-2-5-31 所示，打开资源追踪器。

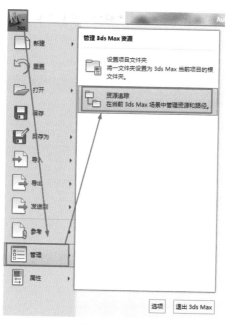

图 4-2-5-31

如图 4-2-5-32 所示，在"资源追踪"对话框中选择所有的外部文件，包含位图贴图文件、光度学灯光所用的光域网文件以及光子图文件，单击"路径"菜单选择"设置路径"，打开"指定资源路径"对话框。

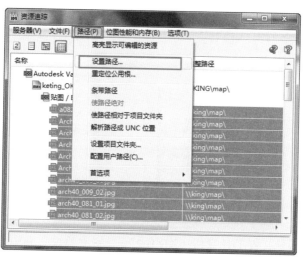

图 4-2-5-32

如图 4-2-5-33 所示，在"指定资源路径"对话框中，通过浏览按钮选择我们的网络路径"\\king\map\"，点击确定，确保我们所有的外部文件都是通过网络路径进行读取的。设定完毕后，我们在"资源追踪"对话框中就会看到如图 4-2-5-34 所示的结果。

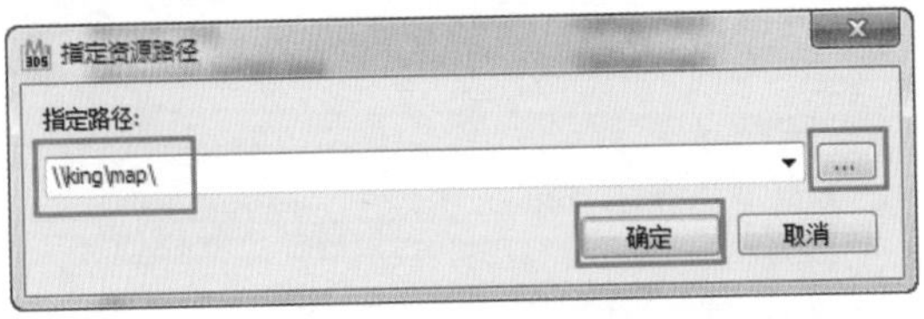

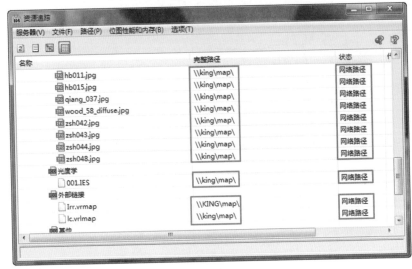

图 4-2-5-33

图 4-2-5-34

　　将文件保存一下,我们在另一台计算机(KING2)上开启 VR 分布渲染的服务端程序,如图 4-2-5-35 所示,在 WINDOWS7 系统开始菜单中找到 VR 插件程序组,先用管理员身份运行"注册分布式渲染服务"程序,然后再用管理员身份运行"分布式渲染服务器"程序。如图 4-2-5-36 所示,我们在任务栏中看到 VRaySpawner 程序图标时,则表示渲染服务端准备就绪了。

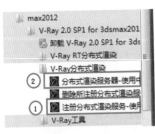

图 4-2-5-35

图 4-2-5-36

　　回到开启 3D 场景文件的计算机(KING),开启渲染设置面板,如图 4-2-5-37 所示,在"V-Ray:: 系统"卷展栏中勾选"分布式渲染"选项,点击设置按钮,弹出如图 4-2-5-38 所示的"V-Ray 分布式渲染设置"对话框。

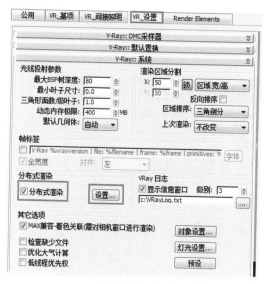

图 4-2-5-37

图 4-2-5-38

　　如图 4-2-5-39 所示，点击"添加服务器"按钮，在弹出的对话框中输入参与分布式渲染的服务器，也就是我们"KING2"计算机，点击确定。如图 4-2-5-40 所示，点击"解析服务器"按钮，我们可以看到计算机"KING2"的 IP 地址被解析出来。这里作为主机的"KING"计算机就不需要添加进来了。如果大家的计算机名设置得过于复杂，我们在添加服务器的时候可以使用服务器的 IP 地址来代替计算机名，这里就不演示了，大家可以通过教学视频详细学习。

图 4-2-5-39

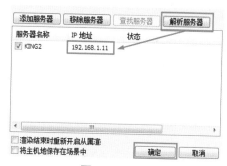

图 4-2-5-40

　　设置完"分布式渲染"对话框我们可以开始渲染了，如图 4-2-5-41 所示，在渲染帧窗口中我们看到共有 12 个小方格在一同计算，包括主机这台笔记本的 8 个线程和台式机的 4 个核心全部都在运行渲染，我们的网络渲染大功告成。

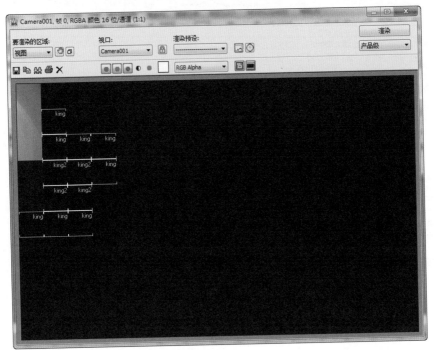

图 4-2-5-41

小贴士

分布式渲染所带来的效率提升是非常可观的，如果网络中空闲的计算机很多，都可以利用进来，将达到惊人的渲染速度，但是分布式渲染还有很多经验和技巧，这里对于初学者我们不宜讨论得太深入，希望大家多尝试自己积累经验。有不少初学者在使用分布式渲染时容易发生以下几种错误，我们分别讲解一下原因。

（1）渲染的效果图中有些地方是有贴图的，有些地方却是没有贴图的。出现这种情况主要的原因是网络共享方面的问题，检查一下共享权限是否为可读写，另外是否有贴图文件的文件名包含不规范的中文字符。

（2）启用网络渲染所渲染的图像明显曝光，这种问题的原因是因为我们在重新指定外部文件路径的时候，可能重新加载了一次光度学灯光的光域网文件，这时有可能会将灯光的强度设置为光域网文件中所带的强度信息，而大多数时候这个光域网文件中的灯光强度设定是非常大的，如果不重新修改就会出现曝光问题。

分布式渲染功能的使用需要大家有一定的网络知识基础，大多数分布式渲染失败都是网络环境的设置问题所致，所以大家还要学习一些 WINDOWS 系统的网络知识。

本小节主要讲解了成品图渲染的一些技巧，包括如何使用光子图文件渲染以及显著提升渲染效率的"分布式渲染"，这些方法都是用来加快我们的渲染速度。成品图渲染的技巧很多时候都是经验的总结，希望同学多做不同的案例练习，总结出自己的一套经验。

4.2.6 后期处理技巧

后期处理对于 3D 效果图的作用非常重要，往往起着画龙点睛的作用，首先我们先来看看本章案例的最终渲染效果，如图 4-2-6-1 所示。

图 4-2-6-1

我们看到效果图的整体有些偏暗，色彩上整体偏暖色调，对比度不够，画面有些发灰，这些问题我们都将在后期 Photoshop 处理中解决。如图 4-2-6-2 所示，在 Photoshop 软件中打开我们渲染的大尺寸效果图，双击图层中的背景图层，在弹出的"新建图层"对话框中单击确定，将我们的背景层解锁。

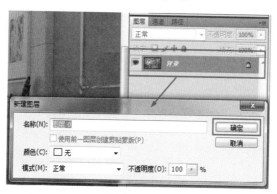

图 4-2-6-2

用快捷键 Ctrl+M 打开"曲线"对话框，如图 4-2-6-3 所示，在通道中选择"RGB"，我们将对三原色通道一起进行调整，调节曲线如图所示，这时我们的图像画面被加亮了。如图 4-2-6-4 所示，接下来单独调整蓝色通道曲线，增强蓝色通道，使画面色温偏暖的情况减弱。经过两次曲线的调整，我们的效果图在亮度及色温方面得到了比较大的改善，如图 4-2-6-5 所示。

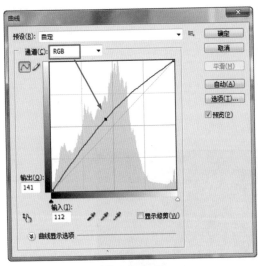

图 4-2-6-3

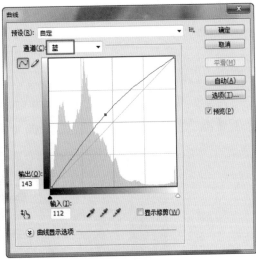

图 4-2-6-4

图 4-2-6-5

　　不要在曲线调整中将亮度一次性调整得过高，接下来我们还须要利用其他工具来调整，如图 4-2-6-6 所示，在"图像"菜单中选择"调整"中的"亮度 / 对比度"选项，如图 4-2-6-7 所示，在弹出的"亮度 / 对比度"对话框中根据当前图层所见效果适当调整亮度及对比度参数，使图像亮度继续增强，对比度加大。

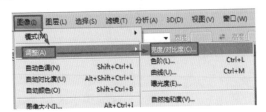

图 4-2-6-6

图 4-2-6-7

　　经过亮度及对比度的调整，如图 4-2-6-8 所示，我们可以看到画面更加清晰，对比度的增强使得画面原来发灰的感觉明显消失了。

图 4-2-6-8

　　接下来我们调整一下画面的色彩饱和度，如图 4-2-6-9 所示，使用快捷键 Ctrl+U 打开"色相 / 饱和度"调节对话框，适当降低图像的色彩饱和度，使画面看起来暖色的气氛减弱一些。

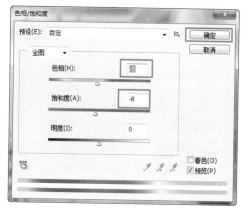

图 4-2-6-9

　　色相 / 饱和度的调整完成后，我们得到如图 4-2-6-10 所示的结果。

图 4-2-6-10

　　到此，效果图的明暗和色彩问题基本上解决了，下面我们给效果图增加一点特效，使其看上去更有一些美轮美奂的感觉。如图 4-2-6-11 所示，将"图层 0"拖动到"新建图层"按钮上，复制一个新的图层出来，结果如图 4-2-6-12 所示。

图 4-2-6-11

图 4-2-6-12

选择复制出来的"图层 0 副本"图层，如图 4-2-6-13 和图 4-2-6-14 所示，在滤镜菜单中选择"模糊"中的"高斯模糊"选项，设置模糊半径为 20。

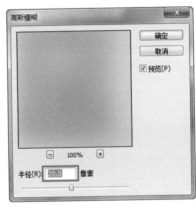

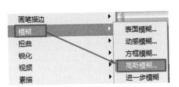

图 4-2-6-13

图 4-2-6-14

如图 4-2-6-15 所示，将"图层 0 副本"图层的叠加方式选择为"柔光"，并设置这个图层的不透明度为 60%。

图 4-2-6-15

如图 4-2-6-16 所示，加入柔光层之后，我们的画面有一些梦幻的感觉，这个柔光层的不透明度可以根据个人喜好进行适当调整。

图 4-2-6-16

最后我们再给整张画面进行一个整体校色，我们的画面中墙体颜色还不够白，另外墙纸的颜色有些过于浓郁，这次的校色我们要解决这个问题。如图 4-2-6-17 所示，点击"新建图层"按钮，新建一个"图层 1"。在前景色中设置一个如图 4-2-6-18 所示的颜色。

图 4-2-6-17

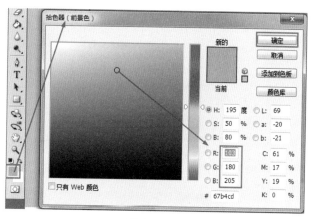

图 4-2-6-18

如图 4-2-6-19 所示，在图层面板中选中"图层 1"。接着如图 4-2-6-20 所示，使用快捷键 Ctrl+A 选择整个"图层 1"的范围，并选择"油漆桶"工具将前景色填充到整个"图层 1 中"。如图 4-2-6-21 所示，将"图层 1"的叠加模式改为"亮光"模式，并设置不透明度为 20%。

图 4-2-6-19

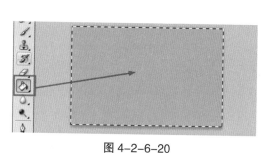

图 4-2-6-20

图 4-2-6-21

经过刚才新图层的校色后，我们得到如图 4-2-6-22 所示的结果，对比图 4-2-6-23 初始渲染的结果，我们可以看到两张图有着非常大的差异，经过后期的 Photoshop 处理，在画面的亮度、对比度以及色彩上都有了明显的改善，整张效果图看上去更加有张力，一个宽敞明亮的客厅效果呈现在大家的面前。

图 4-2-6-22

图 4-2-6-23

本小节我们讲解了效果图的后期处理，通过详细的步骤演示，大家可以看到效果图的变换过程，也已经感受到后期 Photoshop 处理对一张效果图的表现的重要作用。有些初学者在面对后期处理的时候往往无从下手，不知道该怎么去调整，其实后期处理主要就是针对一幅画面中的不足加以改善，如何发现画面中的不足呢？这就需要大家平时多观察一些案例，培养自己的审美经验，当你的经验丰富了，就能很容易从自己的作品中找到不足来加以改善。

4.3　本章小结

　　本章案例作为本书的第一个完整案例，在分析讲解过程中是非常详细的，其中有大量的经验总结，这部分内容对于初学者甚至有一定基础的读者都是相当宝贵的，希望读者能够仔细认真地阅读本章案例中"小贴士"部分的内容。

4.3.1 本章案例制作技巧总结

　　本章案例的制作流程是一个常见效果图的制作流程，建模部分主要是针对室内效果图中墙面部分的内容讲解的，这也是效果图制作中需要建模时的最常见的部分。通常在制作效果图时，对模型库的使用非常频繁，但这并不意味着大家就不需要掌握建模技巧，如果对于一些设计成分比重非常大的场景，往往在模型库中很难找到合适的模型，这时就必须自己动手建模了。模型是效果图制作的基础，对于环艺设计而言，这部分内容虽然不像工业设计那样要求高，但作为一名室内设计师，越来越多的整体室内设计方案需要我们将家具设计融入其中，因此熟练掌握建模技巧是非常必要的。

　　本章案例中材质部分的内容都是室内环境中最常见的，并且深入讲解了很多重要材质为什么这么做，这点是大家在一般教程中很难见到的宝贵经验。材质表现是最终效果的一个重要组成部分，而材质要做得真实必须依靠日常生活中细心地观察积累。在我们制作材质的过程，当需要制作某个材质的时候，必须马上在脑海里浮现出这个材质的实际效果是怎样的，这样才能通过软件的设定将它表现出来，如果连这种材质应该是什么样的效果图都不能想象出来，是无法做出逼真的材质效果的。

　　本章案例中灯光部分的内容，是自然光源和人造光源结合的场景，包括有 VR 的太阳光、天空环境光以及室内的光度学灯光三类灯光，在灯光的制作过程中遵循由外及内，以自然光为主，辅助光为辅的原则，逐步完成的。同样，光影效果的把控也是依靠大家以现实中的观察为依据，把握真实的光影关系，这一点对灯光处理环节起着至关重要的作用。我们想让效果图更加真实，就必须更加多地留心身边事物的真实效果，这样才能更加贴近我们的真实感受。

4.3.2 初学效果图表现的注意事项

　　很多效果图爱好者学习制作的初衷，是因为觉得能够在软件中把现实场景表达得栩栩如生而感兴趣，当然兴趣是最好的老师，有兴趣就有动力去研究它。很多时候有些初学者在做效果图的时候往往是软件技术上没有问题，但是感觉做出来的效果图不理想，这是什么原因呢？主要的原因就是太追求软件的运用，而忽略了作图的根本，缺乏美学的功底。我们想要把一张效果图做好必须明白以下几点：

（1）效果图是服务于设计的，如果设计本身不优秀，效果图也无法做好。

（2）一张好的效果图要具备各方面的因素，平面构成、色彩构成以及立体构成等基本因素都是决定一张效果图优劣的关键因素。

（3）评价一张效果图的基本条件是图的真实感，真实感的来源是日常的观察积累，把握好真实世界中的光影关系、材质原理等，才能让效果图中的一切变得自然真实。

（4）要想提升制作效果图的水平，首先要学会欣赏，培养美感，学会临摹，甚至借助他人的成果为己所用。

（5）平时要进行大量的练习和测试，才能深入了解所用软件各项功能的基本含义。

4.4 课后巩固内容

本教程中除本章案例讲解了建模部分的内容外，后面章节的案例就不再讲解了，重点会放在材质、灯光及渲染方面。但是建模能力是一张效果图甚至是整个 3D 场景的基础部分，一定要具备相当程度的建模技巧，否则将来的表现效果就会大打折扣，本章课后要巩固的内容应重点放在建模环节。

除了巩固建模部分的内容以外，读者对软件界面这个环节也要尽快熟悉，在本章结束之后，希望大家能够将 VR 渲染器面板部分的默认参数做一个截图保存下来。正如前文提到的，我们在设置渲染面板参数的时候所调节的参数基本上都是很有针对性的，大部分时候所调整的参数不到 20 处，然而整个 VR 渲染器面板的设置内容多到上百项，要记住全部参数的含义是有一定难度的，因此记住默认参数是怎样的，对于初学者是最快的学习途径。保存截图的作用就是为了将来练习中如果出现参数错误，大家可以有个参照进行修正，因为 VR 渲染面板的默认参数已经是一个基本调整好的渲染参数。

最后给大家一个建议，在软件的版本选择上，不一定是最新的就最好，应该是最顺手、最稳定版本的最好，笔者通过使用 3D 软件十多年的经验发现，即使是官方发布的中文版 3D 软件的稳定性依然比英文版差很远，而且插件在经过汉化后也经常缺失某些功能。并且官方发布的软件升级补丁一般也都是针对英文版，所以本人多年来一直使用英文版，其稳定性确实相对中文版要好很多，因此建议大家使用英文版。

第 5 章

案例 2——现代风格卧室表现

本 章 重 点

● 卧室设计方案分析。

● 常见室内材质制作方法分析。

● 布光思路分析。

5.1 卧室效果表现注意事项

卧室，又被称作卧房、睡房，分为主卧和次卧。主卧一般是指主人卧房，次卧通常是指儿女房以及客房等。有些房子的主卧房有附属浴室。卧室布置得好坏，直接影响到人们的生活、工作和学习，卧室是家庭装修设计的重点之一。因此，在设计时，人们首先注重实用，其次是装饰。好的卧室格局不仅要考虑物品的摆放位置，整体色调的安排以及舒适性也都是不可忽视的环节。卧房表现从设计的角度要注意以下几点。

（1）要保证私密性。卧室家具设计要安静，隔音要好，可采用吸音性好的装饰材料；门最好采用不透明的材料。私密性是卧室最重要的属性，它不仅仅是供人休息的场所，还是夫妻情爱交流的地方，是家中最温馨与浪漫的空间。有的设计中为了采光好，把卧室的门安上透明玻璃或毛玻璃，这是极不可取的。

（2）使用要方便。卧室里一般要放置大量的衣物和被褥，因此装修时一定要考虑储物空间，不仅要大而且要使用方便。床头两侧最好有床头柜，用来放置台灯、闹钟等随手可以触到的东西。有的卧室功能较多，还应考虑到梳妆台与书桌的位置安排。

（3）装修风格应简洁。卧室的功能主要是睡眠休息，属私人空间，不向客人开放，所以卧室装修不必有过多的造型，通常也不需吊顶，墙壁的处理越简洁越好，通常刷乳胶漆即可，床头上的墙壁可适当做点造型和点缀。卧室的壁饰不宜过多，还应与墙壁材料和家具搭配得当。卧室的风格与情调主要不是由墙、地、顶等硬装修来决定的，而是由窗帘、床罩、衣橱等软装饰决定的，它们的面积很大，它们的图案、色彩往往主宰了卧室的格调，成为卧室的主旋律，如图5-1-1、图5-1-2所示。

图 5-1-1

图 5-1-2

（4）色调、图案应和谐。卧室的色调由两大方面构成，装修时墙面、地面、顶面本身都有各自的颜色，面积很大；后期配饰中窗帘、床罩等也有各自的色彩，并且面积也很大。这两者的色调搭配要和谐，要确定出一个主色调，如果墙上贴了色彩艳丽的壁纸，那么窗帘的颜色就要淡雅一些，否则房间的颜色就太浓了，会显得过于拥挤；如果墙壁是白色的，窗帘等的颜色就可以浓一些。窗帘和床罩等布艺饰物的色彩和图案最好能统一起来，以免房间的色彩、图案过于繁杂，给人凌乱的感觉。另外，面积较小的卧室，装饰材料应选偏暖色调、浅淡的小花图案。老年人的卧室宜选用偏蓝、偏绿的冷色系，图案花纹也应细巧雅致；儿童房的颜色宜新奇、鲜艳一些，花纹图案也应活泼一点，如图 5-1-3 所示；年轻人的卧室则应选择新颖别致，富有欢快、轻松感的图案。如房间偏暗，光线不足，最好选用浅暖色调。

图 5-1-3

（5）灯光照明要讲究。尽量不要使用装饰性太强的悬顶式吊灯，它不但会使你的房间产生许多阴暗的角落，也会在头顶形成太多的光线，躺在床上向上看时灯光还会刺眼。最好采用向上打光的灯，既可以使房顶显得高远，又可以使光线柔和，不直射眼睛。除主要灯源外，还应设台灯或壁灯，以备起夜或睡前看书用。另外，角落里设计几盏射灯，以便用不同颜色的灯泡来调节房间的色调，如黄色的灯光就会给卧室增添不少浪漫的情调，如图 5-1-4 所示。

图 5-1-4

以上五点注意事项是卧房空间需要注意的常规事项，当然在强调个性化的今天，只要使人感受到美的视觉享受，这些注意事项并非是不可突破的，这些都需要大家提升自我的审美和设计能力。

卧室效果图在表现上通常要根据卧室的设计风格选择表现的时间段，例如现代感比较强的风格通常选择日景表现，以室外自然光为主光源，室内人造光为辅助光源进行表达，这样更能体现现代风格的简约、明亮的特征，如图 5-1-5 所示。

而一些古典风格的卧室更适合用夜景效果图表示，突出室内灯饰的光线表达，室外光作为辅助甚至忽略掉，用合理的人造光源营造出一种厚重、华丽的特征，如图 5-1-6 所示。

图 5-1-5

图 5-1-6

通过以上对卧室设计及表现方式的分析，相信大家对卧室空间有了更深入的了解，本章将以一个简约现代风格的卧室空间作为案例，讲解卧室空间的表达技法。

5.2 现代风格卧室效果表现案例

5.2.1 案例分析

本章案例是一个现代简约风格的卧室场景，首先我们从色彩搭配方面来分析案例，在场景的材质选择上使用了浅色的木质材料为主，但并不是所有的木质材质都一样，仔细观察我们可以发现，木质材质包含地板、窗台、墙壁、家具以及踢脚线等，这些木质材质在色彩上很接近，但是又有深浅的细微变化，因此可以形成很好的色彩层次感。

由于场景中大部分材质都是浅色调，这里的地毯我们选择了深灰色，使得场景中有一处重色调的搭配，可以使画面色彩有重心下移的感觉。如果这里还是选择浅色调的地毯，那么画面整体色彩就会有些飘的感觉。除此之外，在床单色彩的选择上也是为了配合整个场景，因为整体场景色彩偏暖色调，这里将床单中加入一些蓝色，为的是在色彩上起到一些互补作用。这些色彩选择的细节都是我们在设计方案中需要仔细把控的地方。

下面我们分析一下灯光方面的问题，还是由于方案色彩的原因，我们的场景色彩是以浅色调为主，因此不太适合使用夜景的表达方式。如果使用夜景来表达，以人造光为主的照明，会使得我们主色浅色调的木质材质层次感减弱。再加上案例场景中有一扇面积较大的窗户，如果使用日景方案把阳光及室外环境光作为主光源，以明亮的画面表达方式，可以更好、更生动地表现出我们的场景。

虽然主光源是自然光，但是我们同样不能忽略室内人造光源的搭配问题，在这里我们选择在天花板灯槽和壁柜下方的灯带作为人造光的表现形式。场景中人造光源虽然对场景的照明作用几乎没有影响，但是这两处的灯光起到的作用是烘托卧室温馨气氛的关键所在，我们选择用黄色这种暖色调灯光来作为人造光源的色彩，可以让我们的卧室在灯光层次上变得更加丰富，其次暖色灯也很好地和场景材质起到呼应作用。如果这里的灯槽是冷色灯，例如改成蓝色的荧光灯，效果图就会非常别扭。

接下来我们看一些场景中的模型细节，如图 5-2-1-1 和图 5-2-1-2 所示，窗口附近的墙面与窗台上沿和下沿并非是齐平的，这样细微的差距使得墙面结构变得层次感增强。再如图 5-2-1-3 所示，天花板的造型也是为了使墙面结构更加丰富。这部分的处理源于立体构成上的需求，这部分的细节处理虽然不多，但也是整个案例表现中的一个关键的组成部分。

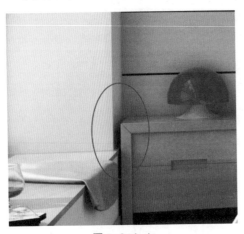

图 5-2-1-1

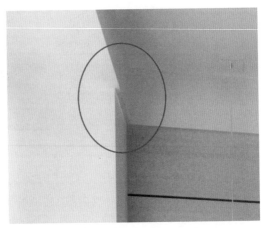

图 5-2-1-2

图 5-2-1-3

　　最后我们来谈谈像机角度的问题，也就是构图的因素。本章案例中我们的家具主要是床，而床面的高度通常为 30~50 cm 之间，算上床头的高度通常也不过 100 cm，对于此场景我们表现的意图主要以房间的布局为主，能够清晰地看到场景中各种材质，因此我们需要在像机中至少看到三个立面的墙面。这里我们选择了一种平视的角度，从房间的一个角落向另一个角落稍微偏斜一点的视角来表现，视平线的高度定在大约 90 cm 左右，画面的长宽比例接近 1 ：1，这样可以看到窗台以及床的上表面，并且使得画面看起来更加高耸和宽敞，让原本只有大约不足 12 m² 的一间卧室场景，但看起来并不觉得很拥挤。

　　以上是对这种现代简约风格卧室场景的一些分析。我们在做一张效果图的时候，要从多方面考虑，这其中包括了色彩构成、立体构成以及平面构成（构图因素），这也是我们常说的三大构成。这些基础的原理如果大家能够把握好，那么一张优秀的效果图也就不难完成了。

5.2.2 现代风格卧室案例材质制作详解

■ 白色乳胶漆材质

　　如图 5-2-2-1 所示，新建一个"VRayMtl"材质，将材质命名为"白色乳胶漆"，设置漫反射为亮度值 240 的灰白色，反射为亮度值 20 的深灰色，使乳胶漆材质有一些轻微的反射效果。设置"反射光泽度"值为 0.4，让材质成为大面积漫反射材质效果，反射"细分"值为 32。

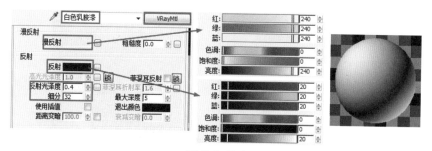

图 5-2-2-1

　　这里的白色乳胶漆材质设置原理请参考第 4 章的墙面材质小贴士讲解。本处设置的反射细分值是一种较高品质的设定，根据计算机配置可以酌情调整，建议不要再设置得更高了。

■ 木地板材质

如图 5-2-2-2 所示，新建一个"VRayMtl"材质，将材质命名为"地板"，在漫反射贴图中指定一张"复合地板 038.jpg"的木纹地板位图贴图，设置位图贴图为"纹理"类型，将"使用真实世界比例"选项勾除，设置模糊值为 0.1。（注：以后如果使用到类似的纹理贴图，如无特殊说明，均是使用 0.1 的模糊值以及勾除"使用真实世界比例"选项。）

反射设置亮度值为 208 的浅灰色，勾选"菲涅耳反射"选项，并将"菲涅耳折射率"设置为 2.0。"反射光泽度"设置值为 0.8，反射"细分"值为 32。由于地板在画面中的面积比较大，并且地板的质感因此处的细分值设置得较高，在渲染输出大尺寸图时可以适当降低细分值。

进入贴图卷展栏，将漫反射中的纹理贴图复制给凹凸贴图，并设置凹凸贴图强度为 3。

214

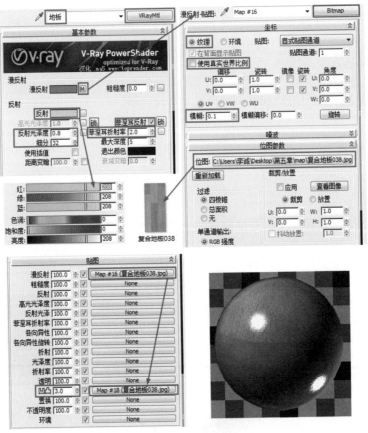

图 5-2-2-2

小贴士

　　本案例中地板材质的制作中，对于反射的设定是比较特殊的，通常情况下我们对地板的反射会设置一个 70 左右亮度的灰色，而不勾选"菲涅耳反射"选项。本案例中这种地板反射设定虽然会让地板反射效果非常强，但是"菲涅耳"反射勾选开启了反射衰减效果，实际上会让材质的反射效果更弱，但是衰减的效果会使地板材质随着角度的变换产生强弱不同的反射效果，而这种效果能更真实地模拟出现实中的反射衰减现象。如果我们需要制作一种抛光的木地板效果，则会采用另一种反射设定方式，大家可以参考第4章中有关桌面木质材质的做法。

　　将制作好的地板材质指定给地板模型，并设置地板模型的贴图坐标，如图 5-2-2-3 所示，选择地板模型并用快捷键 Alt+Q 孤立出来，给地板模型添加一个"UVW 贴图"修改命令，保持默认的平面贴图方式，进入"Gizmo"层级，单击对齐选项组中的"位图适配"按钮，在弹出的"选择图像"对话框中找到我们的地板纹理贴图，选中"复合地板 038.jpg"文件单击"打开"按钮，这时我们可以发现贴图坐标的 Gizmo 参考面的比例发生了变化，变成和纹理贴图的长宽比例相同。然后我们利用缩放工具对 Gizmo 参考面进行等比缩放，缩小至合适大小，再利用移动工具调节贴图坐标位置，使贴图在接缝位置上能够和墙角线相匹配。其余模型的贴图坐标设定与地板设置类似，以后就不一一演示了，大家可以参考随书光盘中的案例场景文件设置。

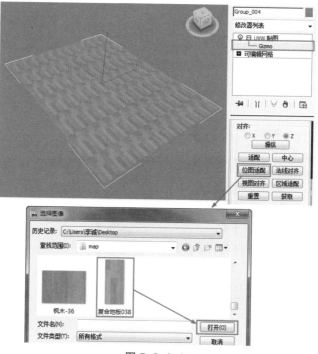

图 5-2-2-3

■ 窗台材质

如图 5-2-2-4 所示，新建一个"VRayMtl"材质，将材质命名为"窗台"，在漫反射贴图中指定一张"枫木 -36.jpg"的木纹位图贴图，纹理贴图的设置参考地板材质纹理贴图设置。设置反射为亮度值 208 的浅灰色，勾选"菲涅耳反射"选项，并设置"菲涅耳折射率"值为 2.5，"反射光泽度"设置值为 0.85，反射"细分"值为 32。将漫反射的纹理贴图复制给凹凸贴图，并设置凹凸贴图强度为 5。

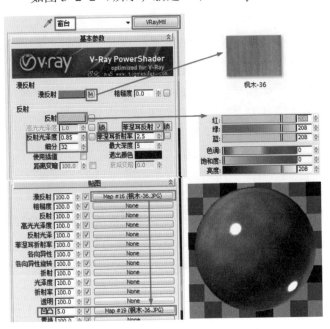

图 5-2-2-4

■ 壁柜及床头墙面木质材质

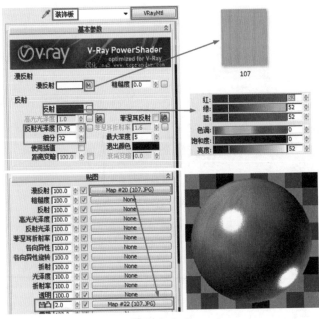

如图 5-2-2-5 所示，新建一个"VRayMtl"材质，将材质命名为"装饰板"，在漫反射贴图中指定一张"107.jpg"的木纹位图贴图，纹理贴图的设置参考地板材质纹理贴图设置。设置反射为亮度值 52 的深灰色，"反射光泽度"设置值为 0.75，反射"细分"值为 32。将漫反射的纹理贴图复制给凹凸贴图，并设置凹凸贴图强度为 2。

图 5-2-2-5

216

■ 床头柜及床架材质

如图 5-2-2-6 所示，新建一个"VRayMtl"材质，将材质命名为"床柜子"，在漫反射贴图中指定一张"枫木 –36.jpg"的木纹位图贴图，纹理贴图的设置参考地板材质纹理贴图设置。设置反射为亮度值 208 的浅灰色，勾选"菲涅耳反射"选项，并设置"菲涅耳折射率"值为 2.0，"反射光泽度"设置值为 0.8，反射"细分"值为 32。将漫反射的纹理贴图复制给凹凸贴图，并设置凹凸贴图强度为 3。

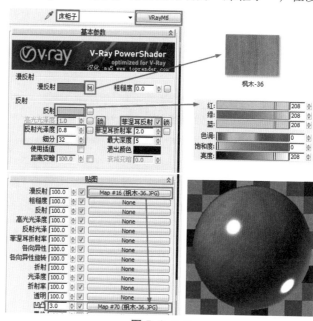

图 5-2-2-6

■ 窗帘材质

如图 5-2-2-7 所示，新建一个"VRayMtl"材质，将材质命名为"窗帘"，漫反射设置为亮度值 243 的灰白色，反射设置为亮度值 34 的深灰色，"反射光泽度"值为 0.4，反射"细分"值为 24。折射设置为亮度 40 的深灰色，"折射率"为 1.01，折射"细分"值为 16，勾选"影响阴影"选项。给凹凸贴图指定一张"arch40_083_02.jpg"的位图，并设置凹凸贴图强度为 30。

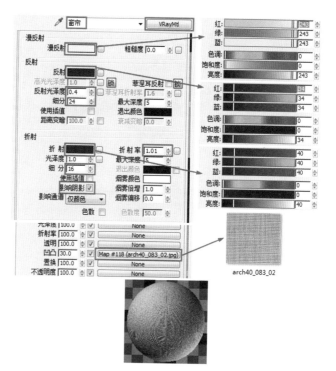

图 5-2-2-7

■ 窗框材质

如图 5-2-2-8 所示，新建一个"VRayMtl"材质，将材质命名为"窗框"，漫反射设置 RGB 值为 71、18、18 的暗红色，反射设置为亮度值 79 的深灰色，"反射光泽度"值为 0.7，反射"细分"值为 24。

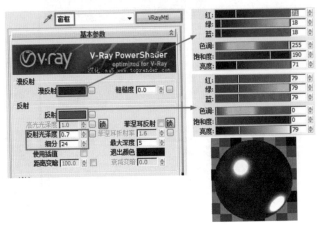

图 5-2-2-8

■ 壁柜装饰材质

如图 5-2-2-9 所示，新建一个"VRayMtl"材质，将材质命名为"壁柜装饰"，漫反射设置 RGB 值为 47、18、0 的暗红色，反射设置为亮度值 70 的深灰色，"反射光泽度"值为 0.8，反射"细分"值为 32。

图 5-2-2-9

■ 被套枕头材质

如图 5-2-2-10 所示，新建一个"VRayMtl"材质，将材质命名为"被套枕头"，在漫反射贴图中指定一个"Falloff"(衰减)的程序贴图，前景色指定一张"1-11052q15gr24.jpg"布纹纹理贴图，纹理贴图的设置参考地板材质纹理贴图设置，背景色设置为纯白色，衰减类型为"Fresnel"（菲涅耳）类型。设置反射为亮度值 15 的深灰色，"反射光泽度"设置值为 0.55，反射"细分"值为 16。

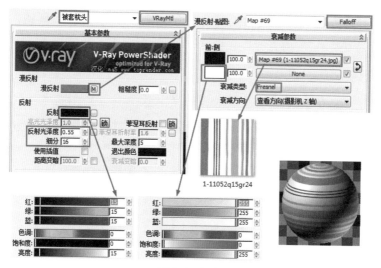

图 5-2-2-10

■ 床垫材质

如图 5-2-2-11 所示，新建一个"VRayMtl"材质，将材质命名为"床垫"，在漫反射贴图中指定一个"Falloff"（衰减）的程序贴图，前景色设置为亮度 227 的灰白色，

背景色设置为纯白色，衰减类型为"Fresnel"（菲涅耳）类型。设置反射为亮度值 22 的浅灰色，"反射光泽度"设置值为 0.48，反射"细分"值为 16。在凹凸贴图中指定一张"AS2_cloth_65_bump.jpg"位图贴图，设置平铺次数为 8×8，模糊值为 0.1。

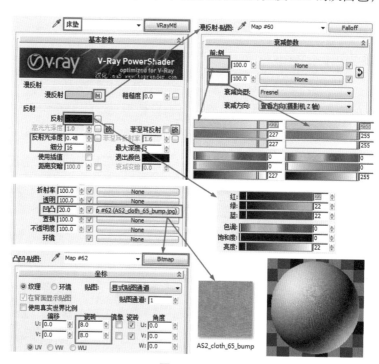

图 5-2-2-11

■ 吊灯灯罩材质

　　如图 5-2-2-12 所示，新建一个"VRayMtl"材质，将材质命名为"玻璃灯罩"，漫反射设置亮度值为 245 的灰白色，反射设置为亮度值 44 的深灰色，解锁"高光光泽度"选项并设置值为 0.4，"反射光泽度"值为 0.8，反射"细分"值为 16。折射设置亮度值为 50 的深灰色，勾选"影响阴影"选项。

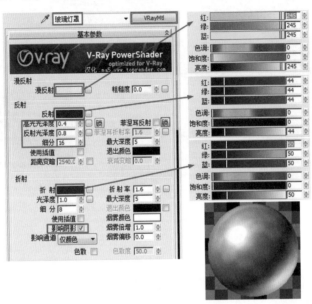

图 5-2-2-12

■ 吊灯不锈钢材质

　　如图 5-2-2-13 所示，新建一个"VRayMtl"材质，将材质命名为"不锈钢"，漫反射设置亮度值为 171 的灰色，反射设置为亮度值 186 的浅灰色，解锁"高光光泽度"选项并设置值为 0.69，"反射光泽度"值为 0.94，反射"细分"值为 16。

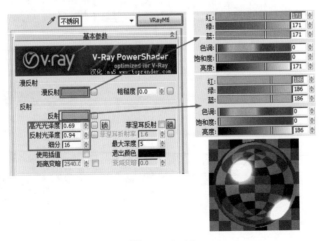

图 5-2-2-13

220

吊灯灯泡材质

如图 5-2-2-14 所示，新建一个 "VRayMtl" 材质，将材质命名为 "灯泡"，漫反射设置亮度值为 255 的纯白色，反射指定一个 "Falloff"（衰减）程序贴图，设置前景色为纯黑色，背景色设置为亮度 79 的深灰色，衰减类型为 "垂直 / 平行"。反射 "细分"值为 16。折射设置亮度值为 55 的深灰色。

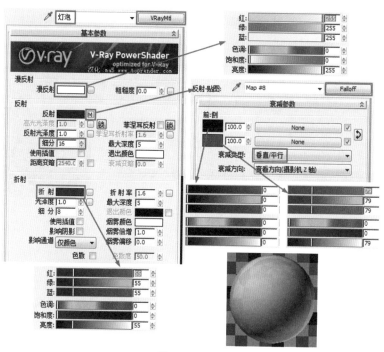

图 5-2-2-14

台灯灯罩材质

如图 5-2-2-15 所示，新建一个 "VRayMtl" 材质，将材质命名为 "台灯灯罩"，漫反射设置 RGB 值为 253、131、0，反射指定一个 "Falloff"（衰减）程序贴图，设置前景色为亮度值 18 的深灰色，背景色设置为亮度 218 的浅灰色，衰减类型为 "Fresnel"，解锁 "高光光泽度" 选项并设置值为 0.68，"反射光泽度" 值为默认 1.0，反射 "细分"值为 16。折射设置亮度值为 210 的浅灰色，折射率值为 1.2，勾选 "影响阴影" 选项，将 "影响通道" 选项类型设置为 "颜色 +alpha"，设置 "退出颜色" 的 RGB 值为 255、155、0，设置 "烟雾颜色" 的 RGB 值为 255、176、0，设置 "烟雾倍增" 值为 8。

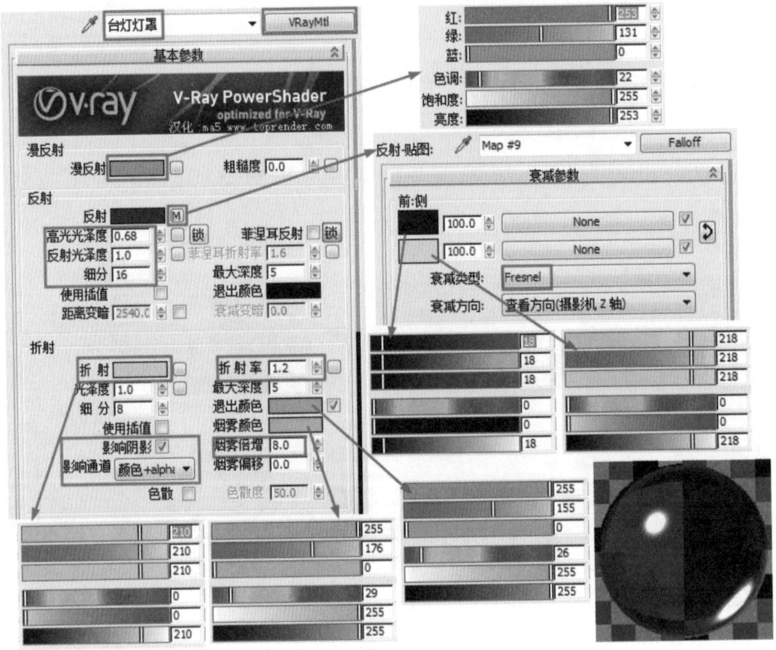

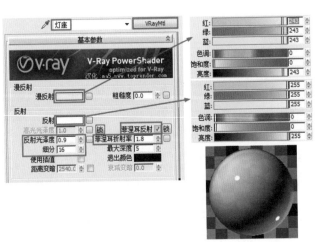

图 5-2-2-15

■ 台灯底座

如图 5-2-2-16 所示，新建一个"VRayMtl"材质，将材质命名为"灯座"，漫反射设置亮度值为 243 的灰白色，反射设置亮度值为 255 的白色。"反射光泽度"值为 0.9，反射"细分"值为 16，勾选"菲涅耳反射"选项，设置"菲涅耳折射率"值为 1.8。

图 5-2-2-16

■ 镜子材质

如图 5-2-2-17 所示，新建一个"VRayMtl"材质，将材质命名为"镜子"，反射设置亮度值为250的灰白色。"反射光泽度"值为1，反射"细分"值为16。

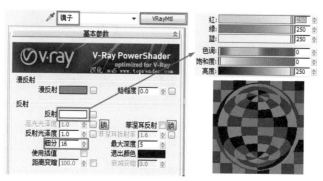

图 5-2-2-17

■ 背面墙壁材质

如图5-2-2-18所示，这时我们画面中没有出现镜头后面的那面墙，为什么要做成这样黑白相间的材质，而不是和其他白色乳胶漆墙面一样呢？虽然在镜头里这面墙并没有直接出现，但是在床头的镜子中却可以反射出这面墙，如果使用单一的颜色来制作这面墙的材质，将来镜子中的反射就会比较单调，用这种黑白相间的材质可以使镜子中的反射效果更有细节。

223

图 5-2-2-18

如图5-2-2-19所示，新建一个"Multi/Sub-Object"（多维子对象）材质，设置材质数量为2，1号ID材质为白色乳胶漆材质，这里就不细说了，请参考前面白色乳胶漆材质设定。2号ID材质与1号ID材质除颜色变换成深灰色以外，其余相似。将墙面的材质ID号分配好以后，将当前材质指定给墙体模型。

图 5-2-2-19

■ 地毯材质

如图 5-2-2-20 所示，新建一个 "VRayMtl" 材质，将材质命名为 "地毯"，在漫反射贴图中指定一个 "falloff"（衰减）的程序贴图，前景色设置为亮度 92 的灰色，背景色设置为亮度 211 的浅灰色，衰减类型为 "fresnel"（菲涅耳）类型。设置反射为亮度值 22 的浅灰色，"反射光泽度" 设置值为 0.48，反射 "细分" 值为 16。在凹凸贴图中指定一张 "AS2_cloth_65_bump.jpg" 位图贴图，设置平铺次数为 3×3。

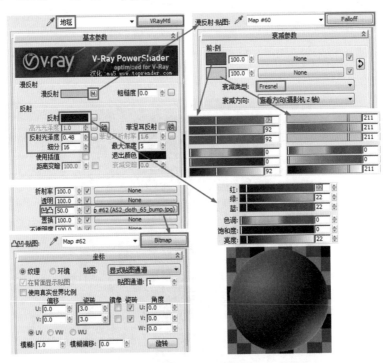

图 5-2-2-20

以上材质详解部分已包含场景中主要材质内容，部分饰品例如酒瓶酒杯、DVD 盒等模型在模型库调用时就包含材质信息，这里就不一一讲解了，大家可以参考光盘中最终完成案例场景自行学习。

5.2.3 现代风格卧室案例灯光制作详解

如图 5-2-3-1 所示，本场景中总共有四处灯光设定，分别是：阳光、窗口模拟天光、天花板灯槽灯、壁柜下方装饰灯。场景的主光源是窗口模拟天光，阳光除了起照明的作用以外，更主要的是产生阳光的投影效果，使画面更生动，天花板以及壁柜下方灯槽的灯光主要是起装饰作用，对场景的照明影响不大。下面我们分别看看这四种灯光的详细参数。

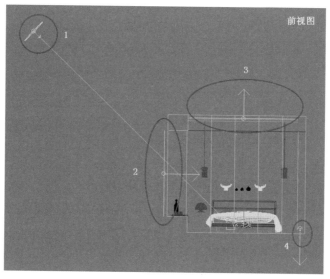

图 5-2-3-1

■ 阳光

如图 5-2-3-1 以及图 5-2-3-2 所示，在场景中创建一个合适角度的"VR_太阳"灯光。

如图 5-2-3-3 所示，"VR_太阳"灯光参数的调整只有三处，勾选"不可见"选项，将"强度倍增"值设为 0.03，"阴影细分"值设置为 8。

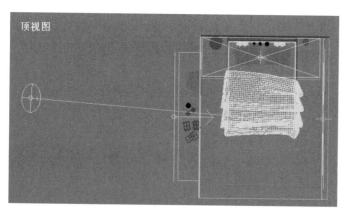

图 5-2-3-2

图 5-2-3-3

■ 窗口模拟天光

如图 5-2-3-4 所示，在窗外附近创建一盏 VR 面光源，发光方向朝向室内。

如图 5-2-3-5 所示，灯光类型为"平面"，亮度倍增值为 3.0，灯光颜色 RGB 值为 225、225、255 的浅蓝色，选项组中勾选"不可见"选项，将"影响反射"选项勾除，设置采样细分值为 40。

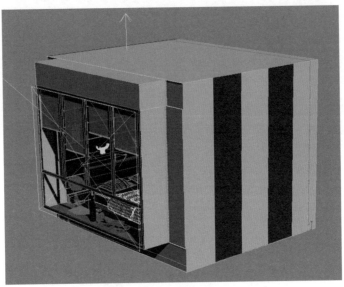

图 5-2-3-4

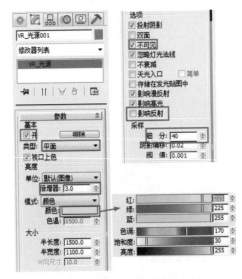

图 5-2-3-5

■ 天花板灯槽灯光

如图 5-2-3-6 所示，在天花板灯槽位置创建一盏 VR 面光源，并设置发光方向朝上。

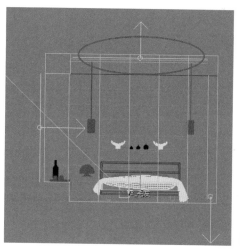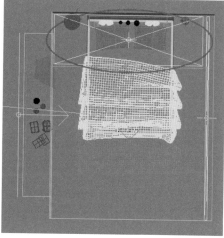

图 5-2-3-6

　　如图 5-2-3-7 所示，灯光类型为"平面"，亮度倍增值为3.0，灯光颜色 RGB 值为255、228、119的黄色，选项组中勾选"不可见"选项，将"影响反射"选项勾除，设置采样细分值为16。

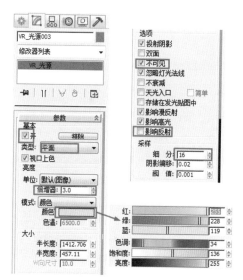

图 5-2-3-7

■ 壁柜灯槽灯光

　　如图 5-2-3-8 所示，在壁柜下方灯槽位置创建一盏 VR 面光源，并设置发光方向朝下。

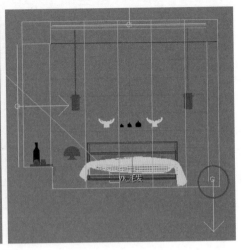

图 5-2-3-8

如图 5-2-3-9 所示，灯光类型为"平面"，亮度倍增值为 12，灯光颜色 RGB 值为 255、228、119 的黄色，选项组中勾选"不可见"选项，将"影响反射"选项勾除，设置采样细分值为 16。

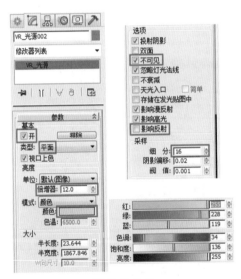

图 5-2-3-9

以上是本案例中四处灯光的详细参数，这些参数并不是绝对的，大家在学习中不要死记参数，这是学习 VR 渲染技巧最不好的习惯，所有的设置都必须经过测试渲染来验证才可以，要通过自己的观察来详细调整。下一个环节我们开始渲染部分的讲解。

5.2.4 现代风格卧室案例渲染流程详解

在第 4 章案例中我们基本上已经将 VR 渲染的技巧和流程做了一个非常详细的讲解，以后的章节我们将针对每个案例中不同的地方，有针对性地进行讲解，将不会对每个测试步骤都进行详细的说明了。

本章案例中由于有一个 VR 毛发的地毯存在，而 VR 毛发物体会非常消耗渲染时间，因此对于 VR 毛发物体而言，无论是在建模上还是参数设置上都有一定的技巧性，在开始测试渲染前我们先来看看本章案例中地毯的制作技巧。

如图 5-2-4-1 所示，这个布满网格的多边形物体是由一个分段数很高的 BOX 物体转换而成的，在转换完成后将底部的多边形全部删除，因为 VR 的毛发物体是依附在实体模型上的，这样做的好处是只有地毯物体的上表面和侧面才有毛发生成，底部看不到的面删除掉可以减少大量的毛发数量。VR 的毛发物体相当于产生了大量的多边形几何模型，如果控制不当而导致毛发数量太大，就会造成最后渲染的困难。

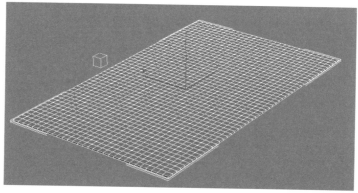

图 5-2-4-1

如图 5-2-4-2 所示，这是给多边形物体添加了 VR 毛发之后的情况，当前显示出的毛发效果只是一个标识而已，并不是最终渲染中所出现的毛发情况，这里只是一种简化预览的效果。

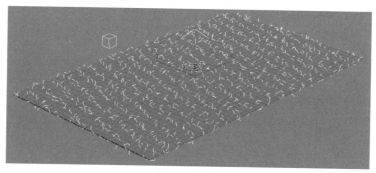

图 5-2-4-2

如图 5-2-4-3 所示，设置本案例中的毛发物体各项参数，对于各项参数的含义，本书第 3 章中有详细讲解，这里就不再重复了。

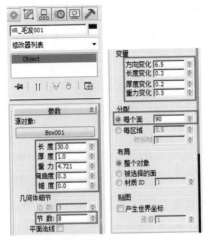

图 5-2-4-3

首先我们采取第 4 章中的技巧进行灯光测试渲染，我们用一个单色材质来替代场景中的全部材质进行渲染，将渲染输出尺寸设置为 600×580，全局参数及图像采样参数如图 5-2-4-4 所示，颜色映射参数如图 5-2-4-5 所示。

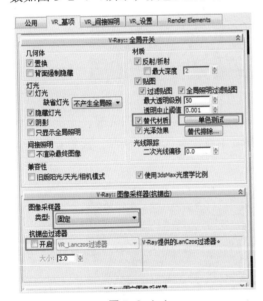

图 5-2-4-4

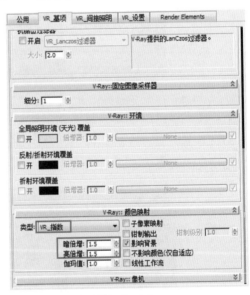

图 5-2-4-5

间接照明设置如图 5-2-4-6 所示，发光贴图设置如图 5-2-4-7 所示，灯光缓存设置如图 5-2-4-8 所示，DMC 采样设置如图 5-2-4-9 所示。

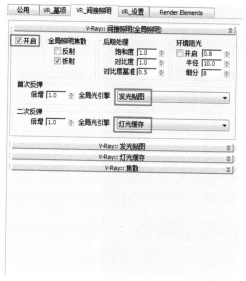

图 5-2-4-6

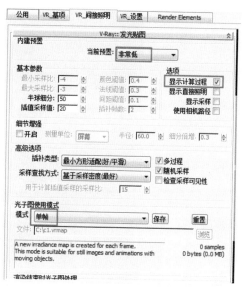

图 5-2-4-7

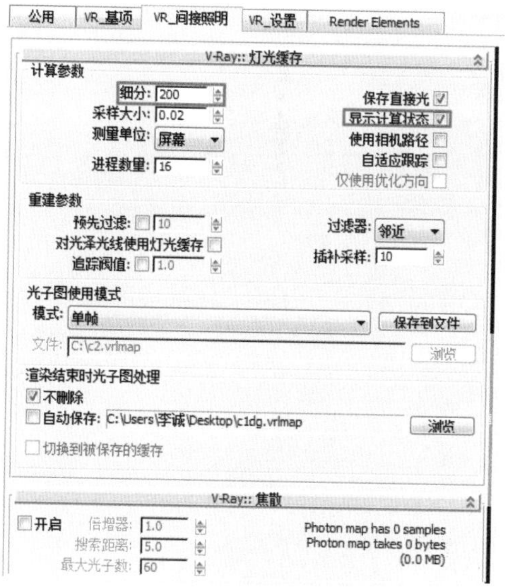

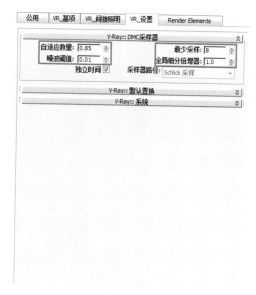

图 5-2-4-8

图 5-2-4-9

　　以上参数设置是品质较低的测试渲染参数，我们来看看渲染结果。如图 5-2-4-10 所示，我们看到的灯光效果还比较满意，这次的测试时间为 2 分 20 秒。接下来我们将 VR 毛发物体隐藏再次渲染，结果如图 5-2-4-11 所示，这次的测试时间为 1 分 11 秒，几乎是节省一半时间，说明 VR 毛发物体在渲染的时候是相当消耗渲染时间的。因此建议大家在测试渲染阶段最好把 VR 毛发物体隐藏，这样可以大大加快渲染速度。

图 5-2-4-10

图 5-2-4-11

　　下面列出最终渲染参数以供大家参考。渲染尺寸根据需要进行设定，这里给出的渲染尺寸是调用光子图文件渲染大图尺寸，如图 5-2-4-12 所示，将渲染输出尺寸设置为 3000×2900 像素。

　　全局开关和图像采样设置如图 5-2-4-13 所示，类型选择"自适应细分"，抗锯齿选项开启并设置抗锯齿过滤器类型为"VR_Lanczos 过滤器"。

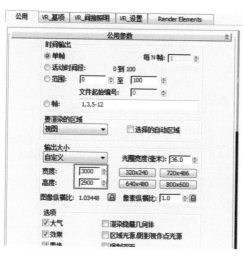

图 5-2-4-12

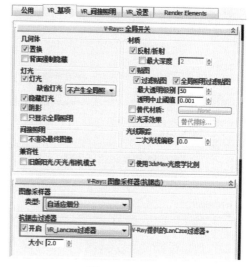

图 5-2-4-13

颜色映射设置如图 5-2-4-14 所示，设置类型为"VR_指数"，暗倍增和亮倍增均为 1.5。

间接照明设置如图 5-2-4-15 所示，勾选"开启"选项，设置首次反弹引擎为"发光贴图"，二次反弹引擎为"灯光缓存"。

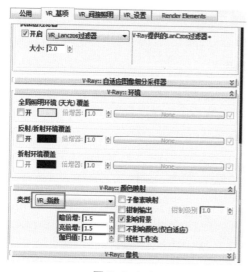

图 5-2-4-14

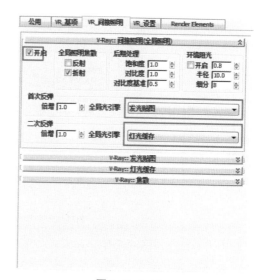

图 5-2-4-15

发光贴图设置如图 5-2-4-16 所示，这里我们选用调用光子图文件，因此品质设置就没有意义了，如果是首次渲染，大家参考图中设定即可。

灯光缓存设置如图 5-2-4-17 所示，同样这里也是调用光子图文件，如果是初次渲染，参考图中设置。

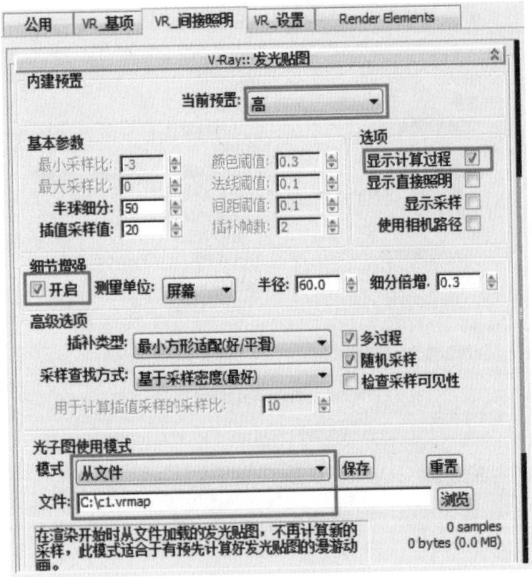

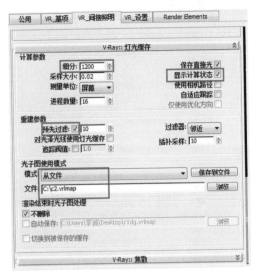

图 5-2-4-16   图 5-2-4-17

DMC 采样设置如图 5-2-4-18 所示，自适应数量值为 0.85，噪波阈值为 0.005，最少采样值为 16，全局细分倍增器值为 1.0。

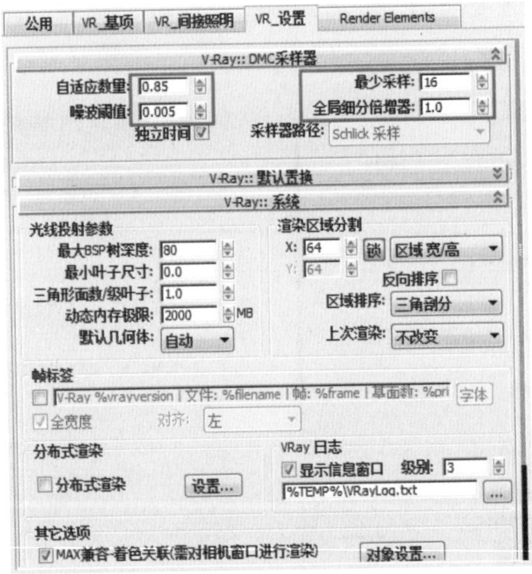

图 5-2-4-18

以上是最终渲染参数，大家可以根据自己计算机的配置来适当调整渲染参数，最终渲染结果如图 5-2-4-19 所示。

图 5-2-4--19

5.2.5 现代风格卧室案例后期处理详解

如图 5-2-5-1 所示，在 Photoshop 软件中打开我们最终渲染的 tga 源图文件。

图 5-2-5-1

如图 5-2-5-2 所示，双击"背景"图层，在弹出的"新建图层"对话框中单击"确定"按钮，生成新的背景图层。

图 5-2-5-2

我们观察到原图的光影及色彩效果已经比较理想了，需要调整一下画面的整体亮度及对比度。如图 5-2-5-3 所示，使用快捷键 Ctrl+M 打开"曲线"调节对话框，同时调整 RGB 通道，适当增强一下画面的整体亮度，使画面的阳光感觉更充分。如图 5-2-5-4 所示，单独调整蓝色通道曲线，增强蓝色通道强度，因为源图受到场景中材质以及灯光颜色的影响，整体有些偏黄，我们需要强化一点冷色调，使白色乳胶漆墙面看起来没那么偏黄，显得更白一些，调整完以后点击"确定"按钮。如图 5-2-5-5 所示，这是调整完曲线后的效果，我们可以看到亮度得到了提升，并且靠窗处的墙壁稍微有些偏冷色的感觉，室内的白色乳胶漆墙面也没有原来那么黄了。

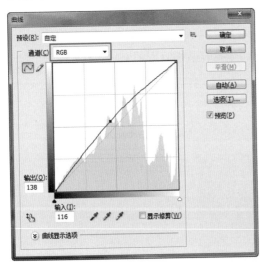

图 5-2-5-3

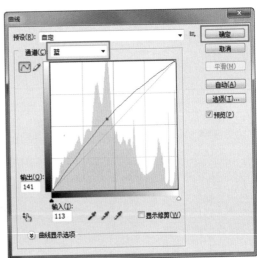

图 5-2-5-4

图 5-2-5-5

　　现在画面中的色彩及亮度基本上调整得比较满意了，但是画面的对比度还有些不理想，我们加大一下画面的对比度，如图 5-2-5-6 所示，在图像菜单中选择调整下级子菜单中的"亮度 / 对比度"选项。如图 5-2-5-7 所示，在弹出的对话框中将对比度的值增大到 40，点击确定按钮。

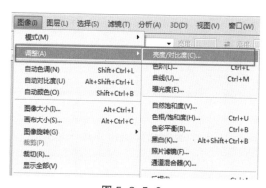

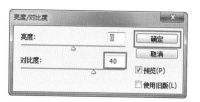

图 5-2-5-6　　　　　　　　　　　　　　　　图 5-2-5-7

　　如图 5-2-5-8 所示，经过对比度的调整，我们可以发现还是有明显的变化的，画面上那种发灰的感觉基本上没有了，白色的墙壁显得更白了，阴影部分显得更暗了，画面的对比关系得到了很好的改善。

图 5-2-5-8

到此，画面的整体校色就完成了，如果想要添加一些视觉特效，可以再加上一些柔光的感觉，如图 5-2-5-9 所示，在原图层上单击鼠标右键，在弹出的快捷菜单中选择"复制图层"，在弹出的"复制图层"对话框中点击确定按钮，将源图层复制一份。

图 5-2-5-9

图 5-2-5-10

选择我们复制出来的新图层，如图 5-2-5-11 所示，选择滤镜菜单中模糊下拉菜单中的"高斯模糊"选项，如图 5-2-5-12 所示，在弹出的设置对话框中设置模糊半径为15 像素，点击确定按钮。如图 5-2-5-13 所示，将模糊后的图层选择"柔光"的叠加方式，并设置该图层的不透明度为 50%。

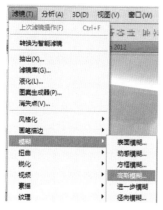
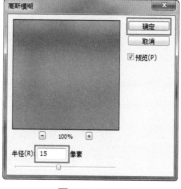

图 5-2-5-11   图 5-2-5-12   图 5-2-5-13

　　如图 5-2-5-14 所示，增加柔光效果之后，画面看起来有些梦幻的感觉，最后根据自己的需要添加一些文字信息，这里就不再讲述了。

图 5-2-5-14

5.3　本章小结

5.3.1 如何根据场景选择合适的灯光效果

　　在前文中我们针对本章案例进行了详细的分析，说明了为什么这个案例选择用日景效果表现，这也是选择灯光制作方式的主要原因。大家可以看到，本章案例中我们的场景风格是一种现代简约风格，在材质的选择上以浅色调为主，并且场景中有一扇面积很大的窗口，所以非常适合制作日景效果，并且日景效果在制作过程中对灯光的把控也更容易控制，因为灯光数量越少，就越容易把握。

如果我们碰到的是一种窗口很小，并且主色调为深色的场景，那么使用日景就不太容易表达出效果，因为这类场景天空光进入室内比较少，所以很难用日光和天光来做主光源，从而导致阳光和天光对物体的阴影影响比较弱。这类场景我们就必须依靠室内模拟人造光源来强化照明，而主光源也就转移为室内人造光源。

大多数时候，模拟室内人造光源需要灯光的数量是比较多的，例如天花板上的筒灯、吊灯以及灯槽，墙壁上的壁灯，桌面上的台灯，地板上的落地灯等等，这些都是室内常见光源，而想把这些光源效果都表达出来则需要大量的灯光，如果灯光设置得不合理，相互之间就会产生干扰。并且从这些光源中还要分主次光，对不同的灯光设置就很考验大家"打灯"的经验了。

因此笔者对初学者的建议是，如果你对灯光制作的经验不足，那么就尽可能地用阳光加天光的组合形式，也就是日景效果来表达场景，这样就可以减少对模拟人造光源的依赖，大大地减少灯光制作这个环节的工作。

5.3.2 本章案例重点

本章案例的重点需要大家掌握的地方有以下两点：

（1）VR 毛发物体的运用，VR 毛发物体可以很方便地制作出类似地毯、毛巾之类的效果，但 VR 毛发的渲染速度又确实非常的慢，因此如何平衡好 VR 毛发的参数就需要大家在不断的测试中总结经验了。

（2）需要大家了解的是，在效果图场景制作中，要考虑到环境因素对材质的影响。例如本章案例中，在摄像机看不到的那面墙壁材质的问题上，我们并没有制作一种单色的白色乳胶漆墙壁，而是制作了一个黑白相间的墙面，目的是为了让床头上方的镜子在反射的时候不会只出现一面单调的白墙。

（3）在设计的角度上希望大家认真阅读本章第 1 节。

5.4 课后巩固内容

（1）VR 毛发物体的运用。

（2）木料材质的制作。

（3）阳光与天空结合的灯光表现方式。

第6章

案例3——古典风格卧室表现

本章重点

● 古典风格设计方案分析。

● 简易通道图制作方法。

6.1 古典风格卧室效果表现案例

6.1.1 案例分析

242

　　本章案例是一个古典风格的卧室场景，首先我们从色彩搭配方面来分析案例，墙面的设计以浅色调为主，配以白色的天花加上米黄色的床头背景墙，这样的搭配使色彩看起来显得古典、明亮、简约大方，使整个空间给人以明亮宽敞的感觉，让整个环境不显局促。采用重色调的天花花边以及地板，使得场景中色彩不至于太过于单调，如果全部场景都采用浅色，将会使画面看起来不够厚重感，会有些"飘"的感觉。在家具的色彩选择上，由于卧室的家具主要是床及床头柜，床上用品以布艺用品为主，在床单及枕头色彩的选择上为了与整体墙面的浅色调呼应，也选择了以浅色为主。因为整体场景色彩偏暖色调，这里在窗帘中加入一些蓝色，为的是在色彩上起到一些互补作用，让色彩感更为丰富一些。

　　下面我们分析一下灯光方面的问题，由于方案色彩的原因，我们的场景色彩是以浅色调为主，因此不太适合使用夜景的表达方式，而且案例场景中有一扇面积较大的窗户，使用阳光及室外环境光作为主光源，以明亮的画面表达方式可以更好、更生动地营造一种温馨、舒适、优雅及带有古典风格中庄重的感觉，达到了我们所需要的风格效果。

　　虽然我们的主光源是自然光，但是室内的装饰光源还是很重要的，在这里我们选择了筒灯和台灯光源的表现形式。筒灯和台灯光源主要的作用是为了烘托卧室的温馨气氛，选择用黄色这种暖色调灯光来作为人造光源的色彩，使背景墙的颜色变化更加丰富，其次暖色灯也很好地和场景材质起到呼应作用。在场景中后方加了一个偏浅蓝色的补色光源，让物体的阴暗面偏一点蓝色调，从窗户到床头柜由暖到冷的变化，使得整个场景不完全偏暖色调，层次感更丰富一些。

最后我们来谈谈像机角度的问题。本章案例中构图是房间的一个角落，家具主要是床，对于此场景我们表现的意图主要以房间的氛围、装饰为主，将主要的物体特意安排在画面的某一角度或某一边，并使之在图中所占比例比其他衬托物体略高，这样就造成了画面的轻重对比，床脚处留出的通道使得画面中呈现一个通道，这种处理方式使得画面看起来显得更加通透，画面效果给人以思考和想象的空间，并留下进一步判断的余地，富于韵味和情趣。这里我们选择了一种平视的角度，从房间的一个角落向另一个角落稍微偏斜一点的视角来表现，运用两点透视使得画面的透视感强烈。视平线的高度定在 1200 mm 左右，略比床高一点，画面的长宽比接近 4：3 的比例，这样可以看到床的上表面，而且大部分物体集中在左边的构图形式，将人的视线强烈地引向主体中心，起到视线聚集的作用，突出主体物的鲜明特点，产生压迫中心，更贴合场景古典气氛的效果。其余的装饰物品虽然不多，但也起到点缀的作用，并不显得杂乱。

6.1.2 古典欧式风格卧室案例材质制作详解

■ 白乳胶漆材质

如图 6-1-2-1 所示，新建一个"VRayMtl"材质，将材质命名为"白乳胶漆"，设置漫反射为亮度值 235 的灰白色，反射为亮度值 20 的深灰色，使乳胶漆材质有一些轻微的反射效果。设置"反射光泽度"值为 0.5，让材质成为大面积漫反射材质效果，反射"细分"值为 32。

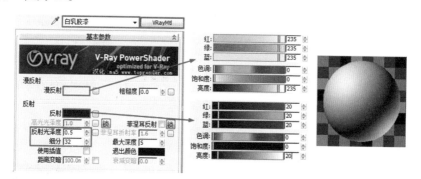

图 6-1-2-1

■ 浅黄乳胶漆材质

如图 6-1-2-2 所示，新建一个"VRayMtl"材质，将材质命名为"浅黄漆"，设置漫反射 RGB 值为 237、208、129 的浅黄色，反射亮度值为 25 的深灰色，解锁"高光光泽度"选项并设置值为 0.7，"反射光泽度"值为默认 1.0，反射"细分"值为 32。进入选项卷展栏，去掉"跟踪反射"的选项。

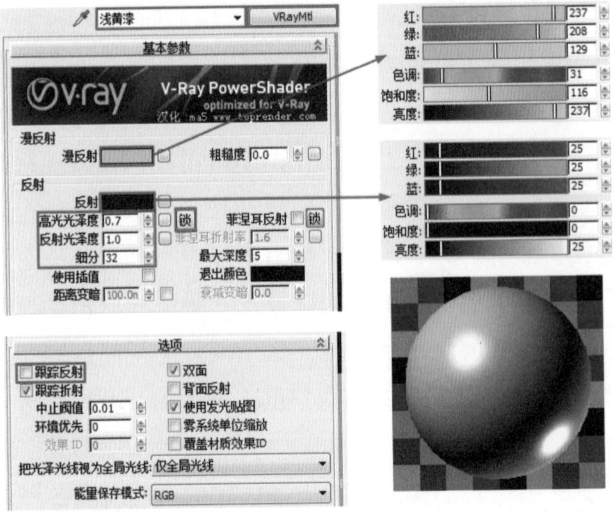

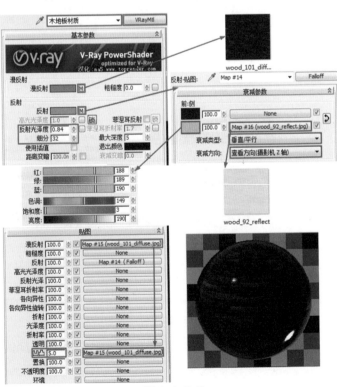

图 6-1-2-2

小贴士

　　"跟踪反射"选项去除后，材质保留了高光光泽但是不再计算反射，作为墙体材质而言，本来就对反射几乎没有需求，如果保持该选项为选中状态，则会看到材质有较强的反射效果，也不像墙体效果。除此以外，不勾选"跟踪反射"选项也会大大提升材质渲染的速度。

■ 木地板材质

　　如图 6-1-2-3 所示，新建一个"VRayMtl"材质，将材质命名为"木地板材质"，在漫反射贴图中指定一张"wood_101_diffuse.jpg"的木纹地板位图贴图，设置位图贴图为"纹理"类型，将"使用真实世界比例"选项勾除，设置模糊值为 0.1。在反射贴图中指定一个"Falloff"（衰减）的程序贴图，前景色设置为纯黑色，后景色设置 RGB 值为 188、189、190 的浅蓝色，并指定一

图 6-1-2-3

张"wood_92_reflect.jpg"的木纹理贴图，设置位图贴图为"纹理"类型，将"使用真实世界比例"选项勾除，设置模糊值为0.1。衰减类型为"垂直／平行"，衰减方向为"查看方向（摄影机 Z 轴）"。"反射光泽度"设置值为0.84，反射"细分"值为32。由于地板在画面中的面积比较大，此处的细分值设置得较高，在渲染输出大尺寸图时可以适当降低细分值。进入贴图卷展栏，将漫反射中的纹理贴图复制给凹凸贴图，并设置凹凸贴图强度为5。

将制作好的地板材质指定给地板模型，并设置地板模型的贴图坐标，如图 6-1-2-4 所示，选择地板模型并用快捷键 Alt+Q 孤立出来，给地板模型添加一个"UVW 贴图"修改命令，进入"Gizmo"层级，进入参数卷展栏，贴图为"平面"，长度为 3000 mm，宽度为 2000 mm，再利用移动工具调节贴图坐标位置，使贴图在接缝位置上能够和墙角线相匹配。

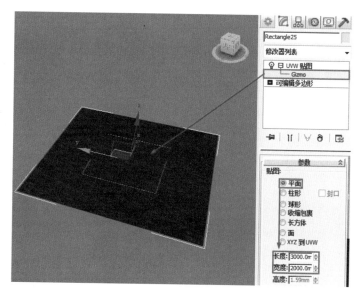

图 6-1-2-4

■ 床头墙面花纹玻璃材质

如图 6-1-2-5 所示，新建一个"VRayMtl"材质，将材质命名为"花纹玻璃"，在漫反射贴图中指定一张"5014936_151849225368_2.jpg"的花纹位图贴图，设置模糊值为0.01。反射为亮度值 20 的深灰色，"反射光泽度"值为默认 1.0，反射"细分"值为36。

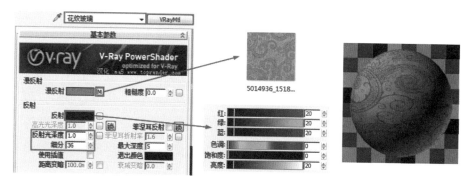

图 6-1-2-5

245

■ 床头柜台材质

如图 6-1-2-6 所示，新建一个"Multi/Sub-Object"（多维子对象）材质，将材质命名为"柜台"，设置材质数量为 3。1 号 ID 材质新建一个"VRayMtl"材质，将材质命名为"柜木"，漫反射贴图中指定一张"2a.jpg"的木纹位图贴图，模糊值为 0.1。反射贴图中指定一个"Falloff"（衰减）的程序贴图，前景色设置为纯黑色，后景色设置为纯白色，衰减类型为"Fresnel"，衰减方向为"查看方向（摄影机 Z 轴）"，折射率为 2.6。"反射光泽度"值为 0.85，反射"细分"值为 32。

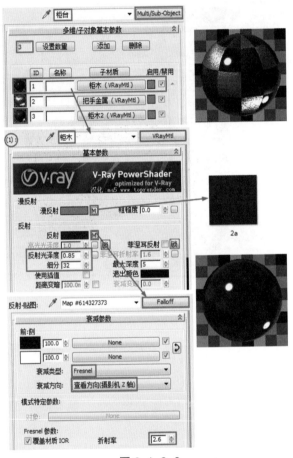

图 6-1-2-6

如图 6-1-2-7 所示，2 号 ID 材质新建一个"VRayMtl"材质，将材质命名为"把手金属"，漫反射设置 RGB 值为 172、125、65 的中黄色，反射设置 RGB 值为 163、144、111 的浅黄色，"反射光泽度"值为 0.6，反射"细分"值为 32。进入贴图卷展栏，凹凸贴图中新建一个"Mix"（混合）材质，颜色 #1 贴图中新建"Noise"材质，"瓷砖"值为 U:0.1,V:1000,W:0.1，模糊值设为 0.01。将颜色 #1 中的"Noise"材质复制给颜色 #2。

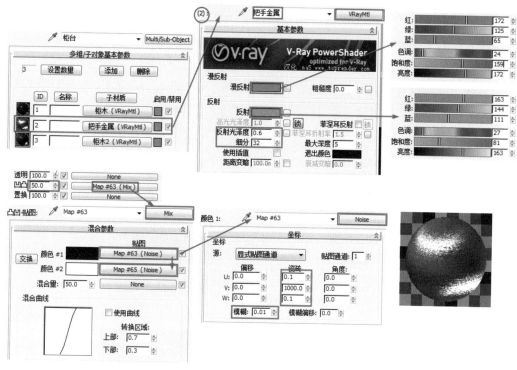

图 6-1-2-7

如图 6-1-2-8 所示，给 3 号 ID 材质新建一个 "VRayMtl" 材质，将材质命名为 "柜木 2"，给漫反射贴图中指定一张 "4.jpg" 的木纹位图贴图，设置模糊值为 0.1。反射贴图中指定一个 "Falloff"（衰减）的程序贴图，前景色设置为纯黑色，后景色设置 RGB 为 221、237、255 的浅蓝色，衰减类型为 "Fresnel"，衰减方向为"查看方向（摄影机 Z 轴）"，折射率为 1.6。解锁 "高光光泽度" 选项并设置值为 0.7，"反射光泽度" 值为 0.85，反射 "细分" 值为 8。将墙面的材质 ID 号分配好以后，给墙体模型指定当前材质。

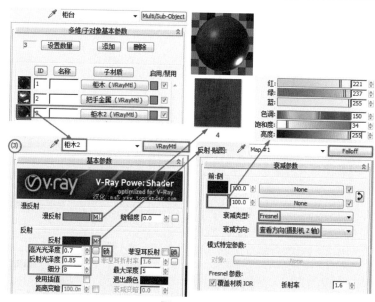

图 6-1-2-8

■ 窗帘材质

如图 6-1-2-9 所示，新建一个 "VRayMtl" 材质，将材质命名为 "窗帘"，漫反射贴图中指定一张 "29.gif" 的花纹位图贴图，设置模糊值为 0.1。反射设置为亮度值 16 的深灰色，"反射光泽度" 值为 0.8，反射 "细分" 值为 24，勾选 "菲涅耳反射" 选项。进入贴图卷展栏，将漫反射中的纹理贴图复制给凹凸贴图，并设置凹凸贴图强度为 30。

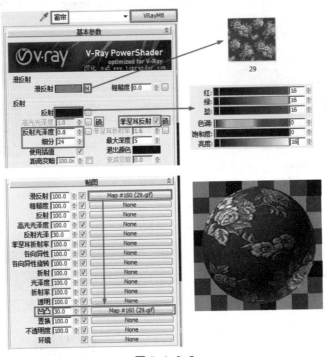

图 6-1-2-9

■ 纱窗帘材质

如图 6-1-2-10 所示，新建一个 "VRayMtl" 材质，将材质命名为 "纱窗帘"，漫反射设置 RGB 值为 207、227、252 的浅蓝色。反射和折射 RGB 值均为 0。折射的 "光泽度" 值为默认 1.0，反射 "细分" 值为 32，"折射率" 为 1.01，"最大深度" 值为 5，勾选 "影响阴影" 选项。

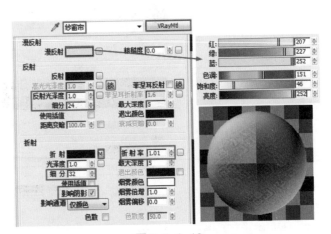

图 6-1-2-10

如图 6-1-2-11 所示，在折射贴图中指定一个"Mix"（混合）贴图，点击"交换"颜色，颜色 1 贴图中指定一个"Falloff"（衰减）的程序贴图，前景色设置为纯白色，后景色设置为纯黑色，衰减类型为"垂直 / 平行"，衰减方向为"局部 Y 轴"，进入混合曲线卷展栏，右击右上角黑点选择"Bezier- 角点"，单击移动出现的点调整如下图所示的位置。

如图 6-1-2-12 所示，在颜色 2 贴图中指定一个"Falloff"（衰减）的程序贴图，前景色设置为纯白色，后景色设置为纯黑色，衰减类型为"垂直 / 平行"，衰减方向为"查看方向（摄影机 Z 轴）"，以同样方法调整颜色 2 的混合曲线，如图所示。

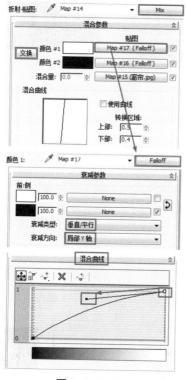

图 6-1-2-11

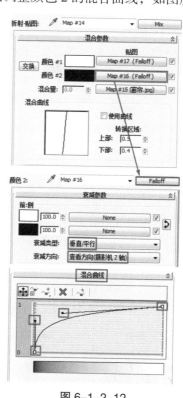

图 6-1-2-12

如图 6-1-2-13 所示，在混合量贴图中指定一张"窗帘 .jpg"的布纹位图贴图，进入坐标卷展栏，"瓷砖"值为 U:3,V:2，模糊值为 0.1；混合曲线中的转换区域"上部"值为 0.5，"下部"值为 0.4。

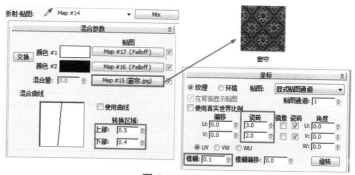

图 6-1-2-13

■ 窗框材质

如图 6-1-2-14 所示，新建一个 "VRayMtl" 材质，将材质命名为 "窗框"，漫反射设置 RGB 值为 169、150、123 的黄褐色，反射设置为亮度值 65 的深灰色，"反射光泽度" 值为 0.7，反射 "细分" 值为 24。

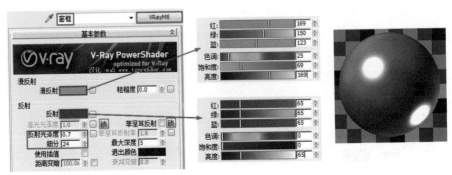

图 6-1-2-14

■ 踢脚线材质

如图 6-1-2-15 所示，新建一个 "VR_材质包裹器" 材质，将材质命名为 "踢脚线"，"产生全局照明" 值为 0.5。在基本材质贴图中指定一个 "VRayMtl" 材质贴图，将材质命名为 "木纹 2"，在漫反射贴图中指定一张 "2a.jpg" 的木纹位图贴图，进入坐标卷展栏，"瓷砖" 值为 U:8,V:5，模糊值为 0.1。反射贴图中指定一个 "Falloff"（衰减）的程序贴图，前景色设置为纯黑色，后景色设置 RGB 值为 205、229、255 的浅蓝色，衰减类型为 "Fresnel"，衰减方向为 "查看方向（摄影机 Z 轴）"，"折射率" 为 2.2。解锁 "高光光泽度" 选项并设置值为 0.75，"反射光泽度" 值为 0.9，反射 "细分" 值为 32。

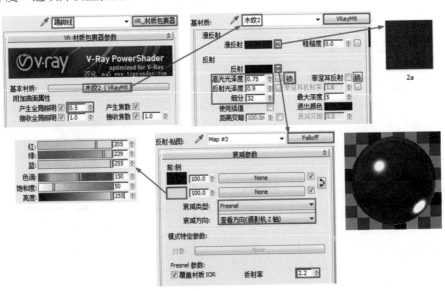

图 6-1-2-15

■ 枕头材质

　　如图6-1-2-16所示，新建一个"VRayMtl"材质，将材质命名为"枕头1"，在漫反射贴图中指定一张"008.jpg"的花纹位图贴图，反射亮度值为10的深灰色，"反射光泽度"值为0.5，反射"细分"值为32。

　　进入贴图卷展栏，将漫反射中的纹理贴图复制给凹凸贴图，并设置凹凸贴图强度为30。其余的几个枕头材质均是同样的做法。

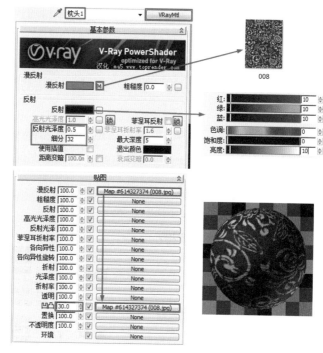

图6-1-2-16

■ 床垫材质

　　如图6-1-2-17所示，新建一个"VRayMtl"材质，将材质命名为"床垫和枕头"，在漫反射贴图中指定一张"1214962547.jpg"的花纹位图贴图，设置模糊值为0.01。解锁"高光光泽度"选项并设置值为0.6，"反射光泽度"值为默认1.0，反射"细分"值为36。

　　进入贴图卷展栏，将漫反射中的纹理贴图复制给凹凸贴图，并设置凹凸贴图强度为10。

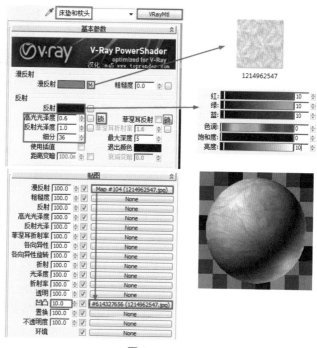

图6-1-2-17

■ 树叶材质

如图 6-1-2-18 所示，新建一个"VRayMtl"材质，将材质命名为"树叶"，在漫反射贴图中指定一张"Archmodels66_leaf_18.jpg"的树叶纹位图贴图，设置模糊值为0.1。反射设置亮度值为 25 的深灰色，"反射光泽度"值为 0.64，反射"细分"值为16。折射设置亮度值为 20 的深灰色，使树叶有种通透的质感，"光泽度"为 0.2，折射"细分"值为 8。

进入贴图卷展栏，在凹凸贴图中指定一张"Archmodels66_leaf_18_bump.jpg"的树叶纹位图贴图，并设置凹凸贴图强度为 50，纹理贴图的设置和漫反射贴图设置一样。

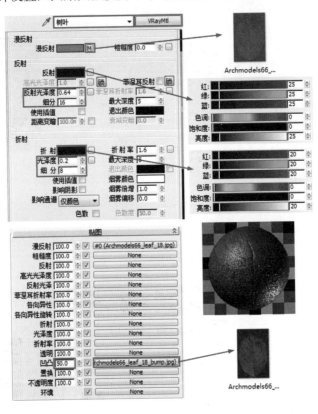

图 6-1-2-18

■ 烛台金属材质

如图 6-1-2-19 所示，新建一个"VRayMtl"材质，将材质命名为"烛台金属"，漫反射设置 RGB 值为 205、149、77 的黄色，反射设置 RGB 值为 255、219、161 的浅黄色，"反射光泽度"值为 0.85，反射"细分"值为 8。进入 BRDF- 双向反射分布功能卷展栏，选择"Ward"（沃德）选项，各向异性值为 0.5。

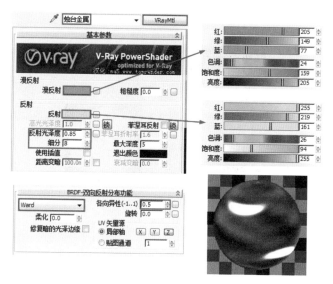

图 6-1-2-19

■ **台灯材质**

如图 6-1-2-20 所示，新建一个 "VRayMtl" 材质，将材质命名为 "台灯"，漫反射设置 RGB 值为 117、91、79 的中褐色，反射设置 RGB 值为 108、73、50 的中褐色，"反射光泽度" 值为 0.85，反射 "细分" 值为 8。进入 BRDF- 双向反射分布功能卷展栏，选择 "Ward" （沃德）选项。

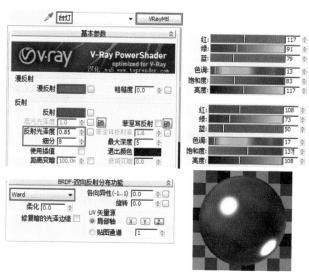

图 6-1-2-20

■ **筒灯材质**

如图 6-1-2-21 所示，新建一个 "VR_发光材质" 材质，将材质命名为 "筒灯自发光"，颜色设置 RGB 值为 255、211、92 的浅黄色，值为 2。

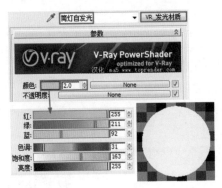

图 6-1-2-21

■ 皮革沙发材质

如图 6-1-2-22 所示，新建一个"VRayMtl"材质，将材质命名为"皮革"，漫反射贴图中指定一张"1214962547.jpg"的花纹位图贴图，设置模糊值为 0.1。反射设置亮度值为 17 的深灰色，解锁"高光光泽度"选项并设置值为 0.62，"反射光泽度"值为 0.65，反射"细分"值为 36。折射指定一个"Falloff"（衰减）程序贴图，设置前景色为纯黑色，背景色为纯白色，衰减类型为"Fresnel"，衰减方向为"查看方向（摄影机 Z 轴）"，"折射率"为 1.6，反射"细分"值为 36，折射"细分"值为 24。

进入 BRDF- 双向反射分布功能卷展栏，选择"Phong"选项。进入贴图卷展栏，凹凸贴图中指定一张"ArchInteriors_12_02_leather_bump.jpg"的凹凸位图贴图，并设置凹凸贴图强度为 5，纹理贴图的设置参考木地板材质纹理贴图。

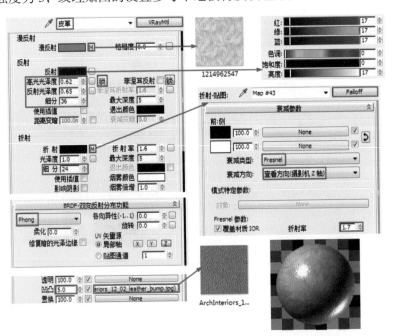

图 6-1-2-22

254

■ 灯罩材质

如图 6-1-2-23 所示，新建一个"VRayMtl"材质，将材质命名为"灯罩"，漫反射贴图中指定一张"ramlighting429sc2.jpg"的花纹位图贴图，设置模糊值为 0.1。反射设置亮度值为 24 的深灰色，"反射光泽度"值为 0.76，反射"细分"值为 24。折射设置亮度值为 58 的深灰色，折射"光泽度"为默认值 1.0，折射"细分"值为 8，进入贴图卷展栏，凹凸贴图中指定一张"merble_021.jpg"的凹凸位图贴图，并设置凹凸贴图强度为 8，设置模糊值为 0.1。

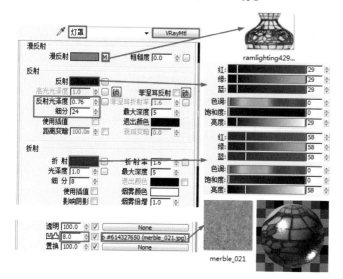

图 6-1-2-23

■ 背景板材质

如图 6-1-2-24 所示，新建一个"VR_发光材质"材质，将材质命名为"背景板"，颜色贴图中指定一张"001.jpg"的背景位图贴图，设置模糊值为 0.1。

图 6-1-2-24

■ 地毯材质

如图 6-1-2-25 所示，新建一个"VRayMtl"材质，将材质命名为"地毯"，漫反射贴图中指定一张"tan063.jpg"的地毯位图贴图，设置模糊值为 0.01。反射设置亮度值为 20 的深灰色，"反射光泽度"值为 0.55，反射"细分"值为 32。进入贴图卷展栏，凹凸贴图中指定一张"BW-001.jpg"的凹凸位图贴图，并设置凹凸贴图强度为60，进入坐标卷展栏，"瓷砖"值为U:4,V:3，模糊值为0.1。

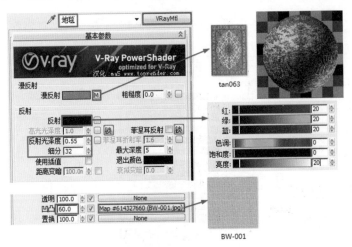

图 6-1-2-25

以上材质详解部分已包含场景中主要材质内容，部分模型在模型库调用时就包含材质信息，而且方法都一样，这里就不说了，大家可以参考光盘中最终完成案例场景自行学习。

6.1.3 古典风格卧室案例灯光制作详解

如图6-1-3-1所示，本场景中总共有五处灯光设定，分别是：阳光、窗口模拟天光、筒灯、台灯、补光灯。场景的主光源是窗口模拟天光，阳光除了起照明作用以外，更主要的是产生阳光的投影效果，使画面更生动，天花板的筒灯和台灯的灯光主要起装饰作用，对场景的光线影响不大；补光灯即相当于摄影道具中的反光板，它的作用是为了阴暗面效果不会因遇到光线或强或弱而造成马赛克、虚焦、黑暗等状况发生。下面我们分别看看这五种灯光的详细参数。

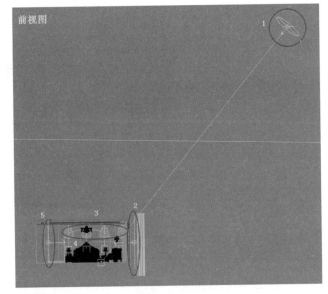

图 6-1-3-1

■ 阳光

如图 6-1-3-1 以及图 6-1-3-2 所示，在场景中创建一个合适角度的"VR_太阳"灯光。

如图 6-1-3-3 所示，"VR_太阳"灯光参数调整有四处，勾选"不可见"选项，将"混浊度"值设置为 7.5，"强度倍增"值设置为 0.03，"阴影细分"值设置为 16。

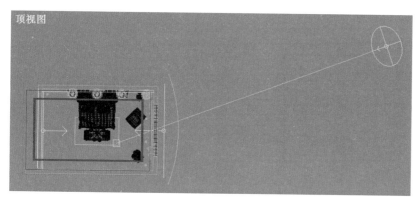

图 6-1-3-2

图 6-1-3-3

■ 窗口模拟天光

如图 6-1-3-4 所示，在窗外附近创建一盏 VR 面光源，发光方向朝向室内。

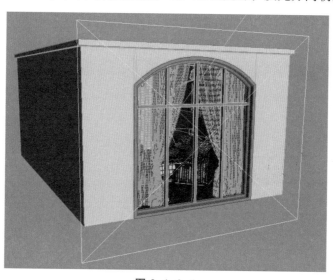

图 6-1-3-4

如图 6-1-3-5 所示，灯光类型为"平面"，亮度倍增值为 4.0，灯光颜色 RGB 值为 249、240、187 的浅黄色，选项组中勾选"不可见"选项，设置采样细分值为 32。

图 6-1-3-5

258

■ 筒灯灯光

如图 6-1-3-6 所示，在筒灯下方位置创建一盏光度学"目标灯光"，并设置发光方向朝下方，在顶视图对齐筒灯模型位置以实例的方式复制 3 盏灯。这里筒灯灯光使用的是 3ds Max 自带的光度学灯光，创建的方式和第 4 章中 VR_IES 灯光相似，这里就不重复说明了。

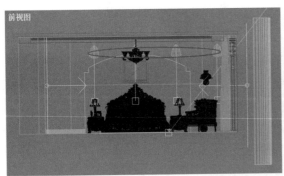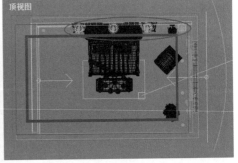

图 6-1-3-6

如图 6-1-3-7 所示，进入常规参数卷展栏，勾上"启用"阴影，使用"VRayShadow"（VRay 阴影）选项，灯光分布（类型）使用"光度学 Web"灯光，进入分布（光度学 Web）卷展栏，选择光度学文件"16"，进入强度 / 颜色 / 衰减卷展栏，使用"D65 Illuminant（基准白色）"选项，过滤颜色 RGB 值为 255、211、91 的黄色，强度上选择 cd 值为 50，其他参数保持默认不变。

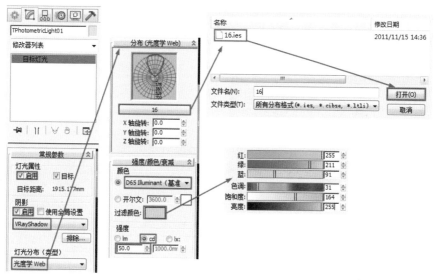

图 6-1-3-7

■ 台灯灯光

如图 6-1-3-8 所示，在台灯灯罩下方位置创建一盏 VR 球体光源。用实例关联的方式复制这个 VR 球体光源到另一处台灯的下方。

如图 6-1-3-9 所示，灯光类型为"球体"，亮度倍增值为 6，灯光颜色 RGB 值为 255、219、156 的黄色，选项组中勾选"不可见"选项，设置采样细分值为 32。

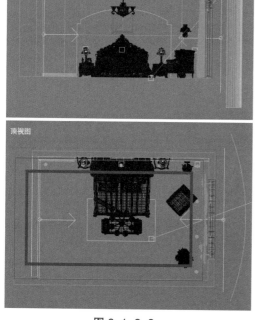

图 6-1-3-8

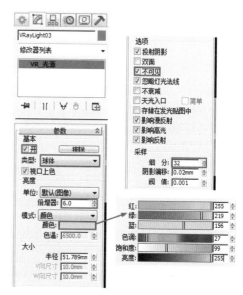

图 6-1-3-9

■ 补光灯

如图 6-1-3-10 所示，在场景后方附近创建一盏 VR 面光源，发光方向朝向室内。

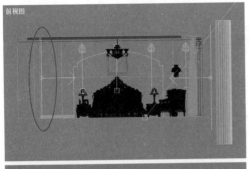

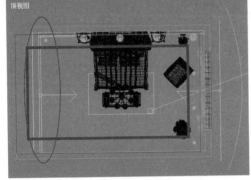

图 6-1-3-10

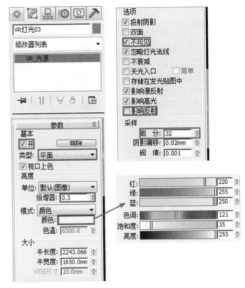

图 6-1-3-11

如图 6-1-3-11 所示，灯光类型为"平面"，亮度倍增值为 0.3，灯光颜色 RGB 值为 220、255、250 的浅蓝色，选项组中勾选"不可见"选项，将"影响反射"选项勾除，设置采样"细分"值为 32。

以上是本案例中五处灯光的详细参数，这些参数并不是绝对的，对光感要有一定的了解，并且所有的设置都必须经过测试渲染来验证才可以，要通过自己的观察来详细调整。测试渲染和最终渲染都会有调整参数，大家在学习中不要死记参数，下一个环节我们开始渲染部分的讲解。

6.1.4 古典风格卧室案例渲染流程详解

本章案例中没有太多复杂的模型，首先我们采取第 4 章中的技巧进行灯光测试渲染，我们用一个单色材质来替代场景中的全部材质进行渲染，将渲染输出尺寸设置为 600×480，全局参数及图像采样参数如图 6-1-4-1 所示排除场景中的透明窗和背景板，否则场景渲染出来没有阳光进入场景中。颜色映射参数如图 6-1-4-2 所示。

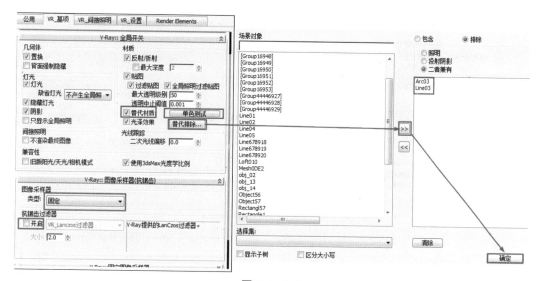

图 6-1-4-1

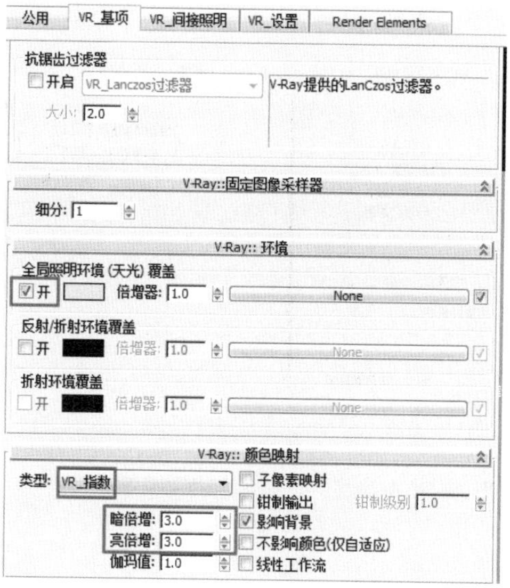

图 6-1-4-2

　　间接照明设置如图 6-1-4-3 所示，发光贴图设置如图 6-1-4-4 所示，灯光缓存设置如图 6-1-4-5 所示，DMC 采样设置如图 6-1-4-6 所示。

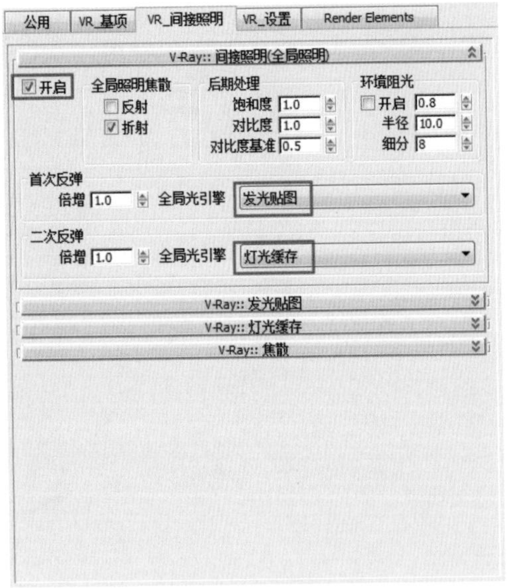

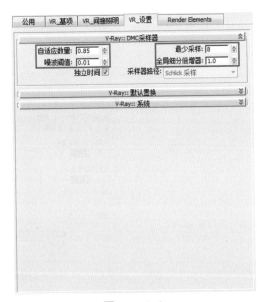

图 6-1-4-3

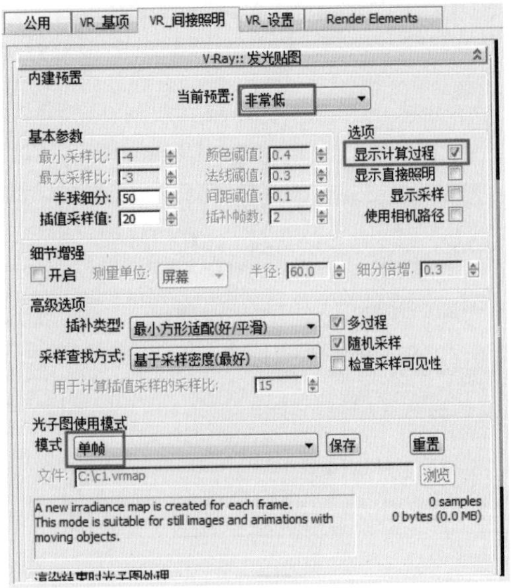

图 6-1-4-4

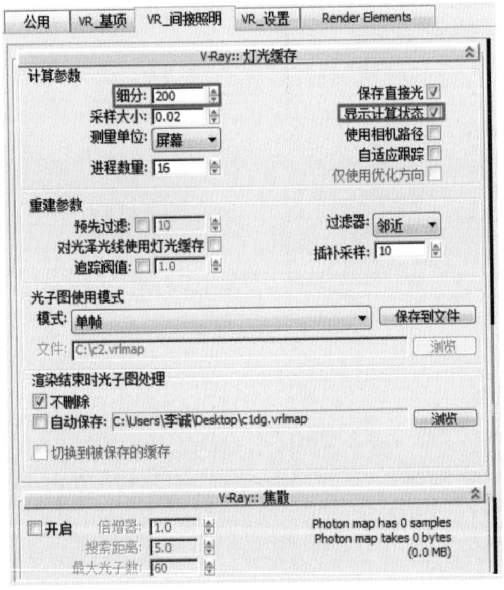

图 6-1-4-5

图 6-1-4-6

　　以上参数设置是品质较低的测试渲染参数，我们来看看渲染结果。如图 6-1-4-7 所示，我们看到的灯光效果还比较满意，这次的测试时间为 1 分 47 秒。

图 6-1-4-7

下面列出最终渲染参数以供大家参考。渲染尺寸根据需要进行设定，这里给出的渲染尺寸是调用光子图文件渲染大图尺寸，如图 6-1-4-8 所示，将渲染输出尺寸设置为 2400×1800 像素。

全局开关和图像采样设置如图 6-1-4-9 所示，类型选择"自适应细分"，抗锯齿选项开启并设置抗锯齿过滤器类型为"VR_Lanczos 过滤器"。

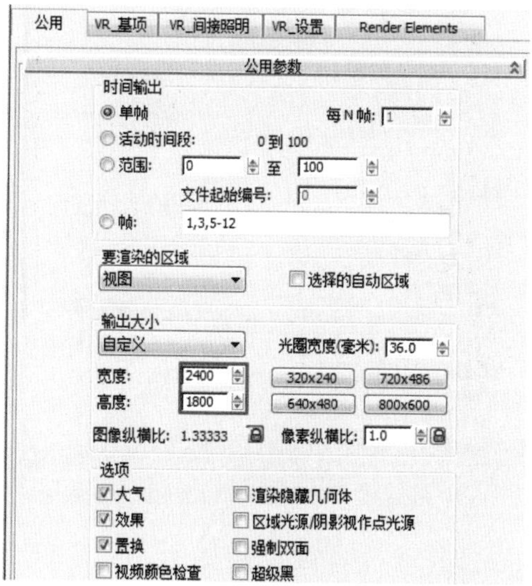

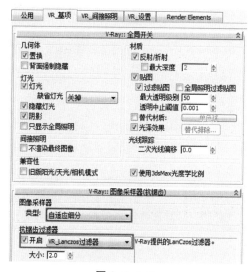

图 6-1-4-8

图 6-1-4-9

环境设置如图 6-1-4-10 所示，开启全局照明环境（天光）覆盖，颜色映射设置类型为"VR_指数"，暗倍增和亮倍增均为 3。

间接照明设置如图 6-1-4-11 所示，勾选"开启"选项，设置首次反弹引擎为"发光贴图"，二次反弹引擎为"灯光缓存"。

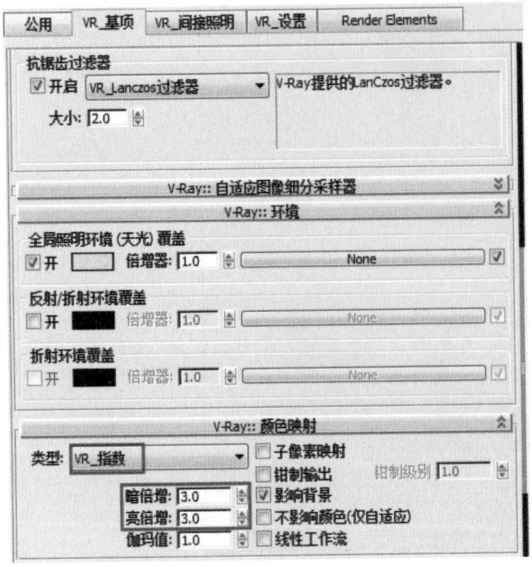

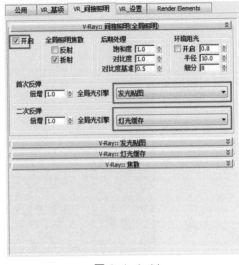

图 6-1-4-10 （左）

图 6-1-4-11

发光贴图设置如图 6-1-4-12 所示，这里我们选用调用光子图文件，因此品质设置就没有意义了，如果是首次渲染，大家在参考图中设定即可。

灯光缓存设置如图 6-1-4-13 所示，同样这里也是调用光子图文件，如果是初次渲染，在参考图中设置即可。

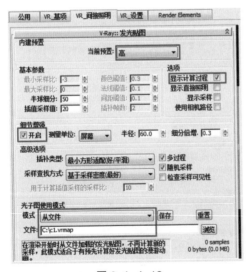

图 6-1-4-12

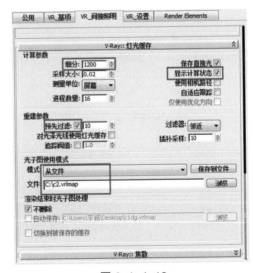

图 6-1-4-13

DMC 采样设置如图 6-1-4-14 所示，自适应数量值为 0.85，噪波阈值为 0.003，最少采样值为 16，全局细分倍增器值为 1.0。

在这个场景中简单介绍一下 3ds Max 自带的渲染通道图的方法，渲染 3ds Max 自带的通道图虽然没有使用插件效果好，通道颜色上识别不够多，可是使用的方法更简单。渲染通道对场景后期处理有很大的帮助，设置的方法如图 6-1-4-15 所示。进入 Render Elements 面板，进入渲染元素面板，添加一个"VR_ 线框颜色"。

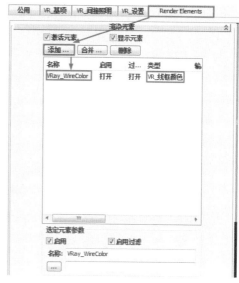

图 6-1-4-14　　　　　　　　　　　　　　　　图 6-1-4-15

　　以上是最终渲染参数，大家可以根据自己的计算机配置来适当调整渲染参数，最终渲染的通道图和效果图如图 6-1-4-16、图 6-1-4-17 所示。

图 6-1-4-16

图 6-1-4-17

6.1.5 古典风格卧室案例后期处理详解

如图 6-1-5-1 所示，在 Photoshop 软件中打开我们最终渲染的 tga 源图文件。

图 6-1-5-1

如图 6-1-5-2 所示，双击"背景"图层，在弹出的"新建图层"对话框中单击"确定"按钮，生成新的背景图层。

图 6-1-5-2

我们需要调整一下画面的整体亮度及对比度。如图 6-1-5-3 所示，使用快捷键 Ctrl+M 打开"曲线"调节对话框，同时调整 RGB 通道，适当增强一下画面整体亮度，使画面的光线感更充分。如图 6-1-5-4 所示，单独调整蓝色通道曲线，增强蓝色通道强度，因为源图受到场景中墙壁和家具以及灯光颜色的影响，整体有些偏黄，我们需要强化一点冷色调，使白色乳胶漆墙面看起来没那么偏黄，显得更白一些，调整完以后点击"确定"按钮。如图 6-1-5-5 所示，这是调整完曲线后的效果，我们可以看到整个画面的亮度得到了提升，并且靠窗处的墙壁和天花都没有那么黑了，室内的白色乳胶漆墙面也没有原来那么黄了。

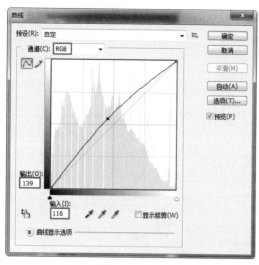
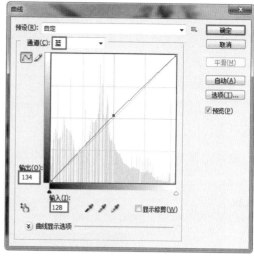

图 6-1-5-3　　　　　　　　　　　　　　　　图 6-1-5-4

图 6-1-5-5

　　画面的对比度不够强烈，我们加大一下画面对比度，如图 6-1-5-6 所示，在弹出的对话框中将对比度的值增大到 30，点击确定按钮。

图 6-1-5-6

图 6-1-5-7

如图 6-1-5-7 所示，经过对比度的调整，我们可以发现还是有明显的变化的，画面那种发灰的感觉基本上没有了，白色的墙壁显得更白了，阴影部分显得更暗了，画面的对比关系得到了很好的改善。

现在感觉画面中的地板颜色不够重，与柜台对比不够明显，这种情况就需要用到通道图，用 Photoshop 打开 tga 格式的通道图，使用快捷键 Ctrl+A 全选通道图复制到效果图文件中的"图层 1"中，如图 6-1-5-8 所示。在图层 1 中使用魔棒工具选择黄色的部分（地板），然后单击 按钮对图层 1 进行隐藏，进入图层 0 视图，如图 6-1-5-9 所示。

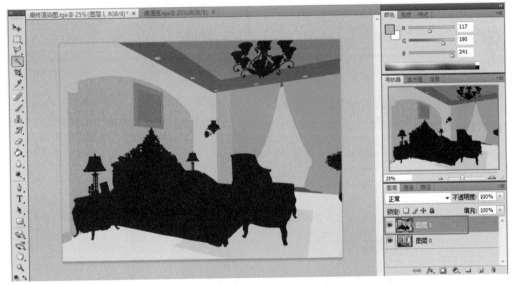

图 6-1-5-8

图 6-1-5-9

使用快捷键 Ctrl+M 打开"曲线"调节对话框，调整 RGB 通道，适当减弱地面的整体亮度，使地面与柜子的对比强烈一些，如图 6-1-5-10 所示，效果如图 6-1-5-11 所示。

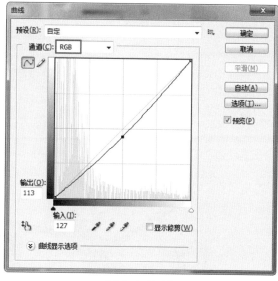

图 6-1-5-10

图 6-1-5-11

到此，画面的整体校色就完成了，如果想要添加一些视觉特效，我们可以加上一些柔光的感觉，将原图层复制一份出来，选择我们复制出来的新图层，选择滤镜菜单中模糊下拉菜单中的"高斯模糊"选项，如图 6-1-5-12 所示，在弹出的设置对话框中设置模糊半径为 30 像素，点击确定按钮。如图 6-1-5-13 所示，将模糊后的图层选择"柔光"的叠加方式，并设置该图层不透明度为 45%。

图 6-1-5-12　　　　　　　　　　图 6-1-5-13

如图 6-1-5-14 所示，增加柔光效果之后，画面看起来有些梦幻的感觉。

图 6-1-5-14

但颜色还是有一点偏暖了，所以进行最后的一次整体校色，新建一个图层，如图 6-1-5-15 所示，选择一种湖水蓝的前景颜色，使用填充工具填充图层 1，选择"柔光"的叠加方式，并设置该图层不透明度为 15%。最后根据自己的需要添加一些文字信息，这里就不再讲述了。最终效果如图 6-1-5-16 所示。

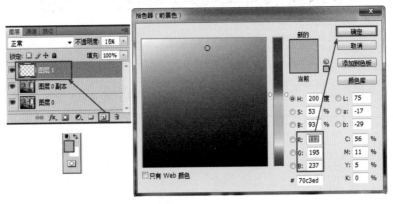

图 6-1-5-15

图 6-1-5-16

6.2　本章小结

6.2.1 如何根据场景选择材质进行色彩的搭配

　　在前文中我们针对本章案例进行了详细的分析，说明了为什么这个案例选择的材质颜色上都是以浅色偏黄为主。首先我们要锁定一个主题才去选择颜色，任何一件作品都需要一个主题，而这个主题需要一些元素来表现。本案例表现的是古典欧式卧室，选择色彩时就须要想到古典欧式风格颜色的标志符号是什么，案例中墙壁颜色选择了黄色漆和白色乳胶漆的对比，包括占整个场景比例比较大的床和椅子都是以同色系浅黄为主，采用重色调的天花花边以及地板，使得场景中色彩不至于太过于单调，如果全部场景采用的都是浅色，将会使画面看起来不够厚重感。

　　大部分初学者第一次做效果图时，往往总是想法太多，没有固定的想法，颜色的把控杂乱无章，材质也不统一。笔者对初学者的建议是：学习一下色彩构成或者背熟搭配色卡，做效果图前必须懂得一些色彩知识，大家做效果图时要试着只用三种以下色调，三种以上的色调把控不好就容易出现色彩脏乱的感觉。材质有软硬之分，布料、木材占比例大，让人觉得柔软、温和、自然。而硬性空间以铁艺、玻璃、不锈钢等材质为主，给人以硬朗、现代和未来的感觉。不要因为材质的纹理不同而影响家居美观。

6.2.2 本章案例重点

本章案例重点需要大家掌握的地方有以下两点：

（1）场景只能是一个主题，多而杂的元素符号只能让场景丧失品位，确立主题后对颜色的选择才能有明确的目标。

（2）装饰灯光的颜色选择，还有本场景中提到的补光灯的设置，补光灯作用是为了阴暗面效果不会太黑，让阴暗面效果丰富，给人留下想象的空间。

6.3　课后巩固内容

（1）确立主题后，选择三种色调简单做一些案例训练。

（2）多尝试做不同风格的场景。

（3）补光灯的使用技巧。

第 7 章

案例4——卫生间表现技法

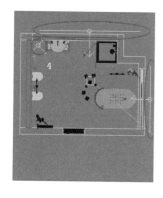  

本 章 重 点

● 卫生间设计方案分析。

● 置换材质使用技巧。

● 景深效果使用方法解析。

7.1　卫生间效果表现注意事项

卫生间经常被人们误认为只是厕所，其实不然，事实上卫生间是厕所、洗手间和淋浴间的总称。随着人们生活水平和生活质量的不断提高，人们对卫生间的整体要求也越来越高，卫生间必须强调功能的细化。除了具有功能性之外，它还为人们提供了更多的生活享受，这体现了现代人对生活品质的追求。但卫生间的装饰设计，应以安全、简洁为原则。因此，卫生间设计需注意以下六点：

（1）空间的布局和功能区的划分要合理。卫生间一般包括几大功能区，是人们居住生活使用最为频繁的场所之一。合理的规划使人们在对卫生间使用的过程中不仅停留在生理上的需求，甚至会带来心理上的享受。

（2）色彩的搭配应协调舒适。色彩会第一时间刺激人的视觉，进而影响人的心理。洁具"三大件"的色彩选择应尽量一致，应将卫生间空间作为一个整体设计，只有以卫生洁具三大件为主色调，与墙面和地面的色彩互相呼应，才能使整个卫生间协调舒适。

（3）光照的合理布置。光对人们来说是无比重要的，特别是在这样的一个空间。光的布置也会影响人们的导向，一般淋浴空间和浴盆、坐厕等空间，是以柔和的光线为主。但卫生间的整个空间应偏明亮些。

（4）材料的选择。在选择材料方面应考虑防滑性和防腐性要强，要有一定的吸湿气和消除浊气的功能。

（5）要注意以人为本。要考虑到不同年龄段的人的需求。

（6）注意安全设施的完善。做好一切防火防爆设施，最重要的一点是通风性要好。

以上六点注意事项只是笔者本人的经验之谈，仅供读者参考。

7.2　卫生间效果表现案例

7.2.1 案例分析

本章案例是一个空间比较充足，用材方面比较原生态，多偏向于野外度假屋、别墅等场所的一个卫生间。首先，我们从色彩搭配方面来分析案例，场景的材质选择上以浅色的木质材料为主，天花板、地板、贴近洗手台那面墙等，都用了一样的木质材质。一些花瓶等小饰品用了深颜色的材质，而浴缸、洗手台等家具设备用了白色的瓷材质。这几大调构成的画面层次分明，并且风格统一，整体感强。

接下来我们分析一下场景中功能区的划分。合理的规划和划分一个空间的功能区是一个好的设计作品的关键。本案例中我们不难看到其功能区的划分是很有条理的，尤其是浴缸的摆放，有一种沐浴阳光之感。

下面我们继续分析一下灯光方面的问题。由于本案例多以浅色调的木质材质为主，整体画面的色彩偏向于浅色调，并且还有一面大落地玻璃窗，可以很充足地利用自然光，因此本案例我们还是使用日景的做法，这样更有利于表现和体现整个空间。"什么类型的场景更适于什么样的做法"，这个问题我们在之前的第 5 章案例中已经详细说明了，读者可以参照第 5 章的知识点来选择，这里就不详说了。

本案例主要是自然光的运用，落地玻璃窗外的光是主光源，我们可以看到画面中的光感很强，太阳光很充足，有了阳光的沐浴，整个画面显得很活跃，明朗宽敞。

最后我们谈一下摄像机角度选择的问题。本场景是个很写意、比较悠闲清静的空间，之所以选择这样一个有点倾斜的角度，是因为这样更能诠释这个空间，能给读者留下想象的空间。

7.2.2 卫生间案例材质制作详解

■ 木板材质

如图 7-2-2-1 所示，新建一个"VRayMtl"材质，将材质命名为"地板"。在漫反射贴图中指定一张名为"Archinteriors3_01_02.jpg"的木板纹理位图贴图，反射设置亮度值为 60 的深灰色，"反射光泽度"设置为 0.75，"细分"值设置为 16。进入贴图卷展栏，将漫反射中的纹理贴图复制给凹凸贴图，并设置凹凸贴图强度为 3。

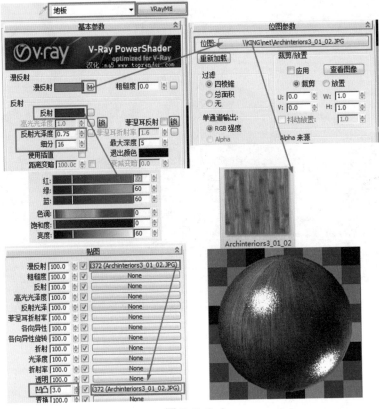

图 7-2-2-1

　　将制作好的木板材质指定给地板、墙壁和天花模型，并设置模型的贴图坐标，将这几个模型选择并用快捷键 Alt+Q 孤立出来，给模型添加一个 "UVW 贴图" 的修改命令，贴图方式改为长方体贴图方式，参数如图 7-2-2-2 所示。

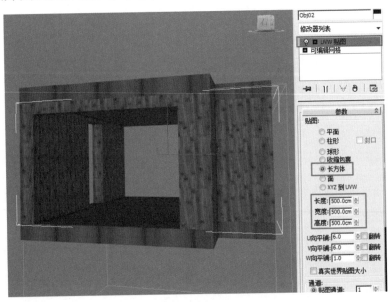

图 7-2-2-2

■ 窗玻璃材质

　　如图 7-2-2-3 所示，新建一个"VRayMtl"材质，将材质命名为"窗玻璃"，漫反射设置为 128 的亮度，反射设置为 27 的亮度，折射设置为 255 全折射。光泽度设置为 0.85，细分值为设置为 16。勾选"影响阴影"。这里我们制作的是一个带有磨砂效果的玻璃窗材质，如果希望看清窗外的景色，可以加大折射光泽度值，甚至将折射光泽度值还原为 1.0，这样就成为一种清澈的玻璃材质，大家可以参考下一个清澈的玻璃材质的制作方法。

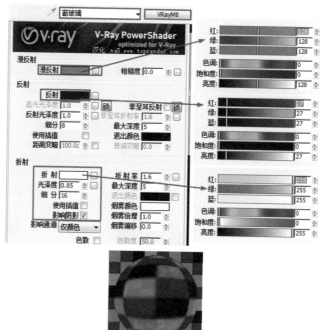

图 7-2-2-3

277

■ 清澈的玻璃材质

　　如图 7-2-2-4 所示，新建一个"VRayMtl"材质，将材质命名为"清澈玻璃"，漫反射设置为 128 的亮度，反射设置为 20 的亮度，高光光泽度设置为 0.9，退出颜色设置为 0 全黑，折射设置为 250 的亮度，勾选影响阴影。

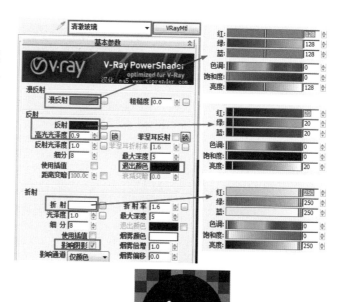

图 7-2-2-4

■ 玻璃墙材质

由于摄像机看不到这面玻璃墙，所以这里就不具体说明制作过程了，具体参数如图 7-2-2-5 所示。

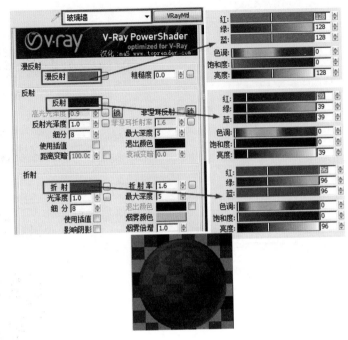

图 7-2-2-5

278

■ 白瓷材质

如图 7-2-2-6 所示，新建一个"VRayMtl"材质，将材质命名为"白瓷"，漫反射设置为 250 的亮度，反射设置为 210 的亮度，勾选"菲涅耳反射"选项，高光光泽度设置为 0.88，反射光泽度设置为 0.9，细分值设置为 16。

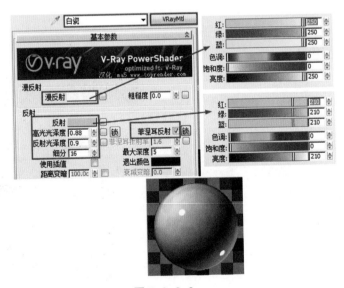

图 7-2-2-6

■ 金属材质

如图 7-2-2-7 所示，新建一个"VRayMtl"材质，将材质命名为"金属"，漫反射设置为 131 的亮度，反射设置为 75 的亮度，高光光泽度设置为 0.7，反射光泽度设置为 0.85，细分值设置为 16，退出颜色设置为 114 的亮度，"BRDF-双向反射分布功能"

类型为"Phong","各向异性"的值设置为0.5。

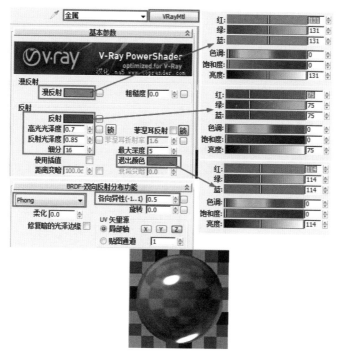

图 7-2-2-7

■ 浴缸水龙头金属材质

如图 7-2-2-8 所示,新建一个"Multi/Sub-Object"材质,将材质命名为"浴缸水龙头金属",在"设置数量"前面的框中输入3,现在分别设置这3个ID号的材质,1号 ID 材质的设置和上面金属材质的设置一样,这里就不多说了。2号 ID 材质的设置也基本上跟 1号 ID 材质相同,只是漫反射颜色不同,其漫反射 RGB 值设置为 165、79、62 的砖红色。3号 ID 材质的设置也一样,只是漫反射 RGB 值设置为 113、99、158 的蓝紫色。

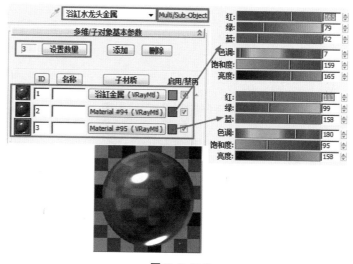

图 7-2-2-8

■ 窗框材质

如图 7-2-2-9 和图 7-2-2-10 所示，新建一个"VRayMtl"材质，将材质命名为"窗框"，在漫反射贴图中指定一个"Falloff"程序贴图，反射设置为 30 的亮度，反射光泽度设置为 0.8，在贴图卷展栏中的"凹凸"后面的设置框中添加一个"Noise"程序贴图，并设置贴图的凹凸值为 5。

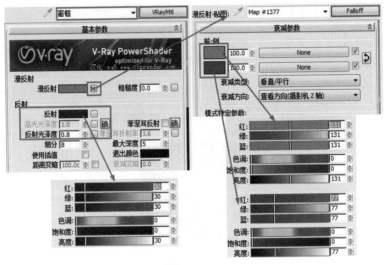

图 7-2-2-9

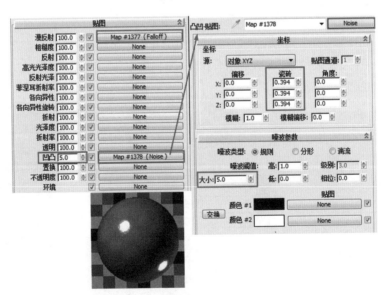

图 7-2-2-10

■ 石材材质

如图 7-2-2-11 所示，新建一个"VRayMtl"材质，将材质命名为"石材"，在漫反射贴图中指定一张名为"Archinteriors3_01_03"的石材位图贴图，反射设置为 30 的亮度,反射光泽度设置为0.5,进入贴图卷展栏,在"置换"贴图处指定一张名为"Archinteriors3_01_06"的位图贴图,并将置换值改为4.0。

选中隔断模型,使用快捷键 Alt+Q 将其孤立出来,将制作好的石材材质指定给场景中的隔断模型,并为模型添加一个"UVW 贴图"修改命令,贴图类型为"长方体",具体参数如图 7-2-2-12 所示。

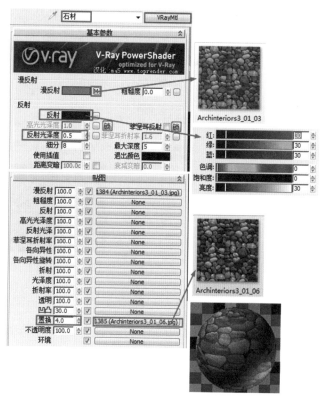

图 7-2-2-11

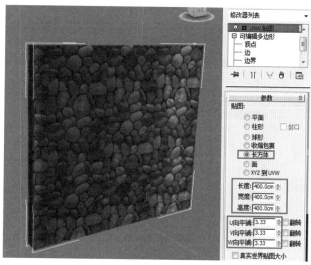

图 7-2-2-12

■ 花瓶材质

如图 7-2-2-13 所示,新建一个"VRayMtl"材质,将材质命名为"花瓶",漫反射设置为 82 的亮度,反射设置为 121 的亮度,勾选"菲涅耳反射"选项,高光光泽度设置为 0.8。

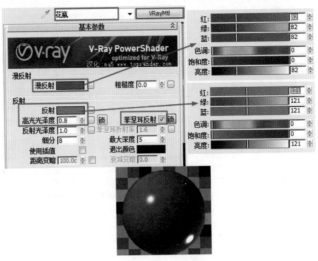

图 7-2-2-13

■ 蜡烛材质

本场景中，蜡烛材质由四部分构成，首先制作外壳的材质。如图 7-2-2-14 所示，新建一个"VRayMtl"材质，将材质命名为"蜡烛"，漫反射 RGB 值分别设置为 143、75、29。折射设置为 30 的亮度，光泽度设置为 0.8，勾选"影响阴影"选项，烟雾颜色 RGB 值分别设置为 253、207、183。烟雾倍增值设置为 0.3。

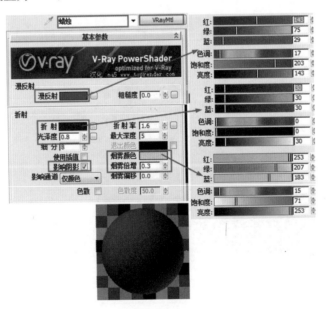

图 7-2-2-14

接下来制作蜡烛中间金属部分的材质，这部分的金属材质和之前所制作的金属材质是同种材质，这里就不多说了，可以参考之前的做法来做。

然后制作蜡烛中间白色的蜡材质，如图 7-2-2-15 所示，新建一个"VRayMtl"材质，将材质命名为"蜡烛 3",漫反射设置为 255 的亮度,反射设置为 20 的亮度,反射光泽度设置为 0.6,折射设置为 15 的亮度,折射率设置为 2。

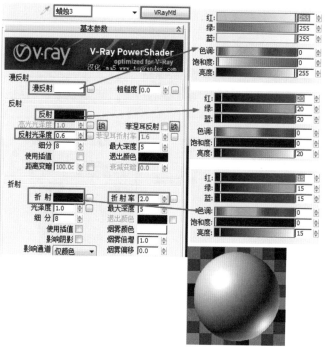

图 7-2-2-15

最后来制作蜡烛底下托盘的材质,如图 7-2-2-16 所示,新建一个"VRayMtl"材质,将材质命名为"蜡烛垫",漫反射 RGB 值分别设置为 75、30、0。反射设置为 20 的亮度,反射光泽度设置为 0.8。

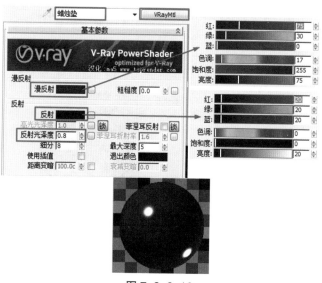

图 7-2-2-16

■ 装饰灯材质

如图 7-2-2-17 所示，新建一个"VRayMtl"材质，将材质命名为"装饰灯"，漫反射设置为 180 的亮度，反射设置为 25 的亮度，反射光泽度设置为 0.9。

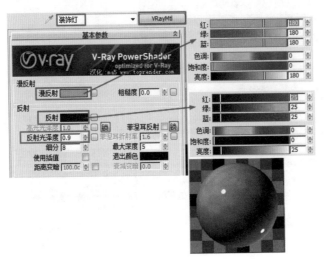

图 7-2-2-17

■ 镜子材质

如图 7-2-2-18 所示，新建一个"VRayMtl"材质，将材质命名为"镜子"，漫反射设置为 17 的亮度，反射设置为 240 的亮度。

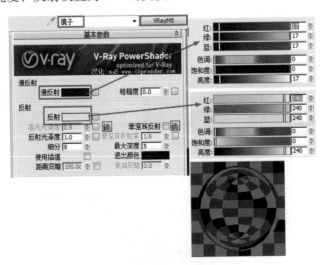

图 7-2-2-18

■ 毛巾材质

如图 7-2-2-19 所示，新建一个"VRayMtl"材质，将材质命名为"毛巾"，在漫反射贴图中指定一个"Falloff"程序贴图，反射设置为 8 的亮度，进入贴图卷展栏，添加一张名为"Archinteriors3_01_05"的凹凸贴图，并设置凹凸值为 30。

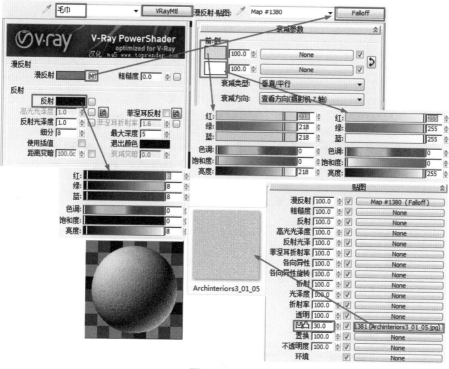

图 7-2-2-19

■ 百叶窗材质

如图 7-2-2-20 所示，新建一个"VRayMtl"材质，将材质命名为"百叶窗"，漫反射值设置为 255 的亮度，折射值设置为 57 的亮度，折射率值设置为 1.01，勾选"影响阴影"选项。

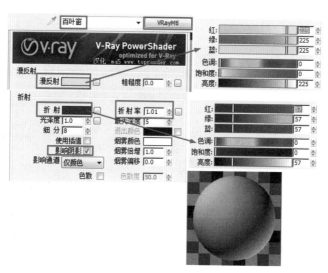

图 7-2-2-20

■ 肥皂材质

如图 7-2-2-21 所示，新建一个"VRayMtl"材质，将材质命名为"肥皂"，在漫反射贴图中指定一个"Falloff"程序贴图，折射值设置为 25 的亮度，折射率值设置为 1，光泽度值设置为 0.2，细分值设置为 5，勾选"影响阴影"选项，烟雾颜色 RGB 值分别设置为 253、236、183。

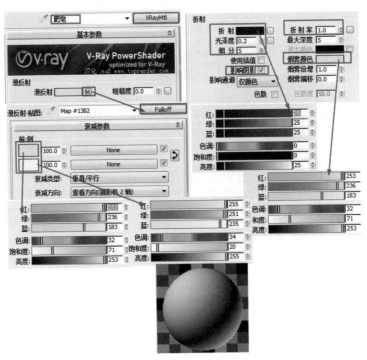

图 7-2-2-21

■ 树枝材质

如图 7-2-2-22 所示，新建一个"VRayMtl"材质，将材质命名为"树枝"，漫反射值设置为 62 的亮度，反射值设置为 5 的亮度，反射光泽度值设置为 0.55。

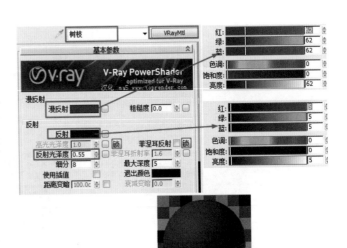

图 7-2-2-22

以上材质详解部分已包含场景中主要材质内容，部分物体例如木门、牙刷等模型在模型库调用时就包含材质信息，这里就不一一讲解了，大家可以参考光盘中最终完成案例场景自行学习。

7.2.3 卫生间案例灯光制作详解

如图7-2-3-1所示，本场景中总共有四处灯光设定，分别是：阳光、两个窗口模拟天光、墙角一个补光。场景的主光源是两个窗口模拟天光，阳光除了部分照明作用以外，更主要的是产生阳光的投影效果使画面更生动，墙角的补光主要起照亮马桶表面和洗手台侧面的作用。下面我们分别看看这四处灯光的详细参数。

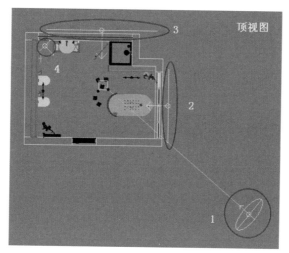

图7-2-3-1

■ 阳光

如图7-2-3-1和图7-2-3-2所示，在场景中创建一个合适角度的"VR_太阳"灯光。

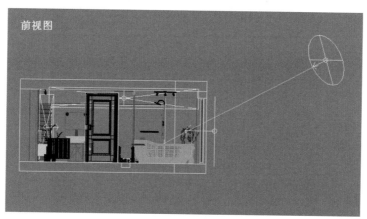

图7-2-3-2

如图7-2-3-3所示，"VR_太阳"灯光参数调整只有两处，将"强度倍增"值设置为 0.04，"尺寸倍增"值设置为 2，"阴影细分"值设置为 6，读者还可根据自己的电脑配置的高低来适当提高细分值。

图 7-2-3-3

■ 窗口模拟天光 1

如图 7-2-3-4 所示，在窗外附近创建一盏 VR 面光源，发光方向朝向室内。

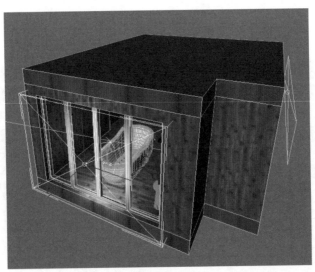

图 7-2-3-4

如图 7-2-3-5 所示，灯光类型为"平面"，亮度倍增值设置为 2.0，灯光颜色 RGB

值设置为 255、254、238 的浅黄色，选项组中勾选"不可见"选项，将"影响反射"选项勾除，采样细分值设置为 24。

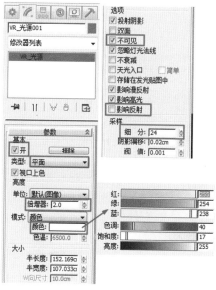

图 7-2-3-5

■ 窗口模拟天光 2

如图 7-2-3-6 所示，在另一个窗口附近创建一盏 VR 面光源，并设置发光方向朝向室内。

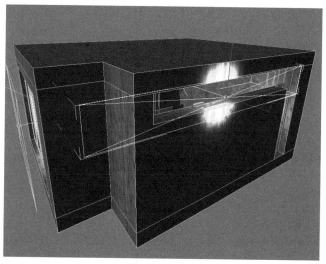

图 7-2-3-6

如图 7-2-3-7 所示，灯光类型为"平面"，亮度倍增值为 2.0，灯光颜色 RGB 值设置为 255、254、238 的浅黄色，选项组中勾选"不可见"选项，将"影响反射"选项勾除，采样细分值设置为 12。

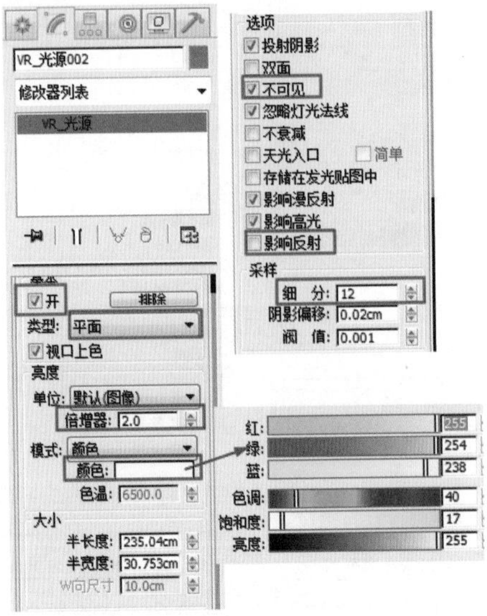

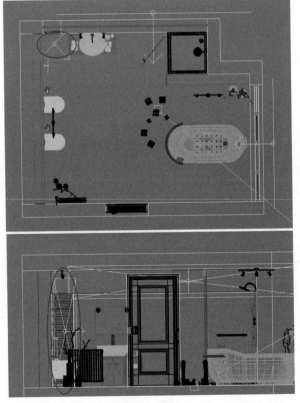

图 7-2-3-7

■ 墙角补光

如图 7-2-3-8 所示，在靠近洗手台的墙角创建一盏 VR 面光源，调整合适的角度，并设置发光方向朝向室内。

图 7-2-3-8

如图 7-2-3-9 所示，灯光类型为"平面"，亮度倍增值为 0.7，灯光颜色 RGB 值设置为 255、254、238 的浅黄色，选项组中勾选"不可见"选项，设置采样细分值为12。

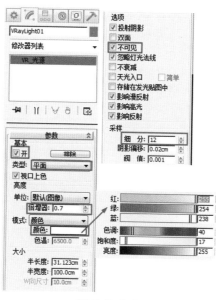

图 7-2-3-9

以上是本案例中四处灯光的详细参数，这些参数并不是绝对的，大家在学习中不要死记参数，这是学习 VR 渲染技巧最不好的习惯，所有的设置都必须经过测试渲染来验证才可以，要通过自己的观察来详细调整。下一个环节我们开始渲染部分的讲解。

7.2.4 卫生间案例渲染流程详解

在这个案例中运用到了一个新的知识点，即像机的"景深"，这个功能会给效果图增加摄影特效的作用，但开启后渲染时间也会增加。接下来首先设置一下测试的参数，看看整体的效果。打开渲染设置面板，将渲染输出尺寸设置为 600×450，全局参数及图像采样参数如图 7-2-4-1 所示，颜色映射参数如图 7-2-4-2 所示。

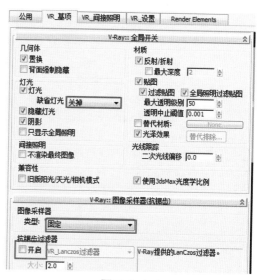

图 7-2-4-1

图 7-2-4-2

　　间接照明设置如图 7-2-4-3 所示，发光贴图设置如图 7-2-4-4 所示，灯光缓存设置如图 7-2-4-5 所示，DMC 采样设置如图 7-2-4-6 所示。

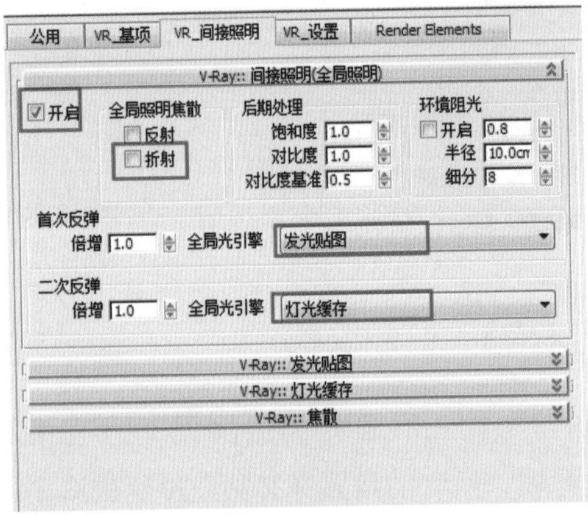

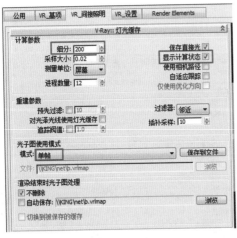

图 7-2-4-3

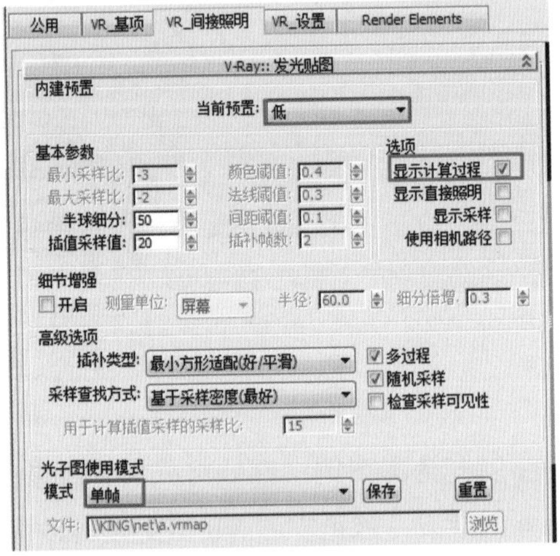

图 7-2-4-4

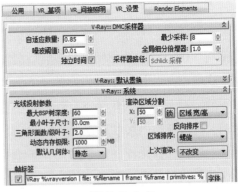

图 7-2-4-5

图 7-2-4-6

　　以上参数设置是品质较低的测试渲染参数，我们来看看渲染结果。如图 7-2-4-7 所示，我们看到的大体效果还比较满意，颗粒多的原因是因为参数设置还不够高，这次的测试时间为 11 分 14.3 秒。接下来我们进入"V-Ray:: 像机"卷展栏中开启"景深"再次渲染，看看有什么特效，结果如图 7-2-4-8 所示，这次测试时间为 18 分 42.8 秒，几乎是没开启"景深"的两倍，虽然效果比之前没开的效果更理想，但开启"景深"在渲染的时候是相当消耗渲染时间的。因此建议大家在测试渲染阶段最好先别开启，这样可以大大加快渲染速度。

图 7-2-4-7

图 7-2-4-8

下面列出最终渲染参数以供大家参考。渲染尺寸根据需要进行设定，如图 7-2-4-9 所示，将渲染输出尺寸设置为 2800×2100 像素。

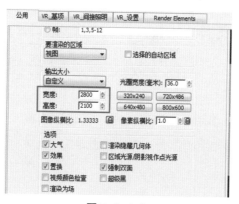

图 7-2-4-9

全局开关和图像采样设置如图 7-2-4-10 所示，类型选择"自适应细分"，抗锯齿选项开启并设置抗锯齿过滤器类型为"VR_Lanczos 过滤器"。

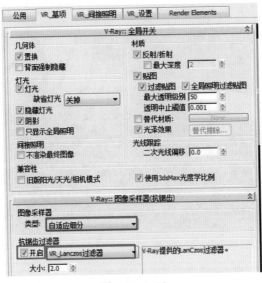

图 7-2-4-10

颜色映射设置如图 7-2-4-11 所示，设置类型为"VR_ 指数"，暗倍增为 7.0，亮倍增为 5.0。开启像机景深，光圈值设置为 0.2，勾选"从像机获取"选项，细分值设置为 8。（注：此处设置为 8 是比较高的品质设定，将会导致渲染时间过长，请读者酌情降低此处参数。）

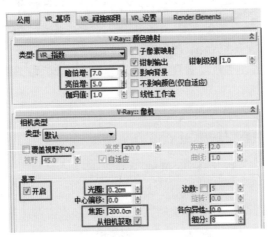

图 7-2-4-11

间接照明设置如图 7-2-4-12 所示，勾选"开启"选项，去掉"折射"前面的钩，设置首次反弹引擎为"发光贴图"，二次反弹引擎为"灯光缓存"。

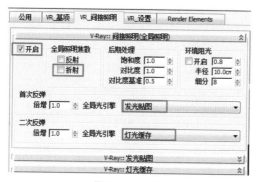

图 7-2-4-12

　　发光贴图设置如图 7-2-4-13 所示，这里把"当前预置"设置为"高"的级别，开启"细节增强"，这里大家可参考图中的设定。

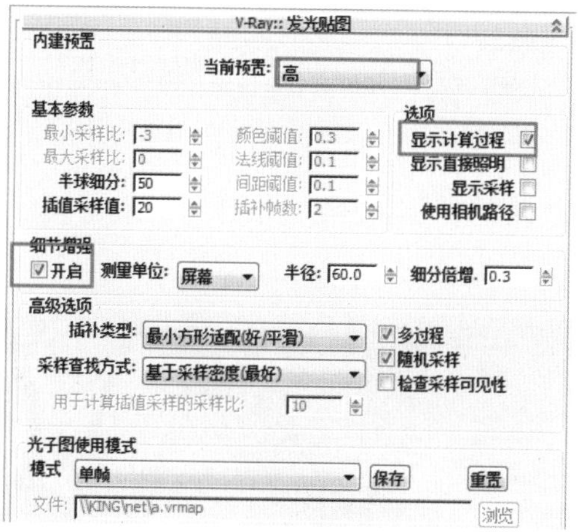

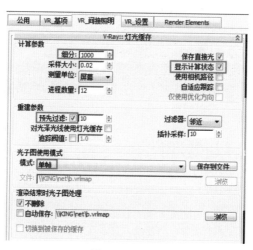

图 7-2-4-13

　　灯光缓存设置如图 7-2-4-14 所示，这里细分值设置为 1000，开启"预先过滤"，大家可参考图中的设定。

图 7-2-4-14

DMC 采样设置如图 7-2-4-15 所示，自适应数量值为 0.85，噪波阈值为 0.01，最少采样值为 8，全局细分倍增器值为 1.0。

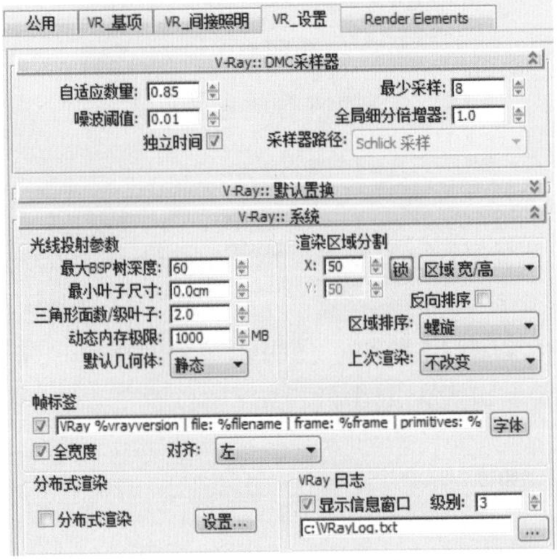

图 7-2-4-15

以上是最终渲染参数，大家可以根据自己计算机的配置适当调整渲染参数，最终渲染结果如图 7-2-4-16 所示。

图 7-2-4-16

7.2.5 卫生间案例后期处理详解

如图 7-2-5-1 所示，在 Photoshop 软件中打开我们最终渲染的 tga 源图文件。

图 7-2-5-1

我们观察到原图的光影及色彩效果已经比较理想了，整体效果已经基本满意，不再需要过多的后期处理了，接下来我们就稍微对整体画面进行校色。

如图 7-2-5-2 所示，复制一个新图层，使用快捷键 Ctrl+M 调整曲线，参数如图 7-2-5-3 和图 7-2-5-4 所示。

图 7-2-5-2

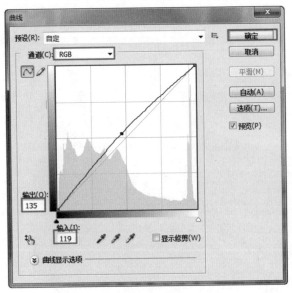

图 7-2-5-3

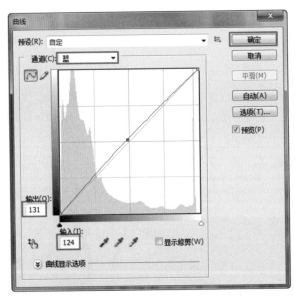

图 7-2-5-4

最终效果如图 7-2-5-5 所示。

图 7-2-5-5

7.3   本章小结

本章案例主要有两个重点，一个是场景中石墙"置换贴图"的使用，还有一个是"景深"效果的使用。接下来我们一一分析一下。

首先是"置换贴图"的使用，说到这里，应该有很多读者会产生疑问：为什么不用"凹凸贴图"呢？那我们就分析一下两者的区别。凹凸贴图和置换贴图都能使物体表面产生一定的肌理效果，但凹凸贴图只是视觉上的效果，并非真正使物体本身产生变化，而置换贴图则不然，置换贴图能使物体表面产生物理上的变化，产生的肌理效果更为真实，因此本案例中选用了置换贴图。当然，置换贴图会比凹凸贴图使用起来更消耗渲染时间，同学们可根据个人需要来选择。

其次，我们分析一下"景深"效果的使用。景深效果能使画面产生一种虚实区分的效果，但使用起来也会很消耗渲染时间。如图 7-3-1 所示，景深效果主要由几个地方来控制，第一是"光圈"，光圈用来控制景深效果的强弱，其值越大，虚化效果越强；第二是"焦距"，焦距是指像机到焦点的距离，距离焦点越远的物体就越模糊，这个值的调整可勾选"从像机获取"选项，同学们也可手动输入；最后是"细分"，这个值的设定对渲染时间的影响是很大的，从默认值 6 增加到 8，可能会使整个渲染时间翻倍增加，所以同学们要谨慎使用。

本书第 8 章和第 10 章中也使用到景深效果，并在第 10 章分析了在什么情况下适用景深效果，大家可以参考后面的章节加强景深效果使用的学习。

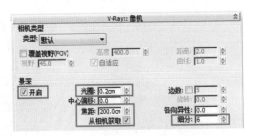

图 7-3-1

7.4 课后巩固内容

本案例有两个重要知识点需要同学们自己去加强，如下所示：

（1）置换贴图的使用。

（2）景深效果的使用。

第8章

案例 5——厨房表现技法

本 章 重 点

- VRay2.0 日光系统运用详解。

- 细节模型制作技巧。

- 多像机角度制作技巧。

8.1 厨房效果表现案例

8.1.1 案例分析

　　本章案例是一个比较特殊的厨房场景，首先这个厨房的尺寸比较特殊，长宽都比较大，房梁的设计也比较有特点，整个场景很宽敞。模型除了一些小饰品，大部分家具等都是自己手动建模的，想要添加一些特殊造型的家具，基本的建模能力还是必须要有的，比如餐桌的造型比较独特，在模型库里面是找不到的。

　　从颜色上分析，这个场景大部分材质都是浅色调，大量的浅色原木和白色的搭配，加上多处用到金属材质，显得场景简约现代，回归自然的感觉比较浓郁，由于场景中大部分材质都是浅色调，这里我们的天花选择了一种偏重色木料材质，使得场景中有一处重色调的搭配，如果这里还是选择浅色调的天花，那么画面整体色彩就会有些"灰"的感觉。除此之外，在背景色彩的选择上也是为了配合整个场景，因为整体场景色彩偏暖色调，加上蓝色天空和海洋的搭配，显得本来偏黄的场景被中和了，这种颜色搭配使得场景的感觉很清爽。

　　下面我们分析一下灯光方面的问题，由于方案色彩的原因，我们的场景色彩是以浅色调为主，因此不太适合使用夜景的表达方式，案例场景中有一扇面积较大的窗户，使用日景方案把阳光及室外环境光作为主光源，场景以明亮的画面表达方式可以更好、更生动地表现出海滩上应有的感觉。虽然我们的主光源是自然光，但是场景材质色彩偏暖色，加上间接照明的作用，会使得白色家具也染上暖色调，所以在室外添加的环境光是偏蓝色的，使白漆材质偏白亮一些。

　　接下来我们看一些场景中的细节，如图8-1-1-1所示，这里的阳光设置得比较巧妙，场景想要表达清晨时间段，太阳光照明景物形成的投影很长，光线柔和。清晨的太阳光照度比较低，景物的受光面和背光面的明暗反差比较小，所以清晨的太阳光线比较柔和。而这里的阳光表现恰到好处，阳光的投影在最后末端处过度比较柔和，有虚化的效果，场景早晨的感觉就出来了，阳光的设置在后面的章节有详细说明。

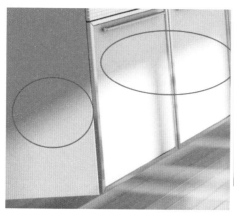

图 8-1-1-1

再如图 8-1-1-2 所示，这里值得细说的是窗外木纹地板的建模方法，这里的木纹地板是用切角长方体建立一个后，然后按实例复制出来的，这样做出来的木纹地板真实好看。大家可能会认为这样会造成场景的多边形数量加大很多，这里的窗外木纹地板才用到 830 多个多边形，因此不必有这个担心。

图 8-1-1-2

最后我们来谈谈像机角度的问题，也就是构图的因素。本章案例中摄像机用了三个角度，其中一个可以看到厨房的全景效果，能够清晰地看到场景中各种材质，视平线的高度定在 1200 mm 左右，画面的长宽比例接近 3:2，场景中原有的宽阔很好地表现了出来，镜头有点倾斜的角度，能给读者留下想象的空间，效果看起来很自然，很有趣味。其中一个镜头开启了景深效果的设置，像真实拍照出来的效果一样，后面会自动模糊化，如图 8-1-1-3 所示。

图 8-1-1-3

另外一个镜头是对厨具的一个写实近拍，效果如图 8-1-1-4 所示。

图 8-1-1-4

8.1.2 厨房案例材质制作详解

■ 白色乳胶漆材质

如图 8-1-2-1 所示，新建一个 "VRayMtl" 材质，将材质命名为 "白漆"，设置漫反射亮度值为 240 的灰白色，反射为亮度值 15 的深灰色，解锁 "高光光泽度" 选项并设置值为0.63，"反射光泽度"值为0.87，反射"细分"值为16。

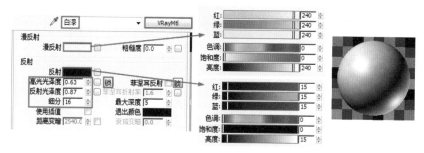

图 8-1-2-1

■ 木梁材质

如图 8-1-2-2 所示，新建一个"VRayMtl"材质，将材质命名为"木梁"，在漫反射贴图中指定一张"WW-032.jpg"的木纹地板位图贴图，设置位图贴图为"纹理"类型，将"使用真实世界比例"选项勾除，设置模糊值为0.1。设置反射亮度值为20的深灰色，"反射光泽度"设置值为0.45，反射"细分"值为8。

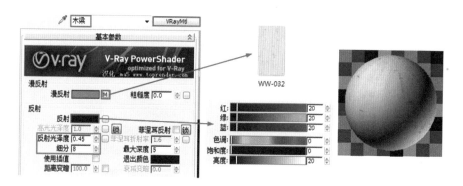

图 8-1-2-2

■ 窗外木条地板材质

如图 8-1-2-3 所示，新建一个"VRayMtl"材质，将材质命名为"窗外木条地板"，设置漫反射 RGB 值为 247、250、236 的浅黄色，贴图中指定一张"Arch39_074.jpg"的木纹位图贴图，设置模糊值为0.1。设置反射亮度值为20的深灰色，设置"反射光泽度"值为0.45，反射"细分"值为8。进入贴图卷展栏，设置漫反射值为80，因为漫反射中使用了贴图，在漫反射设置 RGB 值就没有用了，所以要降低贴图漫反射值，将漫反射的纹理贴图复制给凹凸贴图，并设置凹凸贴图强度为5。

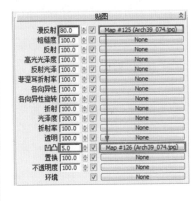

图 8-1-2-3

窗玻璃材质

　　如图 8-1-2-4 所示，新建一个"VRayMtl"材质，将材质命名为"窗玻璃"，设置漫反射亮度值为纯白色，设置反射亮度值为 50 的深灰色，设置"反射光泽度"默认值 1.0，反射"细分"值为 8。设置折射亮度值为纯白色，勾选"影响阴影"，烟雾颜色设置 RGB 值为 250、255、255 的浅蓝色。

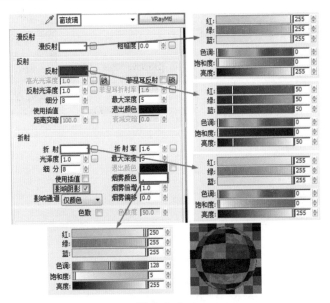

图 8-1-2-4

门框材质

　　如图 8-1-2-5 所示，新建一个"VRayMtl"材质，将材质命名为"门框"，在漫反射贴图中指定一张"Arch39_01.jpg"的木纹位图贴图，设置模糊值为 0.1。设置反射亮度值为 20 的深灰色，"反射光泽度"默认值为 0.45，反射"细分"值为 8。将漫反射的纹理贴图复制给凹凸贴图，并设置凹凸贴图强度为 5。

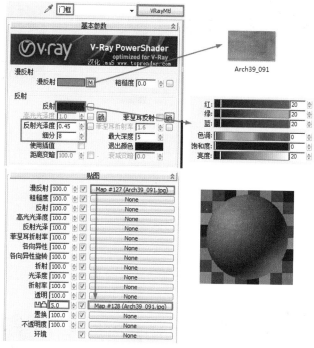

图 8-1-2-5

■ 橱柜磨砂金属材质

如图 8-1-2-6 所示，新建一个"VRayMtl"材质，将材质命名为"橱柜磨砂金属"，设置漫反射亮度值为 57 的深灰色，设置反射亮度值为 196 的灰色，设置"反射光泽度"值为 0.75，设置反射"细分"值为 16。

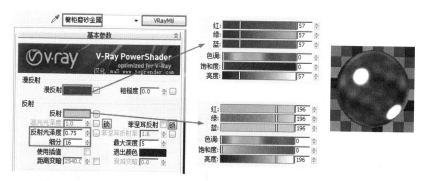

图 8-1-2-6

■ 橱柜金属把手材质

如图 8-1-2-7 所示，新建一个"VRayMtl"材质，将材质命名为"橱柜金属把手"，设置漫反射亮度值为 54 的深灰色，设置反射亮度值为 235 的灰白色，设置"反射光泽度"值为 0.95，设置反射"细分"值为 16。

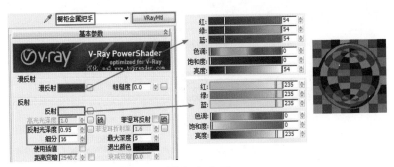

图 8-1-2-7

■ 橱柜黑色塑料材质

如图 8-1-2-8 所示，新建一个 "VRayMtl" 材质，将材质命名为 "橱柜黑色塑料"，设置漫反射亮度值为 15 的深灰色，设置反射亮度值为 12 的深灰色，设置 "反射光泽度" 值为 0.83，设置反射 "细分" 值为 16。

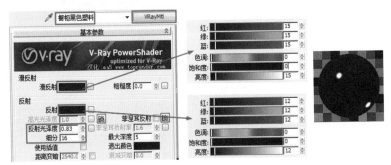

图 8-1-2-8

■ 橱柜黑色玻璃材质

如图 8-1-2-9 所示，新建一个 "VRayMtl" 材质，将材质命名为 "橱柜黑色玻璃"，设置漫反射亮度值为 15 的深灰色，设置反射亮度值为 23 的深灰色，设置 "反射光泽度" 值为 0.9，设置反射 "细分" 值为 24。设置折射亮度值为 110 的灰色，勾选 "影响阴影"。

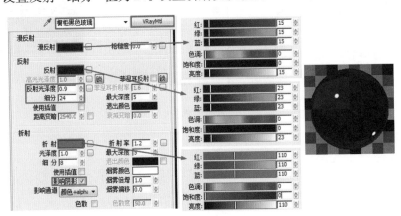

图 8-1-2-9

■ 橱柜门材质

如图 8-1-2-10 所示，新建一个"Multi/Sub-Object"（多维子对象）材质，设置材质数量为 2，将材质命名为"橱柜门"，1 号 ID 材质新建一个"VRayMtl"材质，将材质命名为"抛光金属"，设置漫反射亮度值为 54 的深灰色，设置反射亮度值为 235 的白色，设置"反射光泽度"值为 0.95，设置反射"细分"值为 16。

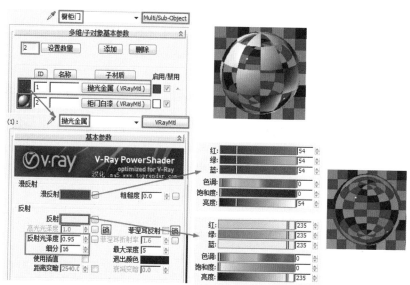

图 8-1-2-10

如图 8-1-2-11 所示，2 号 ID 材质新建一个"VRayMtl"材质，将材质命名为"柜门白漆"，设置漫反射亮度值为 252 的白色，设置反射亮度值为 15 的深灰色，解锁"高光光泽度"选项并设置值为 0.63，设置"反射光泽度"值为 0.87，设置反射"细分"值为 16。勾选"退出颜色"，设置亮度值为 226 的亮白色，勾选"影响阴影"，影响通道选择"颜色 +alpha"选项。

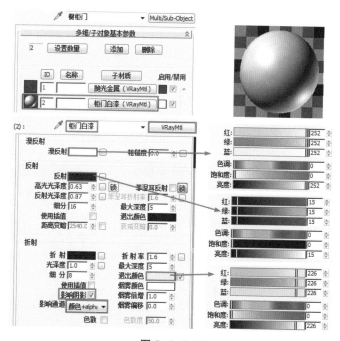

图 8-1-2-11

■ 餐桌白漆材质

如图 8-1-2-12 所示,新建一个"VRayMtl"材质,将材质命名为"餐桌白漆",设置漫反射亮度值为 240 的白色,设置反射亮度值为 255 的纯白色,解锁"高光光泽度"选项并设置值为 0.9,设置"反射光泽度"值为 0.98,设置反射"细分"值为 16,勾选"菲涅耳反射"选项,设置"菲涅耳折射率"值为 2.0,设置"最大深度"值为 5,勾选"退出颜色",设置亮度值为 226 的亮白色,勾选"影响阴影"。

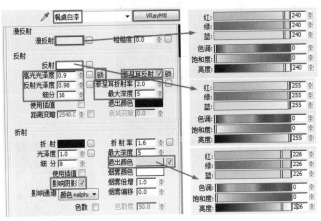

图 8-1-2-12

■ 天花材质

如图 8-1-2-13 所示,新建一个"VR_ 覆盖材质"材质,将材质命名为"天花",在"基本材质"贴图中指定一个"VRayMtl"材质,将材质命名为"天花",在漫反射贴图中指定一张"Arch39_013.jpg"的木纹位图贴图,设置模糊值为 0.1。设置反射亮度值为 20 的深灰色,设置"反射光泽度"值为 0.45,设置反射"细分"值为 8。将漫反射的纹理贴图复制给凹凸贴图,并设置凹凸贴图强度为 5。

在"全局光材质"贴图中指定一个"VRayMtl"材质,设置漫反射 RGB 值为 238、238、255 的浅蓝色,其他参数保持默认不变。制作场景中的地板材质的方法和天花材质的制作方法一样,只是贴图和参数有些改变,所以这里就不细说了,希望大家在随书光盘的场景文件中用吸管工具提取出材质,自己研究一下。

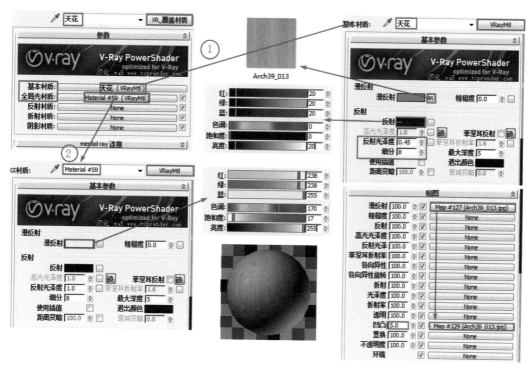

图 8-1-2-13

■ 背景板材质

如图 8-1-2-14 所示，新建一个"VR_发光材质"材质，将材质命名为"背景1"，颜色自发光强度设置为 1.8，贴图中指定一张"land03.jpg"的背景位图贴图，设置模糊值为 1。场景中的另一个背景板材质做法相同，这里不再复述了。

图 8-1-2-14

以上材质详解部分已包含场景中主要材质内容，部分饰品（例如水果、植物模型）在调用模型库时就包含有材质信息，这里就不一一讲解了，大家可以参考光盘中最终完成案例场景自行学习。

8.1.3 厨房案例灯光制作详解

如图 8-1-3-1 所示，本场景中总共有四处灯光设定，分别是：阳光、窗口模拟天光、门口补光灯和天空光。场景的主光源是窗口模拟天光，阳光除了起到照明作用以外，更主要的是产生阳光的投影效果，使画面更生动，门口补光灯的设计是因为门口的位置偏暗，天空光的作用是为了场景天空看起来过渡更自然，而且也起到提亮场景的作用。下面我们分别看看这四种灯光的详细参数。

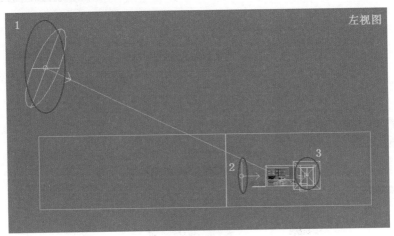

图 8-1-3-1

■ 阳光

如图 8-1-3-1 和图 8-1-3-2 所示，在场景中创建一个合适角度的"VR_太阳"灯光。

如图 8-1-3-3 所示，"VR_太阳"灯光参数调整有五处，"混浊度"控制阳光的强度以及色温，值越大阳光强度越小，色温越暖，这里值设置为 2.0，"臭氧"值设置为 0.1，"强度倍增"值设置为 0.04，"尺寸倍增"值设置为 3.0，"阴影细分"值设置为 16。

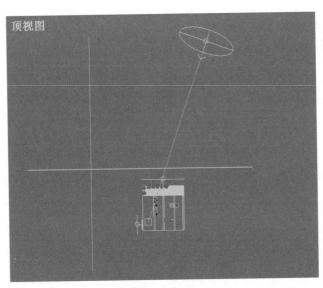

图 8-1-3-2

图 8-1-3-3

■ 窗口模拟天光

如图 8-1-3-4 所示，在窗外附近创建一盏 VR 面光源，发光方向朝向室内。

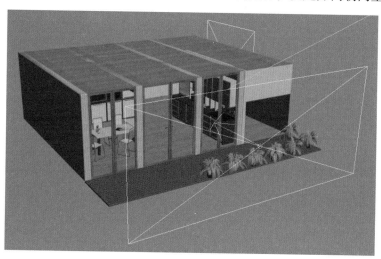

图 8-1-3-4

如图 8-1-3-5 所示，灯光类型为"平面"，亮度倍增值为 5.0，灯光颜色 RGB 值为 192、192、255 的浅蓝色，选项组中勾选"不可见"选项，将"影响反射"选项勾除，设置采样"细分"值为 40。

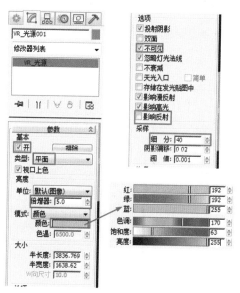

图 8-1-3-5

■ 门口补光灯

如图 8-1-3-6 所示，在门窗附近创建一盏 VR 面光源，发光方向朝向室内。

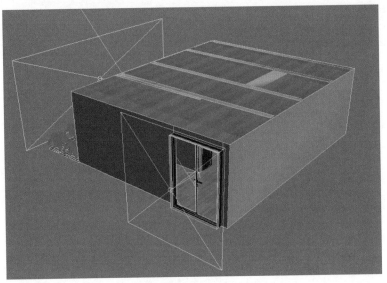

图 8-1-3-6

如图 8-1-3-7 所示，灯光类型为"平面"，亮度倍增值为 3.0，灯光颜色 RGB 值为 192、192、255 的浅蓝色，选项组中勾选"不可见"选项，将"影响反射"选项勾除，设置采样"细分"值为 24。

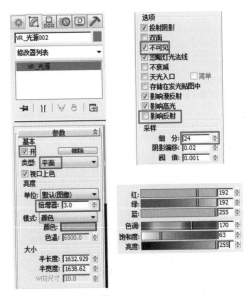

图 8-1-3-7

■ 天空光

如图 8-1-3-8 所示，在 3ds Max 上方工具栏中的渲染选项中打开"环境"，或者直接用快捷键 8，弹出环境效果对话框后，进入公共参数卷展栏，勾选"使用贴图"，并指定一个"VR_天空"材质。

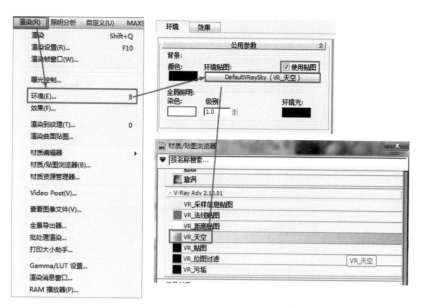

图 8-1-3-8

　　如图 8-1-3-9 所示，把刚才指定的"VR_天空"材质，以实例复制的方式添加到材质面板上编辑参数，勾选"手设太阳节点"，单击太阳节点选项，单击场景中的太阳，设置"阳光强度倍增"值为 0.05。

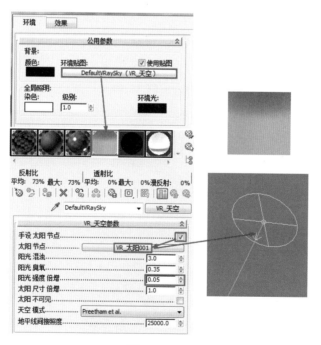

图 8-1-3-9

　　以上是本案例中四处灯光的详细参数，但这些参数并不是绝对的，希望大家找到更好的设置数值。下一个环节我们开始讲解渲染部分。

8.1.4 厨房案例渲染流程详解

首先我们采取第 4 章中的技巧进行灯光测试渲染，我们用一个单色材质来替代场景中的全部材质进行渲染，将渲染输出尺寸设置为 800×533，测试参数参考第 5 章的设置，颜色映射参数如图 8-1-4-1 所示。

图 8-1-4-1

参数设置是品质较低的测试渲染参数，渲染结果如图 8-1-4-2 所示，我们看到的灯光效果还比较满意，这次的测试时间为 3 分 36 秒。

图 8-1-4-2

下面列出最终渲染参数以供大家参考。渲染尺寸根据需要进行设定，这里给出的渲染尺寸是调用光子图文件渲染大图尺寸，如图 8-1-4-3 所示，将渲染输出尺寸设置为 2400×1600 像素。

全局开关和图像采样设置如图 8-1-4-4 所示，类型选择"自适应细分"，抗锯齿选项开启并设置抗锯齿过滤器类型为"VR_Lanczos 过滤器"。

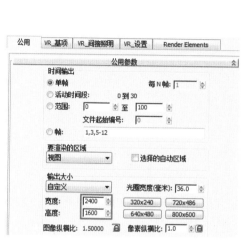

图 8-1-4-3

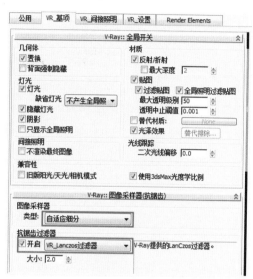

图 8-1-4-4

颜色映射设置如图 8-1-4-5 所示，设置类型为"VR_指数"，暗倍增值为 1.0，亮倍增值为 1.4。

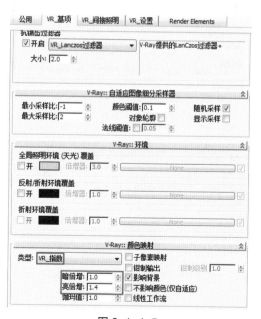

图 8-1-4-5

间接照明设置如图 8-1-4-6 所示，勾选"开启"选项，设置首次反弹引擎为"发光贴图"，二次反弹引擎为"灯光缓存"。

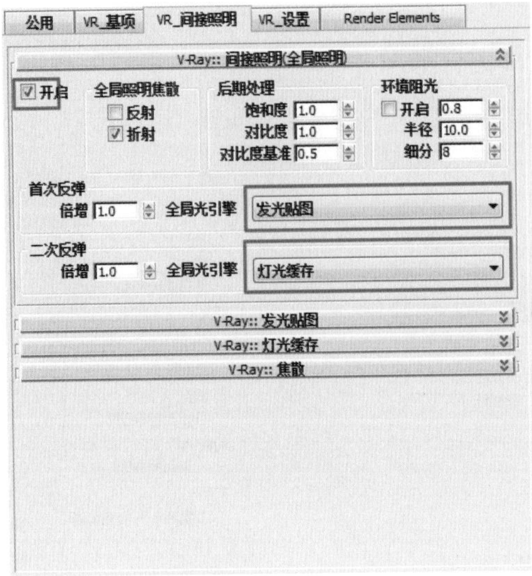

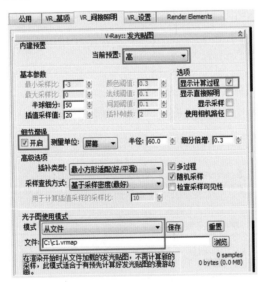

图 8-1-4-6

发光贴图设置如图 8-1-4-7 所示，这里我们选用调用光子图文件，因此品质设置就没有意义了，如果是首次渲染，可以参考图中的设定值。

图 8-1-4-7

灯光缓存设置如图 8-1-4-8 所示，同样这里也是调用光子图文件，如果是初次渲染，可参考图中的设置。

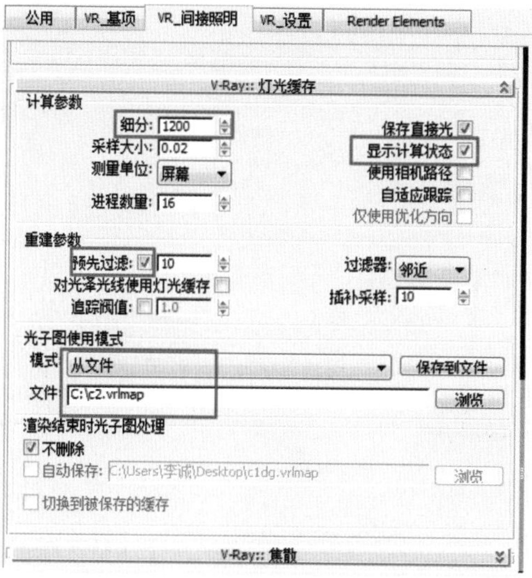

图 8-1-4-8

DMC 采样设置如图 8-1-4-9 所示，自适应数量值为 0.85，噪波阈值为 0.005，最少采样值为 16，全局细分倍增值为 1.0。

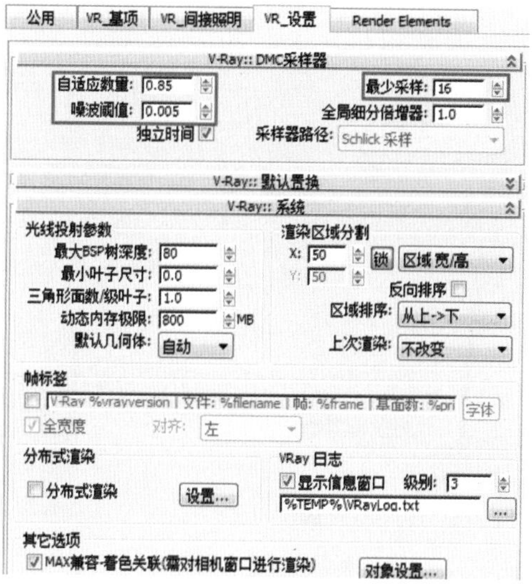

图 8-1-4-9

以上是最终渲染参数，大家可以根据自己的计算机配置来适当调整渲染参数，最终的渲染结果如图 8-1-4-10 所示。

图 8-1-4-10

　　此图后期处理过的最终效果如图 8-1-4-11 所示，其中所用到的工具有曲线、色相 /
饱和度、色阶等，后期处理过程的方法，请参考前面的章节。

图 8-1-4-11

　　本案例中的第三个镜头用到了景深效果，单色测试这里就不再多说了，景深效果
设置如图 8-1-4-12 所示，开启像机景深，光圈值设为 8.0，勾选 "从像机获取" 选项，
"细分" 值设为 8。（注：此处设置特别影响渲染的时间。）

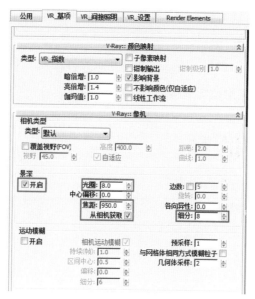

图 8-1-4-12

最终的渲染结果如图 8-1-4-13 所示，可以看出最终的效果图中的景深效果，有一些地方出现白点，原因是因为物体的高光设置有些高了，才会出现这种情况。可是个人感觉在这里出现并没有破坏到效果。如果想解决金属材质上的亮点问题，可以将材质中的高光选项减弱即可，这里就不再演示了。

图 8-1-4-13

8.2 本章小结

本章案例重点需要大家掌握的地方有以下两点：

（1）阳光的表现方法需要大家记住，阳光的投影在最后末端处过渡比较柔和，有柔化的效果，与背景的搭配恰到好处。

（2）本场景的窗外地板建模方法，用切角长方体建立一个后，再用实例复制出其他的，用这种方法比直接用贴图的感觉要真实自然。

8.3　课后巩固内容

（1）阳光投影柔化效果的运用。

（2）木条地板的建模方法。

（3）颜色的搭配。

第 9 章

案例 6——茶室表现技法

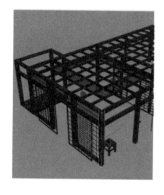  

本 章 重 点

● 真实外景处理技巧。

● 多维子对象材质运用技巧。

● 灯光与材质间的微妙关系。

9.1 茶室效果表现案例

9.1.1 案例分析

　　本章案例是一个典型的日式风格场景，首先我们从色彩搭配方面来分析案例，场景中的材质多以原生态的木材料为主，门窗都是采用透光性的纸质材质，整个场景营造着一种温和、休闲的气氛。场景中采用了一些深色的配饰，加上地面浅色的草席，画面中的色彩层次就不言而喻了。

　　接下来我们分析一下场景中的灯光。从效果图中我们不难看出场景中主要是对自然光的运用，强烈的太阳光从门外射进，照亮了整个空间，场景中还加了些装饰灯笼，整个空间完美地将自然光与人造光结合，这使得整个空间的气氛更加活跃。

　　其次我们分析一下案例中的最大亮点。这个场景与往常的场景最大不同之处就是打破了传统的书房空间布局。现在人们更多趋向于一种比较休闲的读书空间，本案例正好能体现出那种氛围，既可以是休闲的茶室，也可以是休闲的书房。还有就是门外那个景色可能会认为是一张后期的背景，其实不然，那个外景其实是实实在在的实体模型，这样做是为了更好地体现出真实感，这也是本案例的亮点之一。

　　最后我们分析一下场景的构图问题，即摄像机的角度问题。效果固然重要，但构图也是关键。本案例中采用了成角透视这么一个角度，这样能更大范围地看到场景中的布局和效果，所以说，摄像机角度的选择是很重要的。

　　以上是对本案例的一些简单的分析，我们在做一张效果图的时候需从多方面去考虑，这样才能做到更加完美。

9.1.2 茶室案例材质制作详解

■ 木材质1

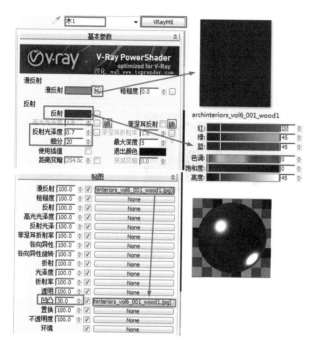

图 9-1-2-1

如图 9-1-2-1 所示，新建一个"VRayMtl"材质，将材质命名为"木1"。在漫反射贴图中指定一张名为"archinteriors_vol6_001_wood1"的木材质位图贴图，设置反射为 45 的亮度，反射光泽度设置为 0.7，细分值设置为 20，在贴图卷展栏中将漫反射的贴图复制粘贴到凹凸贴图中，并设置凹凸值为 30。

接下来将制作好的材质指定给对应的模型，在修改器下拉列表中为模型添加一个"UVW Mapping"命令，参数设置如图 9-1-2-2 所示。

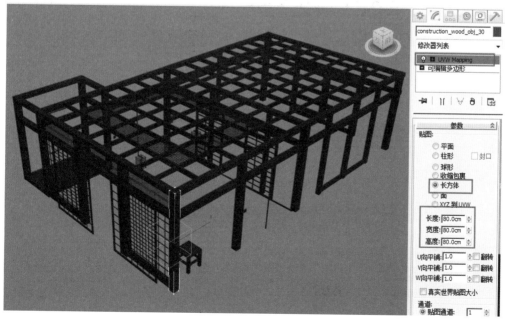

图 9-1-2-2

（注：本场景中其他类似的木材质做法与以上木材质 1 的做法基本相同，只是贴图或某些参数不同，大家可以参考前面的一些案例中木材质的做法或者参考光盘中的场景文件。）

■ 地面席子材质

如图 9-1-2-3 所示，新建一个 "Multi/Sub-Object" 多维子材质，将材质命名为 "席子"，在 "设置数量" 框中输入 2。

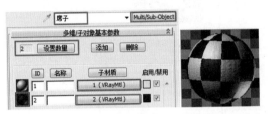

图 9-1-2-3

接下来进入 1 号 ID 材质的编辑，如图 9-1-2-4 和图 9-1-2-5 所示，新建一个 "VRayMtl" 材质，将材质命名为 "1"，漫反射 RGB 值设置为 240、240、200 的浅黄色，反射设置为 20 的亮度，并在反射贴图中指定一个 "Noise" 的程序贴图，高光光泽度设置为 0.55，反射光泽度设置为 0.7，细分值设置为 20，进入贴图卷展栏，将反射贴图的值设置为 15，在凹凸贴图中指定一张名为 "archinteriors_vol6_001_mats_bump" 的凹凸贴图，并设置凹凸值为 120。

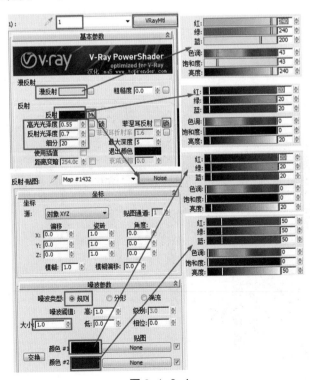

图 9-1-2-4

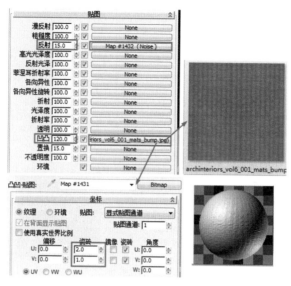

图 9-1-2-5

最后进入2号ID材质的编辑，如图9-1-2-6和图9-1-2-7所示，新建一个"VRayMtl"材质，将材质命名为"2"，漫反射设置为10的亮度，在反射贴图中指定一个 "Noise"的程序贴图，高光光泽度设置为0.54，反射光泽度设置为0.7，细分值设置为20，进入贴图卷展栏，在凹凸贴图中指定一张名为 "archinteriors_vol6_001_linen_bump"的凹凸贴图，并设置凹凸值为30。

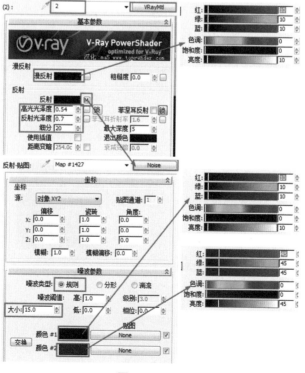

图 9-1-2-6

327

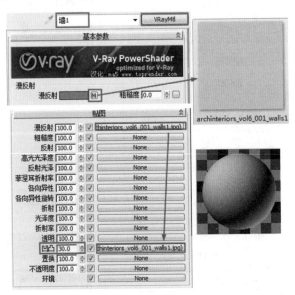

图 9-1-2-7

■ 墙材质 1

　　如图 9-1-2-8 所示，新建一个 "VRayMtl" 材质，将材质命名为 "墙 1"，在漫反射贴图中指定一张名为 "archinteriors_vol6_001_walls1" 的位图贴图，进入贴图卷展栏，将漫反射贴图复制粘贴到凹凸贴图中，并设置凹凸值为 30。

图 9-1-2-8

　　接下来将制作好的材质指定给对应的墙模型，在修改器下拉列表中为模型添加一个 "UVW Mapping" 命令，参数设置如图 9-1-2-9 所示。

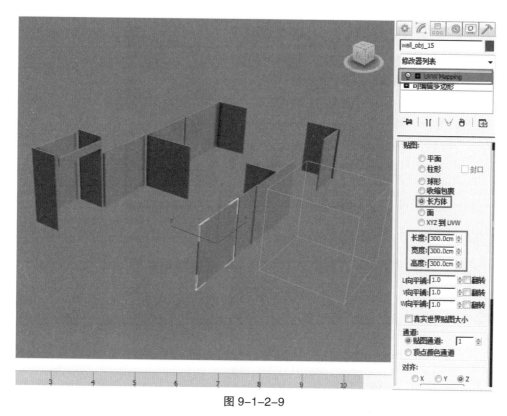

图 9-1-2-9

（注：本场景中其他类似墙材质和以上墙材质1做法基本相同，只是贴图或某些参数不同，大家可以参考上面的做法或者参考光盘中的场景文件。）

■ 透光纸材质

如图 9-1-2-10 所示，新建一个"VRayMtl"材质，将材质命名为"纸1"，在漫反射贴图中指定一张名为"archinteriors_vol6_001_window_linen"的位图贴图，折射设置为1的亮度，折射率设置为1.01，光泽度设置为0.94，细分值设置为10，勾选"影响阴影"选项，烟雾倍增设置为0.1，进入贴图卷展栏，将漫反射贴图分别复制粘贴到折射贴图和凹凸贴图中，并设置折射值为60，凹凸值为20。

接下来将制作好的材质指定给对应的模型，在修改器下拉列表中为模型添加一个"UVW Mapping"命令，参数设置如图 9-1-2-11 所示。

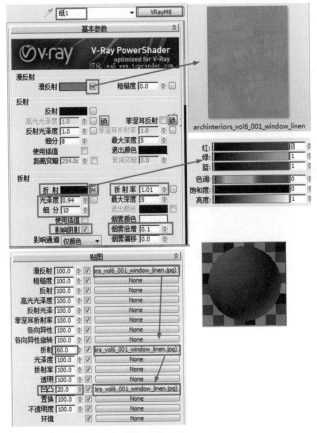

图 9-1-2-10

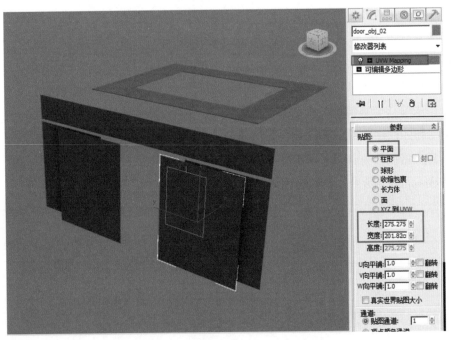

图 9-1-2-11

■ 灯罩材质

如图 9-1-2-12 所示，新建一个"VRayMtl"材质，将材质命名为"灯罩"，在漫反射贴图中指定一张名为"archinteriors_vol6_001_lampshade"的位图贴图，将漫反射贴图复制粘贴到折射贴图中，光泽度设置为 0.85，细分值设置为 10，勾选"影响阴影"选项，进入贴图卷展栏，将折射值设置为 60，在凹凸贴图中指定一张名为"archinteriors_vol6_001_lampshade_bump"的凹凸贴图，并设置凹凸值为 30。

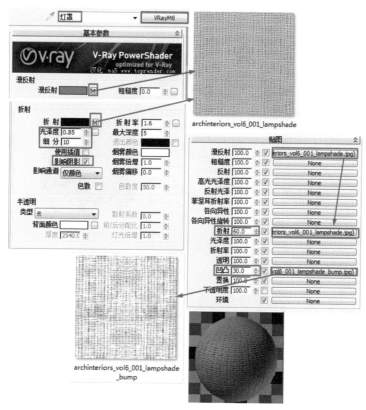

图 9-1-2-12

■ 挂画材质

如图 9-1-2-13 所示，新建一个"VRayMtl"材质，将材质命名为"挂画"，在漫反射贴图中指定一张名为"archinteriors_vol6_001_picture"的位图贴图，进入贴图卷展栏，在凹凸贴图中指定一张名为"archinteriors_vol6_001_linen_bump"的凹凸贴图，并设置凹凸值为 45。

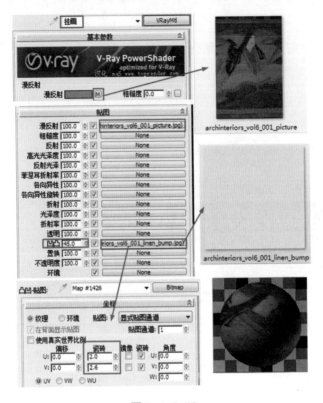

图 9-1-2-13

■ 背景板材质

如图 9-1-2-14 所示，新建一个"VR_发光材质"，将材质命名为"背景"，颜色倍增值设置为 5，在颜色贴图框中指定一张名为"archinteriors_vol6_001_background"的位图贴图。

图 9-1-2-14

■ 茶壶材质

如图 9-1-2-15 所示，新建一个"Blend"混合材质，将材质命名为"茶壶"。

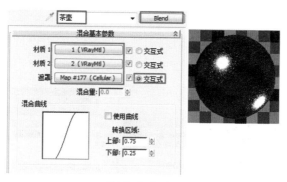

图 9-1-2-15

接下来进入材质1的编辑，如图9-1-2-16和图9-1-2-17所示，新建一个"VRayMtl"材质，将材质命名为"1"，漫反射设置为0的纯黑色，反射RGB值分别设置为196、177、120的米黄色，反射光泽度设置为0.75，细分值设置为10，进入贴图卷展栏，在凹凸贴图中指定一个"Cellular"细胞程序贴图，并设置凹凸值为25。

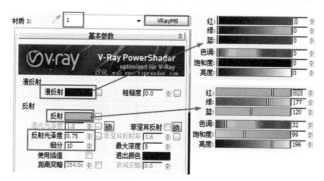

图 9-1-2-16

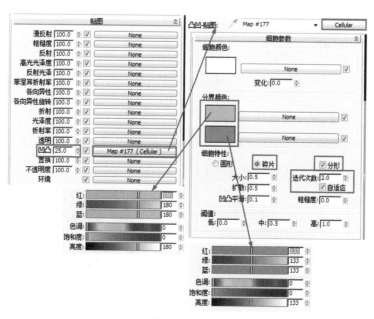

图 9-1-2-17

其次，进入材质 2 的编辑，如图 9-1-2-18 所示，新建一个"VRayMtl"材质，将材质命名为"2"，漫反射设置为 0 的纯黑色，反射设置为 49 的亮度，反射光泽度设置为 0.75，细分值设置为 10。

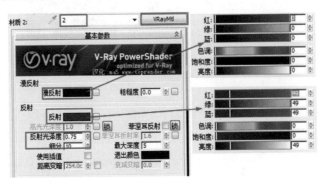

图 9-1-2-18

最后对"Blend"混合材质的遮罩进行编辑，如图 9-1-2-19 所示，遮罩选项为"Cellular"贴图，分界颜色分别为 RGB 值 180 的浅灰色和 133 的中度灰色。

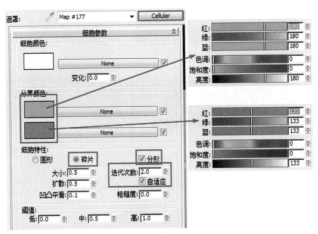

图 9-1-2-19

■ 茶、碗、筷子材质

如图 9-1-2-20 所示，新建一个"Multi/Sub-Object"多维子对象材质，将材质命名为"茶碗筷子"，在设置数量框中输入 2。

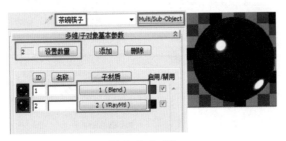

图 9-1-2-20

　　接下来进入1号ID材质的编辑，如图9-1-2-21、图9-1-2-22和图9-1-2-23所示，新建一个"Blend"混合材质，将材质命名为"1"，然后编辑"混合"材质下的材质1，新建一个"VRayMtl"材质，将材质命名为"01"，漫反射RGB值分别设置为160、0、0的红色，反射设置为40的亮度，反射光泽度设置为0.8，细分值设置为20；其次编辑"混合"材质下的材质2，新建一个"VRayMtl"材质，将材质命名为"02"，漫反射设置为5的亮度，反射设置为40的亮度，反射光泽度设置为0.8，细分值设置为20；最后在遮罩材质中指定一张名为"archinteriors_vol6_001_dishes_patern"的位图贴图。

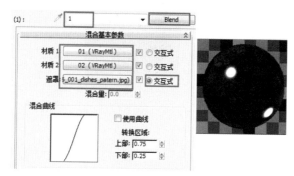

图 9-1-2-21

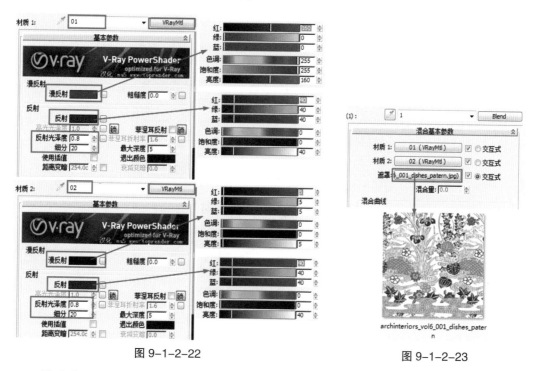

图 9-1-2-22　　　　　　　　　　　　　　　　　图 9-1-2-23

　　最后进入2号ID材质的编辑，如图9-1-2-24所示，新建一个"VRayMtl"材质，将材质命名为"2"，漫反射设置为5的亮度，反射设置为40的亮度，反射光泽度设置为0.8，细分值设置为20。

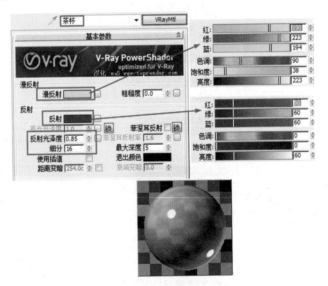

图 9-1-2-24

■ 青色茶杯材质

如图 9-1-2-25 所示，新建一个"VRayMtl"材质，将材质命名为"茶杯"，漫反射 RGB 值分别设置为 190、223、194 的青色，反射设置为 60 的亮度，反射光泽度设置为 0.85，细分值设置为 16。

图 9-1-2-25

■ 托盘材质

如图 9-1-2-26 所示，新建一个"Multi/Sub-Object"多维子对象材质，将材质命名为"托盘"，在设置数量框中输入 2。

图 9-1-2-26

接下来进入 1 号 ID 材质的编辑，如图 9-1-2-27 所示，新建一个 "VRayMtl" 材质，将材质命名为 "1"，漫反射设置为 5 的亮度，反射设置为 35 的亮度，反射光泽度设置为 0.8，细分值设置为 20，进入贴图卷展栏，在凹凸贴图中指定一张名为 "archinteriors_vol6_001_wood2" 的位图贴图，并设置凹凸值为 55。

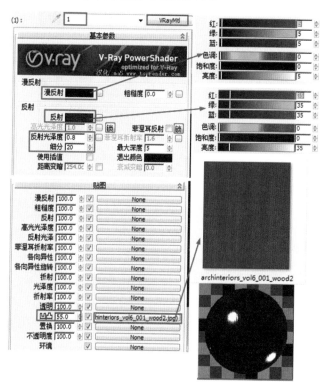

图 9-1-2-27

最后进入 2 号 ID 材质的编辑，如图 9-1-2-28 所示，新建一个 "VRayMtl" 材质，将材质命名为 "2"，漫反射 RGB 值分别设置为 126、117、99 的土褐色，反射设置为 35 的亮度，反射光泽度设置为 0.8，细分值设置为 20，进入贴图卷展栏，在凹凸贴图中指定一张名为 "archinteriors_vol6_001_wood2" 的凹凸贴图，并设置凹凸值为 30。

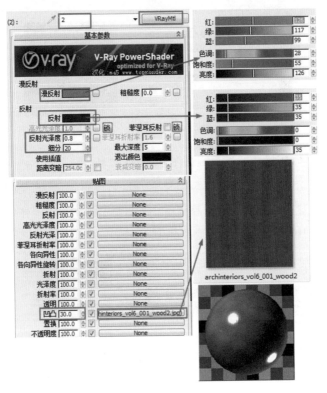

图 9-1-2-28

以上材质详解部分已包含场景中主要材质内容，部分物体例如刀、坐垫等模型材质的做法，大家可以参考光盘中最终完成案例场景自行学习，这里就不一一讲解了。

9.1.3 茶室案例灯光制作详解

如图 9-1-3-1 和图 9-1-3-2 所示，本场景中有六组灯光的设定，共 12 盏灯光，分别是：阳光、挂画前上方的面灯、挂画前方的一个补光、茶几上方三个方形灯笼的灯、卧室里六个圆形灯笼的灯。主光源是阳光，下面我们分别看看这六组灯光的详细参数。

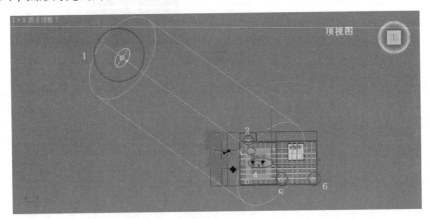

图 9-1-3-1

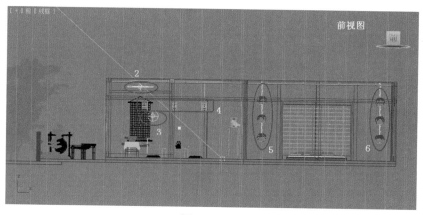

图 9-1-3-2

1 号灯

如图9-1-3-1至图9-1-3-3所示，在场景至中创建一个合适角度的"VR_太阳"灯光。

如图 9-1-3-4 所示，"VR_太阳"灯光参数调整有三处，将"混浊度"设置为 5，"强度倍增"值设置为 0.04，"阴影细分"值设置为 8，读者还可根据自己的电脑配置的高低来适当提高细分值。

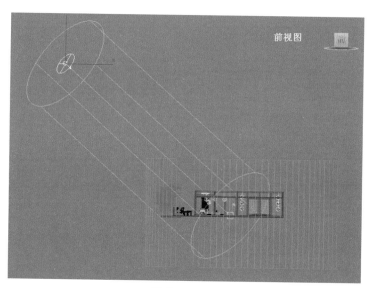

图 9-1-3-3

图 9-1-3-4

2 号灯

2 号灯是一个 VR 面灯，参数设置如图 9-1-3-5 所示。

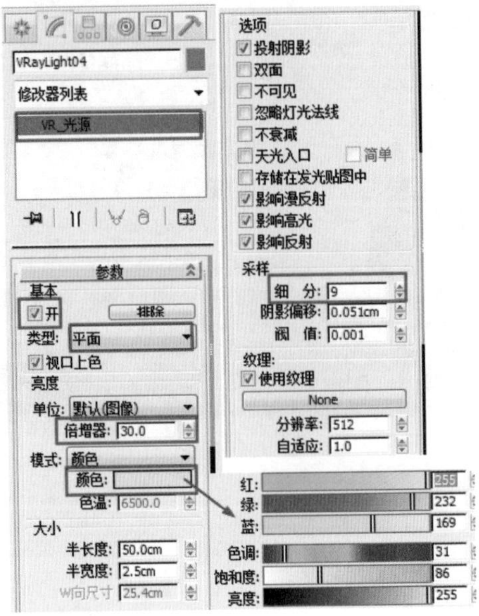

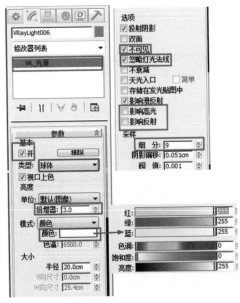

图 9-1-3-5

■ 3 号灯

3 号灯是一个 VR 的球形灯，参数设置如图 9-1-3-6 所示。

图 9-1-3-6

■ 4 号灯

4 号灯是一组 VR 球形光，里面的 3 个灯是关联的，参数设置如图 9-1-3-7 所示。

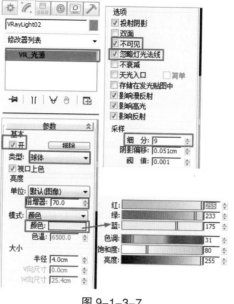

图 9-1-3-7

■ 5 号灯和 6 号灯

5 号灯和 6 号灯分别是两组 VR 球形灯，但参数设置是一样的，如图 9-1-3-8 所示。

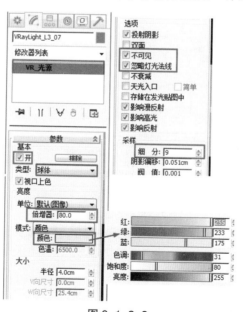

图 9-1-3-8

以上参数的设定并不是固定不变的，大家可根据需要适当地调整，下一个环节我们开始渲染部分的讲解。

9.1.4 茶室案例渲染流程详解

一些渲染的技巧在之前的案例中已经详细讲解过了，大家可以参考本书中前面的案例，这里就不再重复了，接下来我们直接进入最终渲染参数的设置。将渲染输出尺寸设置为 2800×1750 像素，全局参数及图像采样参数如图 9-1-4-1 所示，环境参数和颜色映射参数如图 9-1-4-2 所示。

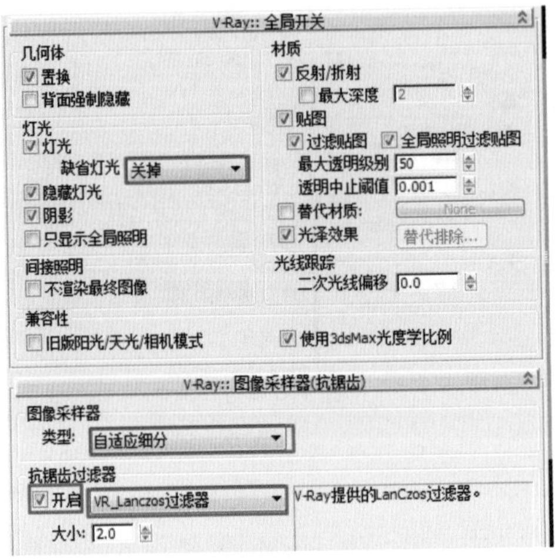

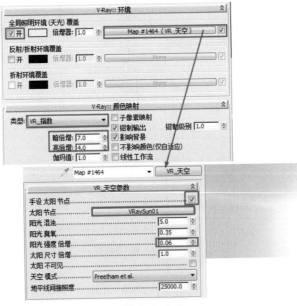

图 9-1-4-1

图 9-1-4-2

间接照明设置如图 9-1-4-3 所示，发光贴图设置如图 9-1-4-4 所示，灯光缓存设置如图 9-1-4-5 所示，DMC 采样设置如图 9-1-4-6 所示。

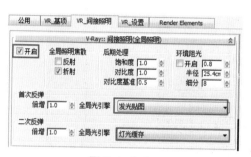

图 9-1-4-3

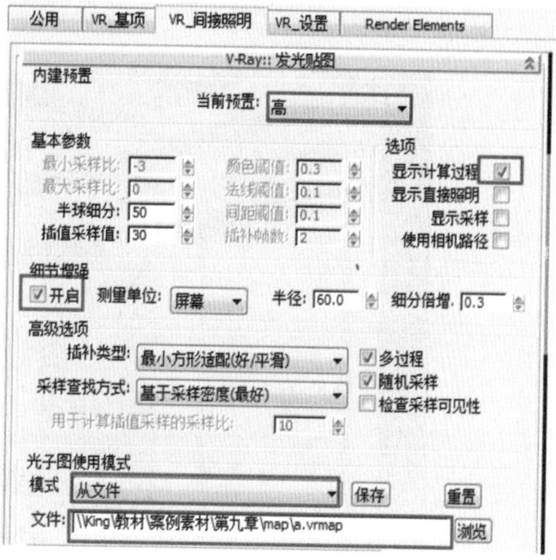

图 9-1-4-4

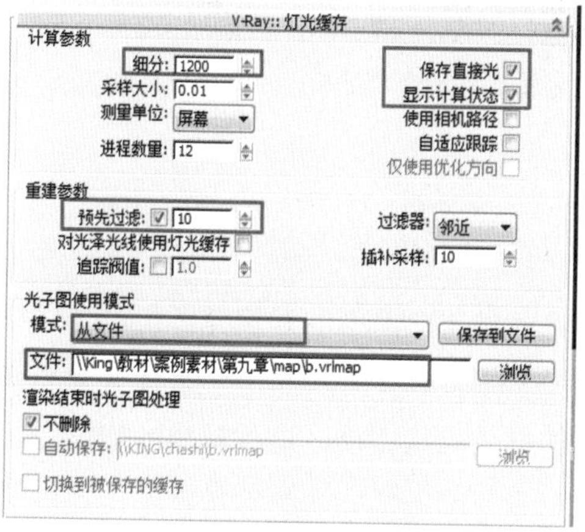

图 9-1-4-5

图 9-1-4-6

　　以上是最终渲染参数，大家可以根据自己计算机的配置来适当调整渲染参数，最终渲染结果如图 9-1-4-7 所示。

图 9-1-4-7

经过 Photoshop 后期处理的效果如图 9-1-4-8 所示。

图 9-1-4-8

9.2 本章小结

344

　　本案例是一个典型的日式风格场景，灯光和材质在前面的案例分析中已经详细说明了，接下来我们就说一下重点。本场景运用了很多的多维子材质，这种材质在平常的作图中运用得也很多，做些比较复杂的物体材质也很方便，这种材质的使用在材质分析小节中已详细分析过了，大家可参考那一小节的做法。还有就是外景与内景的结合与呼应，本案例外景运用了实体的模型，这样做的目的是为了更能体现出真实感，更好地与内景呼应，特别是外面的植物的影子投在纸窗上，看起来就更加真实了。

9.3 课后巩固内容

　　（1）多维子材质的运用。
　　（2）自然光与人造光的结合运用。

第 10 章

案例 7——室内泳池效果表现

本 章 重 点

● 真实质感水体材质制作技巧。

● 景深效果与构图的联系。

● 标准灯光模拟日光照明技巧解析。

10.1 室内泳池效果表现案例

10.1.1 案例分析

　　本章案例是一个室内泳池的场景，首先我们从色彩搭配方面来分析案例，由于场景内有大面的水体存在，色彩方面偏冷色调，其次大面积的灰白色地板以及深色木纹的房梁材质、百叶窗，强烈的冷暖对比使画面的色彩层次感很强。

　　由于场景中最吸引目光的是泳池中的水体，水体的质感将决定整张画面的成败，水体的存在使得画面色调风格偏冷色调，因此在选择周边物体材质上就需要做到上文中提到的冷暖互补协调。

　　本章的场景灯光设置得十分简单，运用了一个"目标平行光"模拟太阳光照，还有天空光进行照明，照明效果十分理想，因此说明了不是灯光设置得越多越好，越复杂就越好，而是要看画面的切实需要，选择合理的灯光设置为佳。

　　如图 10-1-1-1 所示，上图使用了景深效果，而后者则没有，通过对比不难看出，使用了景深效果的画面层次感更强，画面有重点，不会因为处于画面前方的树枝抢眼而将其虚化，而另一张没有使用过景深效果的图焦点不明，画面前面的树枝过于生硬。因此这个场景的成败取决于景深效果的使用，这也是整个案例表现中的一个关键组成部分。

■ 小贴士

　　景深效果是摄影技术中一种常见效果，使用焦距的概念来明确画面中的重点表现对象。我们通过软件制作效果图时，可以通过对摄像机参数的控制来模拟这种效果，让效果图更像照片的感觉。对于本章案例而言，由于场景空间比较宽广，画面上方的树叶是为了解决场景看起来太空旷的问题而存在的，但是这些树叶距离摄像机的位置很近，如果没有开启景深效果，这些树叶就会过于显眼，从而导致画面出现重点不明确的问题，我们利用景深效果的处理，将近距离的树叶虚化，这样既解决了画面空旷的问题，又解决了主次关系的问题。

图 10-1-1-1

10.1.2 室内泳池案例材质制作详解

■ 水的材质

　　如图 10-1-2-1 所示，新建一个 "VRayMtl" 材质，将材质命名为 "水"，设置漫反射亮度值为 3 的深灰色，设置反射亮度值为 250 的灰白色，并勾选菲涅尔反射。设置反射"细分"值为 2，设置折射亮度值为 250 的灰白色，并设置折射"细分"值为 2，设置"折射率"为 1.33，同时设置折射烟雾颜色 RGB 值为 245、255、255 的淡蓝色，烟雾倍增为 0.2。最后进入凹凸卷展栏，添加一个"Noise"（噪波）程序贴图，并设置凹凸值为 16。噪波类型设置为"分形"，噪波大小设置为 25。

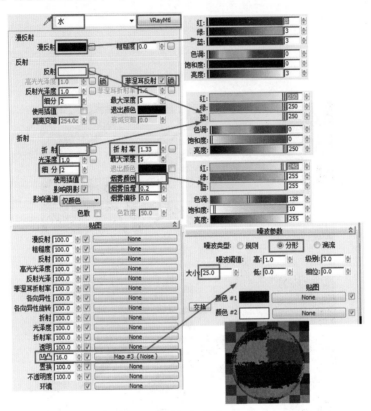

图 10-1-2-1

　　这里的池水设置的细分值之所以为 2，是因为反射光泽度与折射光泽度都为 1，是一种镜面反射，因此细分值设置得太高也没有意义，同时也是为了节省计算机资源与提升效率。

■ 黄棕色窗框材质

　　如图 10-1-2-2 所示，新建一个"VRayMtl"材质，将材质命名为"黄棕色窗框"，漫反射设置 RGB 值为 97、59、28 的黄棕色，反射设置为亮度值为 30 的深灰色，"反射光泽度"值为 0.9，反射"细分"值为 8。

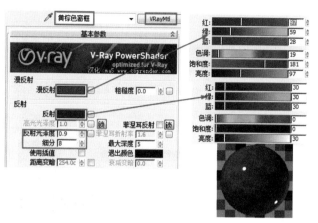

图 10-1-2-2

■ 吊灯灯罩材质

如图 10-1-2-3 所示，新建一个 "VRayMtl" 材质，将材质命名为 "玻璃灯罩"，漫反射设置亮度值为 245 的灰白色，反射设置为亮度值为 44 的深灰色，解锁 "高光光泽度" 选项并设置值为 0.4，设置 "反射光泽度" 值为 0.8，设置反射 "细分" 值为 16。折射设置亮度值为 50 的深灰色，勾选 "影响阴影" 选项。

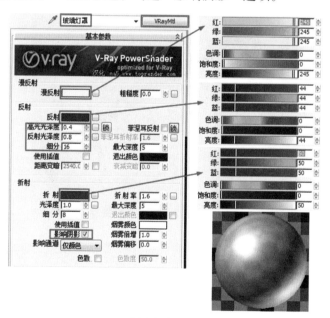

图 10-1-2-3

■ 吊灯不锈钢材质

如图 10-1-2-4 所示，新建一个 "VRayMtl" 材质，将材质命名为 "不锈钢"，漫反射设置亮度值为 171 的灰色，反射设置为亮度值 186 的浅灰色，解锁 "高光光泽度" 选项并设置值为 0.69，设置 "反射光泽度" 值为 0.94，设置反射 "细分" 值为 16。

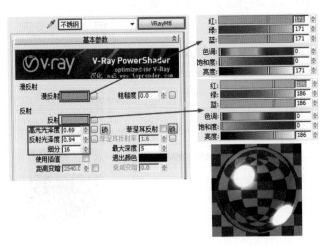

图 10-1-2-4

■ 房梁材质

如图 10-1-2-5 所示，看上去只是一个简单的房梁，为什么要做成这样一个多维子的材质呢，那是因为这个房梁模型包含了多个子材质，仔细观察就会发现有深色木纹材质与银色金属材质。

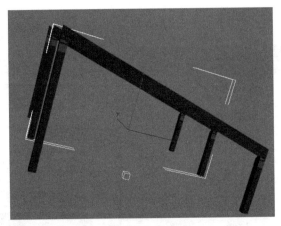

图 10-1-2-5

如图 10-1-2-6 所示，新建一个 "Multi/Sub-Object"（多维子对象）材质，将材质命名为 "房梁材质"，设置材质数量为 3，1 和 3 号 ID 材质为深色木纹材质，进入 1号 ID 材质子材质级别，新建一个 "VRayMtl" 材质，将材质命名为 "深色木纹材质"，在漫反射贴图中指定一张 "Archinteriors3_05_9.jpg" 的木纹位图贴图，设置位图贴图为 "纹理" 类型，将 "使用真实世界比例" 选项勾除，设置模糊值为 0.1。设置凹凸值为15。（注：以后如果使用到类似的纹理贴图，如无特殊说明，均是使用 0.1 的模糊值以及勾除 "使用真实世界比例" 选项。）设置反射亮度值为 30 的深灰色，"反射光泽度" 值为 0.85，反射 "细分" 值为 8。并将 1 号材质 ID 拖动复制给 3 号 ID。

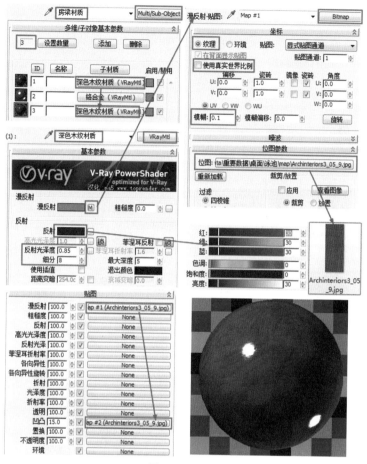

图 10-1-2-6

如图 10-1-2-7 所示，进入 2 号 ID 材质子材质级别，新建一个 "VRayMtl" 材质，

将材质命名为 "铬合金"，设置反射亮度值为 151 的灰白色，"反射光泽度" 值为 0.75，反射 "细分" 值为 8。将房梁的材质 ID 号分配好以后，指定当前材质给模型。

图 10-1-2-7

■ 地、墙面材质

如图 10-1-2-8 所示，新建一个 "Multi/Sub-Object"（多维子对象）材质，将材质命名为 "地墙面材质"，设置材质数量为 2，1 号 ID 材质为地面材质，进入 1 号 ID 材质子材质级别，新建一个 "VRayMtl" 材质，将材质命名为 "地面"，在漫反射贴图中指定一张 "Archinteriors3_05_15.jpg" 的木纹位图贴图，设置位图贴图为 "纹理" 类型，

351

将"使用真实世界比例"选项勾除，设置模糊值为 0.1，并设置凹凸值为 30。设置反射亮度值为 55 的深灰色，设置"反射光泽度"值为 0.9，设置反射"细分"值为 8。

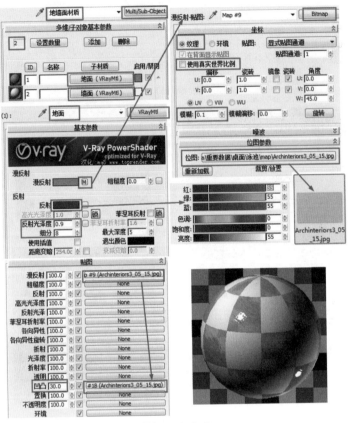

图 10-1-2-8

如图 10-1-2-9 所示，进入 2 号 ID 材质子材质级别，新建一个"VRayMtl"材质，将材质命名为"墙面"，设置漫反射亮度值为 247 的灰白色，给凹凸贴图指定一张"Archinteriors3_05_10.jpg"的位图，并设置凹凸值为 20，将地、墙面材质 ID 号分配好以后，指定当前材质给模型。

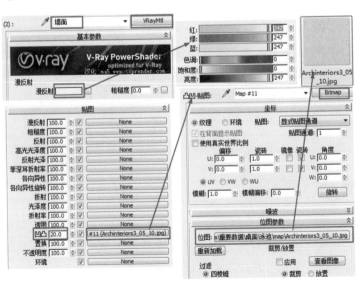

图 10-1-2-9

■ 泳池材质

如图 10-1-2-10 所示，新建一个"Multi/Sub-Object"（多维子对象）材质，将材质命名为"泳池材质"，设置材质数量为 4，1 号 ID 材质为泳池 1 材质，进入 1 号 ID 材质子材质级别，新建一个"VRayMtl"材质，将材质命名为"泳池 1"，在漫反射贴图中指定一张"Archinteriors3_05_16.jpg"的瓷砖位图贴图，设置瓷砖的 U 轴（宽度）为 4.5，并把漫反射的贴图复制给凹凸贴图，并设置凹凸值为 15。设置反射亮度值为 25 的深灰色，设置"反射光泽度"值为 0.8，设置反射"细分"值为 8。2 号和 3 号 ID 材质的子材质设置方法与 1 号子材质大致相同，不同的就是设置瓷砖的 U 轴（宽度）有所区别，这里就不细说了。

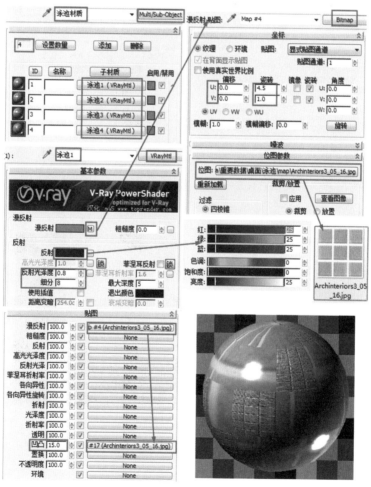

图 10-1-2-10

如图 10-1-2-11 所示，进入 4 号 ID 材质子材质级别，新建一个"VRayMtl"材质，将材质命名为"泳池 4"，在漫反射贴图中指定一张"Archinteriors3_05_11.jpg"的瓷砖位图贴图，设置瓷砖的 U 轴（宽度）为 9.7，V 轴（高度）为 17.1，给凹凸贴图指定一张"Archinteriors3_05_12.jpg"的位图，并设置凹凸值为15。设置反射亮度值为25的深灰色，设置"反射光泽度"值为0.8，设置反射"细分"值为8。将泳池材质ID号分配好以后，指定当前材质给模型。

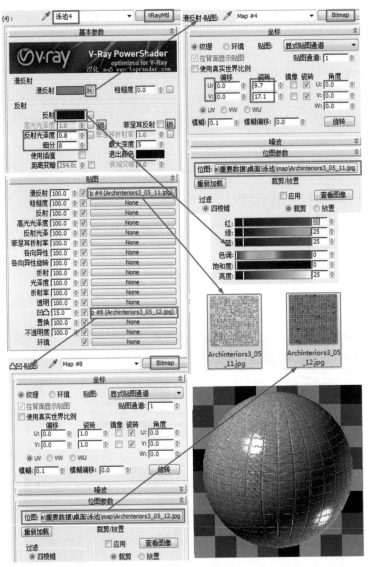

图 10-1-2-11

■ 绿色植物材质

如图 10-1-2-12 所示，新建一个"VRayMtl"材质，将材质命名为"绿色植物"，设置漫反射 RGB 值为 74、91、46 的绿色，设置折射 RGB 值为 39、60、7 的绿色，并设置折射率为 1.01，设置烟雾颜色 RGB 值为 74、91、46 的绿色。

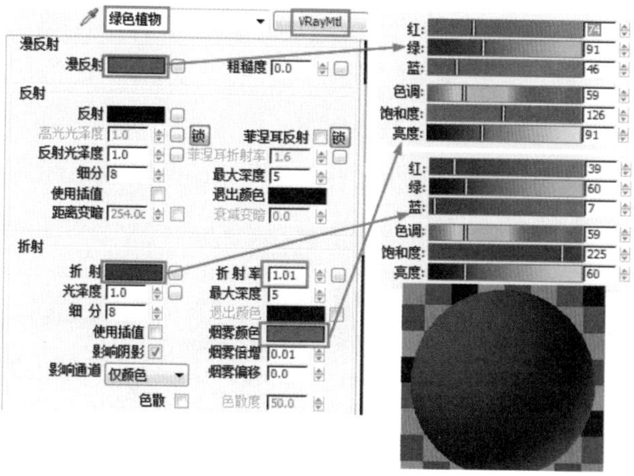

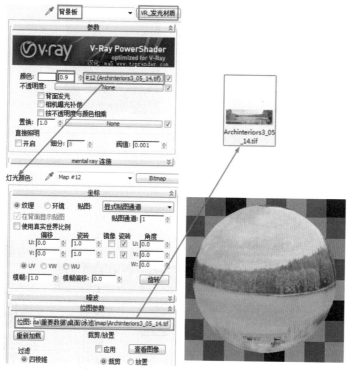

图 10-1-2-12

■ 背景板材质

如图 10-1-2-13 所示，新建一个"VR_ 发光材质"，将材质命名为"背景板"，倍增值设置为 0.9，并在"None"处指定一张"Archinteriors3_05_14.tif"的风景位图，将材质指定给模型。

图 10-1-2-13

■ 木纹材质

如图 10-1-2-14 所示，新建一个"VRayMtl"材质，将材质命名为"木纹 1"，在漫反射贴图中指定一张"Archinteriors3_05_6.jpg"的木纹位图贴图，纹理贴图的设置参考其他章节的地板材质纹理贴图设置。设置反射为亮度值 25 的深灰色，设置"高光光泽度"为 0.75，设置"反射光泽度"值为 0.8，设置反射"细分"值为 7。给凹凸贴图指定一张"Archinteriors3_05_7.jpg"的位图，并设置凹凸贴图强度为 40。

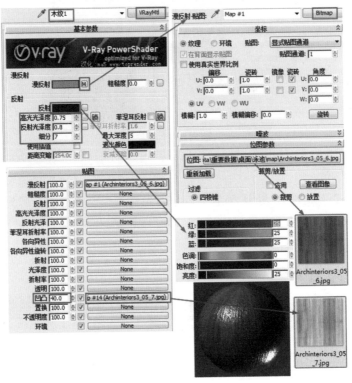

图 10-1-2-14

由于木纹 2 与木纹 1 的材质的制作方法大致相同，这里就不详细讲解木纹 2 的制作方法了。

■ 百叶窗材质

如图 10-1-2-15 所示，新建一个"VRayMtl"材质，将材质命名为"百叶窗"，漫反射设置 RGB 值为 115、65、1 的中黄色。设置反射亮度值为 10 的深灰色，设置"反射光泽度"值为 0.6，反射"细分"值为 8。

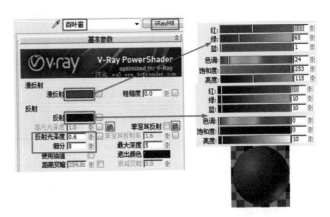

图 10-1-2-15

■ 石灰盆材质

如图 10-1-2-16 所示，新建一个"VRayMtl"材质，将材质命名为"石灰盆"，在漫反射贴图中指定一张"Archinteriors3_05_8.jpg"的石灰地板位图贴图，设置反射亮度值为 8 的深灰色，设置"反射光泽度"值为 0.7，设置反射"细分"值为 8。将漫反射贴图复制给凹凸贴图，并设置凹凸值为 30。

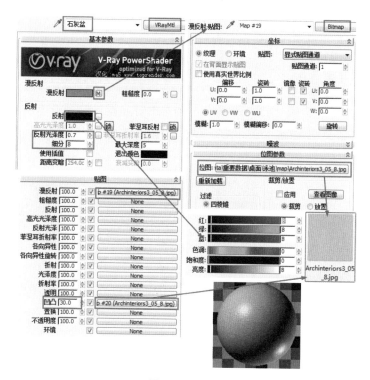

图 10-1-2-16

357

■ 玻璃材质

如图 10-1-2-17 所示，新建一个"VRayMtl"材质，将材质命名为"蓝玻璃"，设置漫反射 RGB 值为 1、0、13 的深蓝色，在反射添加一个"Falloff"（衰减）的程序贴图，设置折射的亮度值为 129 的灰白色，设置烟雾颜色亮度值为 119 的灰白色。

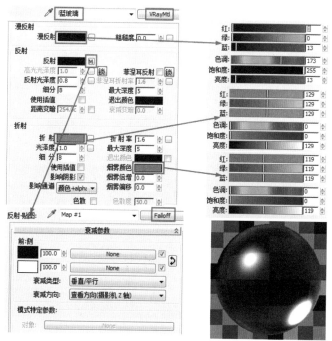

图 10-1-2-17

以上材质的详解部分已包含场景中主要的材质内容，部分饰品如酒瓶、酒杯、杂志等模型在模型库调用时就包含有材质信息，这里不再一一讲解了，大家可以参考光盘中最终完成案例场景自行学习。

10.1.3 室内泳池案例灯光制作详解

如图 10-1-3-1 所示，本场景的灯光设置较为简单，设置了一个目标平行灯光，并开启渲染面板的天空光，把倍增器设置为 1.1，目标平行光主要用来模拟阳光的真实效果。

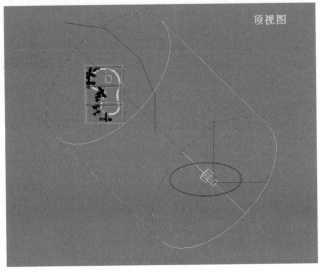

图 10-1-3-1

如图 10-1-3-2 所示，在前视图由上至下创建一个"目标平行光"。

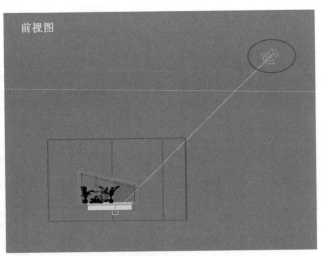

图 10-1-3-2

如图 10-1-3-3 所示，"目标平行光"灯光参数调整只有一处，将"U 向尺寸、V

向尺寸、W 向尺寸"值分别调整为 50 cm、50 cm、50 cm。

图 10-1-3-3

如图 10-1-3-4 所示，打开渲染面板，在 VR 基项的菜单中展开 V-ray 环境的卷展栏，勾选开启天空光的选项，并把倍增器设置为 1.1。

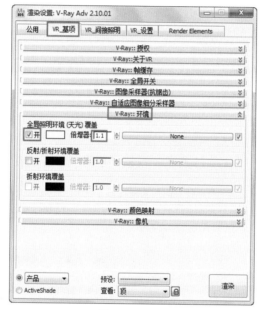

图 10-1-3-4

以上是本案例中灯光的参数设置，方法是多种多样的，大家在学习中可以尝试其他创建灯光的方法，例如创建"VR 阳光"调整参数也可以得到相近的效果，因此在学习 VR 的过程中要不断地积累经验，化为己用，这样才可以让自己进步得更快。下一个环节我们开始讲解渲染部分。

10.1.4 室内泳池案例渲染流程详解

在之前的案例中我们基本上已经将 VR 渲染的技巧和流程做了一个非常详细的讲解，以后的章节我们将针对每个案例中不同的地方，有针对性地进行讲解，不会对每个测试步骤都进行详细的说明了。

下面列出最终渲染参数以供大家参考。渲染尺寸根据需要进行设定，这里给出的渲染尺寸是调用光子图文件渲染大图尺寸，如图 10-1-4-1 所示，将渲染输出尺寸设置为 2400×1800 像素。

全局开关和图像采样设置如图 10-1-4-2 所示，类型选择"自适应细分"，抗锯齿选项开启并设置抗锯齿过滤器类型为"VR_Lanczos 过滤器"。

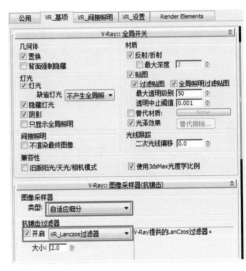

图 10-1-4-1   图 10-1-4-2

颜色映射设置如图 10-1-4-3 所示，设置类型为"VR_线性倍增"，暗倍增和亮倍增分别为 2.3、1.0。

间接照明设置如图 10-1-4-4 所示，勾选"开启"选项，设置首次反弹引擎为"发光贴图"，二次反弹引擎为"灯光缓存"。

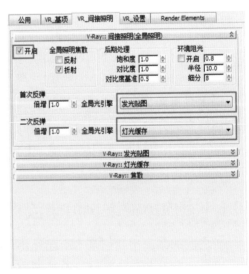

图 10-1-4-3   图 10-1-4-4

发光贴图设置如图 10-1-4-5 所示，这里我们选用调用光子图文件，因此品质设置就没有意义了，如果是首次渲染，可参考图中的设定。

灯光缓存设置如图 10-1-4-6 所示，同样这里也是调用光子图文件，如果是初次渲染，可参考图中的设置。

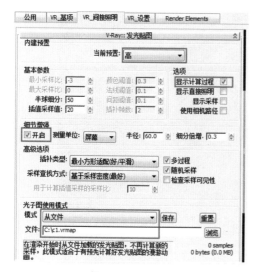

图 10-1-4-5

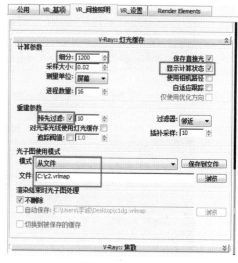

图 10-1-4-6

DMC 采样设置如图 10-1-4-7 所示，"自适应数量"值为 0.85，"噪波阈值"为 0.005，"最少采样值"为 16，"全局细分倍增器"值为 1.0。

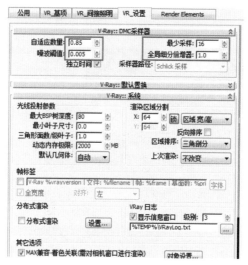

图 10-1-4-7

以上是最终渲染参数，大家可以根据自己计算机配置来适当调整渲染参数，最终渲染结果如图 10-1-4-8 所示。

图 10-1-4-8

10.1.5 室内泳池案例后期处理详解

如图 10-1-5-1 所示，在 Photoshop 软件中打开我们最终渲染的 tga 源图文件。

图 10-1-5-1

如图 10-1-5-2 所示，双击"背景"图层，在弹出的"新建图层"对话框中单击"确定"按钮，生成新的背景图层。

图 10-1-5-2

　　我们观察到原图的光影及色彩效果不太理想，需要调整一下画面的整体亮度及对比度和色调。如图 10-1-5-3 所示，在图像菜单中分别点击自动对比度、自动色调、自动颜色，对图像进一步加强对比。如图 10-1-5-4 所示，经过简单的调整以后，画面从发灰、对比偏弱，迅速变成对比度强、效果整体饱满、色彩强烈的效果。

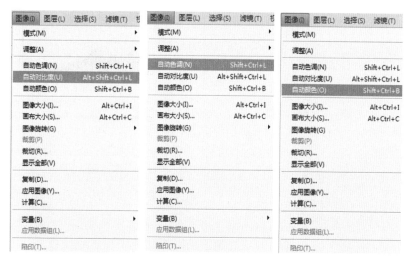

图 10-1-5-3

图 10-1-5-4

　　现在画面中的色彩、色调及对比度调整得比较满意了，但是画面的亮度还有些不理想，有些许过暗的感觉，我们调高一下画面亮度，如图 10-1-5-5 所示，使用快捷键

Ctrl+M，在弹出的对话框中微调画面的亮度，数值如图，然后点击确定按钮。

可以发现虽然画面的亮度提高了，但是整体的对比度却降低了，因此接下来我们调整一下画面的色阶，使用快捷键 Ctrl+L，在弹出的对话框中调整画面的色阶，使画面的对比度进一步加强，数值如图 10-1-5-6 所示。

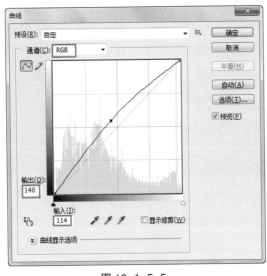

图 10-1-5-5　　　　　　　　　　　　　图 10-1-5-6

到此为止，画面的整体校色就完成了，如果想要添加一些视觉特效，我们可以加上一些柔光的感觉，如图 10-1-5-7 所示，在原图层上单击鼠标右键，在弹出的快捷菜单中选择"复制图层"，在弹出的"复制图层"对话框中点击确定按钮，我们将原图层复制一份。

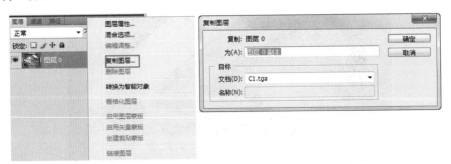

图 10-1-5-7

选择我们复制出来的新图层，如图 10-1-5-8 所示，选择滤镜菜单中模糊下拉菜单中的"高斯模糊"选项，在弹出的设置对话框中设置模糊半径为 15 像素，点击确定按钮。将模糊后的图层选择"柔光"的叠加方式，并设置该图层不透明度为 50%。

图 10-1-5-8

如图 10-1-5-9 所示，增加柔光效果之后画面看起来有些梦幻的感觉。

图 10-1-5-9

　　从后期处理过的效果图与之前的对比可以看出后期处理效果图的重要性，但是方法是多种多样的，可以根据自己效果图的需要尝试不同的方法。

10.2 本章小结

10.2.1 如何根据场景设置景深效果

在前面的案例说明中已经对比出来景深效果的亮点，那么要怎样对场景安排必要的景深效果呢？

（1）充实画面的前景效果，但又不希望前景物体成为画面的主体，可以使用景深效果将其视觉效果弱化。

（2）相对场景某一处或某个物体进行特写。

（3）虚化次要场景或物体等。

10.2.2 本章案例重点

本章案例重点需要大家掌握的地方有以下两点：

（1）与水相关的材质的制作方法是本章的重点，其中涉及半透明物体折射率的问题，课后应查一下水、玻璃、钻石等的折射率。

（2）景深效果的参数设置。

10.3 课后巩固内容

（1）与水相关的透明物体的材质制作方法以及折射率的问题。

（2）多维子材质的制作。

（3）试着用 VR 阳光代替目标平行光，并对比一下其效果的不同。

（4）多角度景深效果的练习。

第 11 章

室内效果表现技巧总结

本 章 重 点

● 作品视角的选择分析。

● 材质细节与渲染效率的取舍分析。

● 合理选择灯光的类型。

● 渲染效率提升技巧总汇。

经过本书第 4~10 章案例的学习，相信大家对室内住宅空间效果图的制作已经有了一定的了解，积累了一定的经验。在在这些案例中，我们讲解了多种场景的制作方法，尝试了用多种手法对案例进行表现。下面我们将通过几个要点总结一下室内效果图制作中需要注意的地方。

11.1 场景视角的选择技巧

场景视角选择可以归类为构图的选择，在效果图制作过程中主要是指摄像机位置的设定，对于不同空间的选择应该加以区别，例如第 4 章案例，如图 11-1-1 所示，这个案例是一个客厅空间效果表现，设计者的意图是让看图者能够清晰地看清场景中的布局。因此这类表现手法使用的视角角度多数是平视的角度，视平线的高度通常定在 100 cm 左右，视角的大小以能够看到场景中主要的三面墙体为好。这个案例视角的选择主要针对一些常规的效果图表现而定，这类效果图主要目的是为了让看图者有全局的观感，它不需要什么特别的处理，只需要将场景如实地呈现出来即可。

书中第 7 章案例，如图 11-1-2 所示，这种表现手法意在营造一种休闲写意的意境，所以在摄像机角度的选择上就没有那么刻板，用一种倾斜的镜头来表现场景，让画面更加活跃，气氛更加轻松一些。

图 11-1-1

图 11-1-2

书中其他章节的案例在做案例分析的时候基本都讲到了构图，这里就不再重复了。一张效果图在视角上的选择往往是根据我们所表达场景的风格来决定的，这里大家要靠自己的理解和设计初衷来进行选择。

11.2 真实材质表达与渲染效率取舍技巧

在材质制作环节，有时为了表达得更加细腻，我们会将材质的细节做得很高，这时会带来的负面影响就是渲染效率降低，而如何在效率和品质间进行取舍就需要一定的技巧。以下是笔者总结的五点经验：

（1）最终渲染画面中面积较大的材质，例如墙壁、地板等物体材质，这些材质通常需要细腻的效果来表现，可以适当增强材质品质设定。

（2）最终渲染画面中面积较小，对场景表现不是很重要的材质，我们可以降低其材质品质设定。

（3）位于摄像机镜头前的物体需要强化材质效果，可以适当增强材质品质设定。

（4）对于远离镜头的物体，适当降低材质品质设定。

（5）有些材质在品质设定变化时渲染效果并无太大区别，这种材质我们可以简单处理。

综上所述，对于材质品质取舍的原则是，最终画面中重点表现的物体材质不可省，非重点的则能省则省，材质品质高低对最终效果无明显区别时，应尽可能降低品质设定。

11.3 真实光感与渲染效率平衡技巧

在灯光的制作环节中，并非是灯光的数量决定着画面的品质，如图11-3-1所示，这个"窗口小景"案例中没有用到一盏灯光，所有的光源都来自环境设定中的天空光，但是我们看到光影效果却是非常逼真的。（注：由于受到篇幅的限制，这个案例在书中并没有特别讲解，但随书光盘中提供了完整的案例场景，读者可以自行研究此案例。）在灯光的选择中我们应该把握的原则是，尽可能用数量少的灯光来表达场景，这样既便于控制，又可以加快渲染的速度。同时对于灯光品质的设定也应该遵从光源的主次之分，对于主光源我们应该用高品质的参数设定，而辅助光源品质可以适当降低设定来加快渲染速度。

图 11-3-1

11.4 渲染测试效率提升技巧

在本书第4章的案例讲解中，我们花了很大篇幅讲解了测试渲染的过程，在其余案例讲解中也提到了测试渲染的方法，下面我们将如何提升测试渲染效率做出四点总结：

（1）测试渲染阶段可以通过全局设定降低材质/贴图的渲染精度，例如贴图采样和反射/折射跟踪次数的设定。

（2）降低图像采样精度，例如选择较低品质的采样类型，以及关闭图像抗锯齿的选项。

（3）在间接照明引擎设定中使用较低的品质设定。

（4）准蒙特卡洛图像采样设置中使用较低的品质。

总的来说就是以降低渲染品质来提升渲染速度，对于不同阶段的测试做出有针对性的设定，例如测试灯光明暗时则可以不需要太多考虑材质的细节。把握的原则就是以能够看清需要的信息为前提，尽可能地降低品质来提高渲染速度，这样才可以从大量的渲染测试中节省时间，提高工作效率。

11.5 最终渲染效率提升技巧

最终渲染效率的提升有多种因素，通过书中案例的讲解以及大家在这些案例中的学习，应该已经体会到最终渲染是多么消耗时间了，对于如何提升最终渲染效率我们做出以下四点总结：

（1）在非必要情况下不要进行大尺寸图的渲染，以能够看清图像细节为标准设定合适的出图尺寸。

（2）如果需要输出大尺寸效果图的时候，应尽可能利用 V-Ray 光子图调用模式来渲染，这样可以节省大量的渲染时间。

（3）利用身边可以利用的硬件资源，使用 V-Ray 分布式渲染的方法进行渲染，这是现阶段最有效的提升渲染效率的方法。

（4）合理地安排渲染时间。

11.6 总结

好的作品需要多方的因素共同完成，除了必要的软件运用能力以外，更重要的是对设计能力的综合运用，希望大家通过此书学到的不仅仅是软件的使用技巧，能够从书中学到更深层次的设计能力，这才是笔者编写此书的初衷。

好的设计师是经过千锤百炼的，而好的表达能力则是你跟客户沟通的重要桥梁，只有出色的表达能力才能让你将自己的设计理念传达出去。培养优秀的表现能力和良好的沟通能力，才能让你获得更多的机遇，把握住成长的脉搏，早日实现心中梦想！